Easy Mobile #1

도와주세요! 이제 막 앱 개발을 시작했어요!

Xcode4로 시작하는
아이폰 프로그래밍

Yoshinao Mori 지음
김태현 옮김

로드북
RoadBook

Xcode4로 시작하는 아이폰 프로그래밍

지은이 _ Yoshinao Mori

옮긴이 _ 김태현

1판 1쇄 발행일 _ 2012년 1월 13일

펴낸이 _ 장미경

펴낸곳 _ 로드북

편집 _ 임성춘

디자인 _ 이호용(표지), 박진희(본문)

주소 _ 서울시 관악구 신림동 1451-15 101호

출판 등록 _ 제 2011-21호(2011년 3월 22일)

전화 _ 02)874-7883

팩스 _ 02)6280-6901

정가 _ 25,000원

ISBN _ 978-89-966598-7-7   93560

Yoku Wakaru iPhone Apuri Kaihatsu no Kyokasho by Yoshinao Mori

Copyright ⓒ 2011 by Yoshinao Mori

All rights reserved.

Original Japanese edition published by Mynavi Corporation.

This Korean edition is published by arrangement with Mynavi Corporation,

Tokyo in care of Tuttle-Mori Agency, Inc., Tokyo through EntersKorea Co., Ltd., Seoul.

이 책의 한국어판 저작권은 (주)엔터스코리아를 통한 일본의 Mynavi Corporation과의
독점 계약으로 로드북이 소유합니다. 신 저작권법에 의하여 한국 내에서 보호를 받는
저작물이므로 무단전재와 무단복제를 금합니다.

책 내용에 대한 의견이나 문의는 출판사 이메일이나 블로그로 연락해 주십시오.
잘못 만들어진 책은 서점에서 교환해 드립니다.

이메일 chief@roadbook.co.kr

블로그 www.roadbook.co.kr

Q&A roadbook.zerois.net/qna

Xcode4로 시작하는
아이폰 프로그래밍

Yoshinao Mori 지음
김태현 옮김

지은이의 글

이 책은 「아이폰 앱을 만들어보고 싶다」고 생각하는 분들을 위한 입문서입니다.

아이폰 앱 개발은 소스 코드 작성법이나 화면(사용자 인터페이스)을 만드는 방법이 조금은 특이합니다. 그래서 「아주 간단한 앱을 만들어보고 싶을 뿐」이지만 시작하는 방법을 몰라서 시작도 못해보고 좌절해버리는 경우가 많습니다. 필자도 처음엔 고민을 많이 했습니다.

아이폰에서 앱을 사용할 때는 별 어려움 없이 간단하고 쉽게 했으니, 앱을 개발할 때도 쉽고 간단한 방법은 없을까 생각하곤 했는데, 알고 보니 그러한 방법이 있었습니다. 아이폰 앱을 개발하는 데 필요한 소프트웨어인 Xcode에는 「인터페이스 빌더」라는 알기 쉬운 도구가 준비되어 있습니다. 이 도구를 사용하면 아이폰 앱을 「보이는 그대로 디자인해서」 만들 수 있습니다.

Xcode 3까지는 인터페이스 빌더가 별도의 독립된 소프트웨어였지만, Xcode 4로 넘어오면서 Xcode 본체와 통합되었습니다. 앱 화면을 디자인할 때 자연스럽게 표시되므로 더 사용하기 쉽습니다.

이 책에서는 이 Xcode 4용 인터페이스 빌더의 사용법을 중심으로, 아이폰 앱 개발 방법을 설명합니다.

아이폰 앱 개발에 익숙한 분들 중에는 인터페이스 빌더를 사용하지 않는 분도 있습니다. 프로그래밍에 정통해 있어서 도구를 사용해 만드는 것보다 세밀하고 빠르게 설정할 수 있기 때문이라고 생각해봅니다.

그러나 프로그래밍에 정통하지 않아도 인터페이스 빌더를 사용하면 직관적인 디자인이 가능하며, 앱의 형태와 내부 구조를 분리해서 생각할 수도 있게 됩니다. 여기에 무엇보다도 앱 개발이 간단해집니다.

그러니 일단은 자신의 손으로 앱을 만들 수 있다는 것을 체험해주시기 바랍니다.

이 책은 「아이폰 앱 개발을 위한 출발점」에 지나지 않습니다. 공부하고 연구해나가면 그 앞에 무한히 펼쳐진 앱의 세계를 자신의 것으로 만들 수 있을 것입니다. 꼭 자신의 손으로 만든 기발하고 매력적인 앱을 전 세계를 향해 릴리즈해주시기 바랍니다.

2011년 7월

모리 요시나오

옮긴이의 글

아이폰 앱 개발 관련 서적은 서가에 범람하고 있지만, 실제로 도움이 되는 책은 그리 많지 않습니다. 이 책은 그 중 몇 안 되는 정말 도움이 되는 책 중 하나라고 자신합니다. 역자 또한 아이폰 앱 개발 능력을 손에 넣고 싶어 여러 책을 섭렵했지만 제대로 설명하는 책이 별로 없었습니다. 이 책을 접하고 나서야 비로소 앱을 만드는 방법을 이해할 수 있었습니다(그만큼 알기 쉽게 설명하고 있다는 의미입니다). 그래서 이 책은 지금까지 앱 개발을 시작했지만 도중에 좌절했던 분들에게 더욱 추천합니다.

물론 이 책만으로 아이폰 앱 개발 능력을 숙달하기는 어렵습니다. 초심자들을 대상으로 하고 있기 때문입니다. 또한 상당히 많은 항목을 설명하느라 설명이 깊지 않습니다. 그러니 이 책을 통해 아이폰 앱 개발 방법을 개략적으로 이해한 후에는 아이폰 앱의 개발 언어인 오브젝티브 C에 대한 공부도 게을리하지 말기를 당부합니다. 저자도 말하고 있듯이 오브젝티브 C에 대한 숙달 정도가 참신하고 유용한 앱을 개발할 수 있는 기본이 됩니다.

이 책은 총 12장으로 구성되어 있습니다. 1~4장은 아이폰 앱 개발 환경 꾸미기와 오브젝티브 C에 대한 간략한 설명, 앱 개발 맛보기로 구성되어 있습니다. 5~10장은 아이폰 앱에서 사용하는 여러 기능을 어떻게 구현하는지 하나하나 예를 들어가며 설명하고 있습니다. 11~12장에서는 개발한 앱을 세상에 내놓기 위해 잘 마무리하는 방법과 실제 아이폰에서 테스트하는 방법을 설명하고 있습니다.

이 책은 두 번 번역이라는 우여곡절 끝에 빛을 보게 되었습니다(번역 도중 Xcode 버전이 바뀌는 바람에 처음부터 다시 번역해야 했습니다). 무한한 인내심을 발휘해주신 임성춘 편집장님과 조악한 문장이 글이 되게 해주신 편집자님, 맛깔스런 책으로 만들어주신 박진희님께 감사의 말씀을 전하며, 사랑하는 아내 윤주와 아빠의 배경이 되어준 멋진 딸 이현이에게도 고맙다는 말을 전합니다.

앱 스토어에 등록된 아이폰 앱도 수십 만개지만 비슷비슷한 앱이 거의 대부분입니다. 문제는 아이디어입니다. 앱들의 바다에서 마치 등대처럼 유용하게 반짝이는 앱 개발자가 되기를 기원합니다.

2011년 겨울을 맞이하는 동경 한편에서
김태현

목차

1장 애플리케이션 개발 환경 만들기

2장 iOS SDK 기본

3장 오브젝티브 C 기본

4장 애플리케이션 개발 기본

5장 기본 컨트롤을 사용하여 만들기

6장 그림과 애니메이션 처리

7장 아이폰에 걸맞은 기능 구현

8장 데이터 읽기와 쓰기

9장 멀티 뷰 앱 만들기

10장 테이블 표시

11장 앱 완성하기

12장 실제 기기 테스트

1장
애플리케이션
개발 환경 만들기

아이폰(iPhone) 애플리케이션(이하 앱)을 개발하려면 몇 가지 준비물이 필요합니다(집을 지을 때 집 지을 땅, 설계도, 건축 자재 등이 필요한 것처럼요). 이 장에서는 준비물과 이를 구하는 방법 그리고 설치 방법을 알아보겠습니다.

아이폰 앱 개발 준비물

아이폰 앱을 개발하려면 크게 맥Mac, 개발 도구(소프트웨어iOS SDK), 아이폰, iOS Developer Program 회원 등록 그리고 이 책까지 총 5가지가 필요합니다.

시뮬레이터로 테스트해보는 정도로 마칠 생각이라면 맥과 개발 도구만 구입하면 됩니다. 하지만, 개발한 앱을 앱 스토어AppStore에서 배포하거나 자신의 아이폰에서 써볼 생각이라면, 유료회원(1년에 99달러)으로 등록해야 합니다.

시뮬레이터로만 테스트할 경우(등록할 필요 없음)

맥

iOS SDK
Xcode 3 또는 Xcode 4

앱 스토어에 등록하거나 실제 아이폰/아이패드에서
동작시켜볼 경우(등록 필요)

아이폰/아이패드

iOS Developer Program 등록

Lecture 개발에 필요한 환경

▶▶ 맥

세상에는 많은 종류의 컴퓨터가 있고 그 중에서도 가장 많이 판매된 것은 윈도우즈용 컴퓨터지만, 아이폰 앱 개발은 매킨토시 컴퓨터(애플Apple Inc.에서 발매 중인 컴퓨터로, 흔히 맥이라고 부릅니다)에서만 가능합니다. 그래서 반드시 맥이 필요한데, 여기에 한술 더 떠서 인텔 CPU가 탑재된 맥이어야 하며 OS 버전도 Mac OS X('맥 오에스 텐'이라고 읽습니다) 10.6(스노우 레오퍼드Snow Leopard) 이상으로 제한되어 있습니다.

이전부터 맥을 사용해온 독자라면 문제가 없겠지만, 윈도우즈용 PC를 사용해온 독자라면 맥이 부담되는 것이 사실입니다. 개발 방법을 익히거나 잠깐 맛을 보는 정도라면 윈도우즈용 PC에서도 해볼 방법이 있습니다. 하지만 본격적인 개발을 하려면 처음부터 맥 환경을 갖출 것을 추천합니다.

- 맥 : 인텔 CPU 탑재(IBM의 POWER PC CPU가 탑재된 맥은 불가하니 주의!)
- OS : Mac OS X 버전 10.6(스노우 레오퍼드) 이상

▶▶ iOS SDK(개발 소프트웨어)

iOS 개발 센터에서 다운로드할 수 있습니다. 이 책의 주 대상이 되는 소프트웨어이므로 가장 중요합니다.

Xcode 3는 무료지만, Xcode 4는 앱 스토어에서 구입해야 합니다. 하지만 iOS Developer Program에 유료 회원으로 등록하면 무료로 다운로드할 수 있습니다(2011년 11월 현재).

▶▶ 아이폰(테스트용)

iOS SDK는 작성한 프로그램을 가상 아이폰에서 실행해볼 수 있도록 아이폰 시뮬레이터iPhone Simulator를 포함하고 있습니다. 하지만 시뮬레이터는 어디까지나 맥에서 실행되는 프로그램이므로, 맥의 성능 좋은 하드웨어 환경을 이용해 앱을 동작시킵니다. 그러므로 실제 아이폰과는 환경 차이가 있습니다.

예를 들면, CPU 처리 속도와 메모리 등의 차이입니다. 휴대기기는 PC보다 제약 조건이 많아 시뮬레이터에서는 잘 실행되던 앱이 아이폰에서는 실행되지 않을 수도 있습니다. 그러므로 앱 스토어에 등록하려면 반드시 실제 아이폰(또는 아이패드iPad, 아이팟 터치iPod Touch)에서 테스트해야 합니다.

▶▶ iOS Developer Program 회원 등록(앱 공개 계약 : 유료)

개인회원인 경우에는 1년 회비가 99달러입니다(기업회원인 경우는 1년에 299달러). 1년이 지나면 갱신안내 메일을 보내줍니다. 필요에 따라 계속하거나 중지할 수 있습니다(2011년 8월 현재).

▶▶ 교과서(이 책)

아이폰 앱 개발은 쉬운 작업이 아닙니다. 특히 아이폰과 같은 휴대기기용 앱은 임베디드 Embedded 환경의 요소를 포함하고 있어서 더 까다롭게 느껴질 수 있습니다. 처음에는 이해가 되지 않아도 이 책에서 설명하는 대로 차근차근 따라하다 보면 어느새 앱 개발에 익숙해져 있는 자신을 발견할 수 있을 것입니다.

iOS SDK 다운로드와 인스톨

아이폰 앱을 개발하는 데 필요한 개발 도구(iOS SDK)는 다음과 같은 방법으로 구할 수 있습니다.

1) 애플의 iOS 개발 센터(iOS Dev Center)에 회원 등록

2) 등록한 ID로 로그인한 후 iOS SDK 다운로드와 인스톨

▶▶ iOS 개발 센터 회원 등록 방법

iOS 개발 센터에 접속하여 회원 등록을 합니다. 애석하게도 영문 사이트뿐입니다. 영어 울렁증이 있더라도 잠시 참고 따라오시기 바랍니다.

---

1 iOS 개발 센터(아래 URL)에 접속하여 첫 번째 화면이 표시되면, 오른쪽 윗부분에 있는 「Register」를 클릭합니다.

iOS 개발 센터 URL :
http://developer.apple.com/devcenter/ios

2 다음 화면에서 [Get Started]를 클릭합니다.

3 새로운 Apple ID를 취득합니다. 이미 Apple ID가 있더라도 등록 정보에 한글이 포함되어 있으면 앱 개발 중에 문제의 원인이 될 수 있으므로, 될 수 있으면 영어만 사용하여 새로운 Apple ID를 취득하길 권장합니다.

새로운 Apple ID를 취득하려면 「Create an Apple ID」를, 기존 Apple ID를 사용하려면 「Use an existing Apple ID」를 체크하고 오른쪽 하단에 있는 [Continue] 버튼을 클릭합니다.

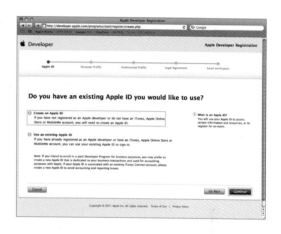

4 다음 화면에서는 개인 정보를 입력합니다. 제일 위에서 사용할 이메일 주소와 패스워드를 입력하고, 다음 단에서 생년월일과 보안 질문(ID나 패스워드를 잊었을 경우의 확인용)을 등록합니다. 마지막으로 이름과 주소 등의 정보를 입력합니다. 입력을 마치면 마찬가지로 [Continue] 버튼을 클릭하여 다음 화면으로 넘어갑니다.

> 여기서 입력한 이메일 주소가 Apple ID가 됩니다. 또한 확인 메일이 발송되므로 메일 수신이 가능한 주소를 정확하게 입력하도록 주의합니다.

5 다음은 개발 정보(프로필) 입력 화면입니다. 개발할 플랫폼(아이폰 앱은 iOS 선택), 개발할 앱의 범주, 배포 방법(무료/유료), 맥에서 개발 경험, 다른 휴대기기 보유 여부 등의 질문에 대답한 후 [Continue] 버튼을 클릭해 다음 화면으로 넘어갑니다. 질문이 좀 많은 편입니다. 이 화면만 통과하면 다음부터는 전부 간단하게 끝나는 화면이니 힘내시기 바랍니다.

6 등록 규약이 표시됩니다. 주의해서 읽어본 후 내용에 동의하면 규약 바로 밑에 있는 체크박스에 체크한 후 [I Agree] 버튼을 클릭해 다음 화면으로 넘어갑니다.

여기에 체크하면, 규약에 대한 동의뿐만 아니라 성인 인증도 하게 됩니다.

7 4에서 등록한 메일 주소로 확인 메일이 발송됩니다. 메일에 명시된 번호를 확인 화면에 입력하거나 그대로 클릭합니다.

8 이것으로 등록을 완료했습니다. 우측 화면이 보이면 무사히 등록을 완료한 것입니다. 이제 [Continue]를 클릭해 멤버 화면으로 이동합니다.

9 멤버 화면

▶▶ iOS SDK 인스톨

다음으로 iOS SDK를 다운로드하고 인스톨합니다.

1 다시 iOS 개발 센터에 접속하여 첫 번째 화면이 표시되면, 이번에는 [Log in] 버튼을 클릭해 앞에서 등록한 Apple ID(등록한 메일 주소)와 패스워드로 로그인합니다.

iOS 개발 센터 URL :
http://developer.apple.com/devcenter/ios

애플리케이션 개발 환경 만들기 **21**

2 정상적으로 로그인되면 iOS 개발 센터 화면이
표시됩니다. ❶ [Downloads]를 클릭하여 다운
로드 화면으로 이동한 후 ❷ [Download Xcode
4] 버튼을 클릭하여 다운로드합니다. ❸ Xcode
4는 Snow Leopard 용과 Lion 용으로 나뉩니
다. 사용하고 있는 맥에 설치되어 있는 OS X
버전에 맞추어서 다운로드합니다.

「Xcode 4.0.2 and iOS SDK 4.3」 파일은 총 크기가 약 4기가 바이트로 인터넷 환경에 따라서는 다운로드
완료까지 상당한 시간이 걸릴 수 있습니다.

- -

3 다운로드한 dmg 파일을 더블클릭하면 압축이
해제되어 다음 리스트와 같은 파일이 표시되는
데, 그 중에서 「Xcode and iOS SDK.mpkg」 파
일을 더블클릭해서 iOS SDK 인스톨을 시작합
니다.

xcode_4.0.2_and_i
os_sdk_4.3.dmg

About Xcode and iOS
SDK.pdf

Xcode and iOS SDK.mpkg

4 iOS SDK 인스톨러가 실행되고 최초 화면이 표시되면 [계속] 버튼을 클릭합니다.

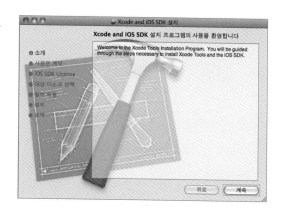

5 「소프트웨어 사용권 계약」이 표시되면 주의해서 읽어보고, [계속] 버튼을 클릭했을 때 표시되는 사용권 계약의 이용 약관에 동의한 후, 다시 한 번 [계속] 버튼을 클릭해 다음 화면으로 이동합니다.

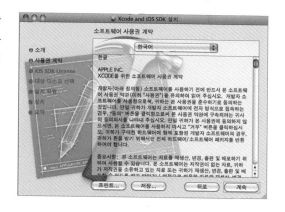

6 「iOS SDK Agreement」가 영문으로 표시됩니다. 이 역시 주의해서 읽어보고, [Continue] 버튼을 클릭한 후, 읽어본 내용에 동의할 경우 [동의함] 버튼을 클릭합니다.

7 「대상 디스크 선택」 화면이 표시되면, 설치하려는 디스크를 선택하고 [계속] 버튼을 클릭합니다.

8 「설치 유형」이 표시되면 [계속] 버튼을 클릭합니다.

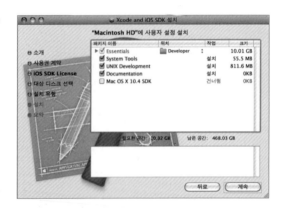

9 마지막으로 확인 화면이 표시됩니다.
지금까지 진행한 내용에 문제가 없으면 [설치] 버튼을 클릭합니다.

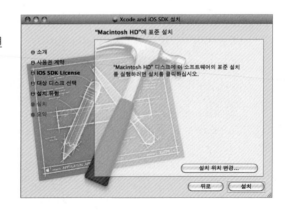

10 설치가 시작됩니다.
설치가 완료될 때까지 차라도 한 잔 하면
서 기다립니다.

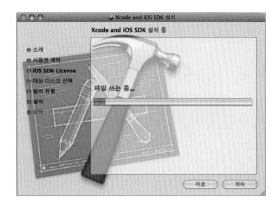

11 설치가 완료되면 [닫기] 버튼을 클릭합
니다.

12 설치는 완료되었지만, iOS SDK가 /Developer/Applications 폴더 아래에 설치되기 때문에 실행하
려면 매번 이 폴더에 들어가서 지정해야 합니다. 이런 번거로움을 없애려면 독Dock에 추가해서 쓰
기 쉽게 해주면 됩니다.

Developer   Audio   Dashcode   Graphics Tools   Instruments

Interface Builder   Performance Tools   Quartz Composer   Utilities

Xcode

이제 Xcode를 독에 드래그해서 추가하기만 하면 됩니다. 이렇게 해두면 나중에 손쉽게 iOS SDK를 실행할 수 있습니다.

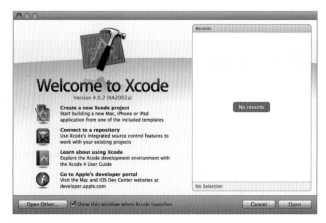

2장
iOS SDK 기본

아이폰 앱은 iOS SDK를 사용하여 개발합니다. 이 장에서는 iOS SDK에 들어 있는 소프트웨어들의 기본적인 사용법을 알아보겠습니다.

iOS SDK의 정체

iOS SDK는 아이폰 또는 아이패드 앱을 개발하기 위한 소프트웨어 개발 키트Software Development Kit입니다.

iOS SDK 안에는 몇 가지 개발 도구(Xcode, iOS 시뮬레이터iOS Simulator, 인스트루먼츠Instruments)와 Help 등의 기술 자료가 들어 있습니다.

iOS SDK를 사용하면 앱의 화면을 디자인하고, 프로그램을 작성하여 실행 파일을 만들고, 동작 확인(시뮬레이터와 아이폰에서)을 하는 단계까지 가능합니다.

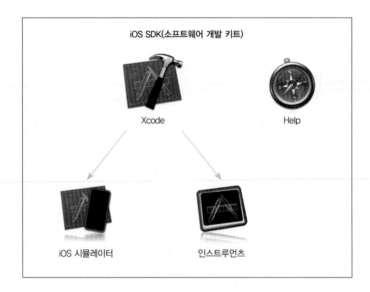

iOS SDK(소프트웨어 개발 키트)

Xcode

Help

iOS 시뮬레이터

인스트루먼츠

One Point!

이 책에서는 Xcode 4를 사용해서 설명하고 있습니다. Xcode 3에서는 인터페이스 빌더가 독립된 소프트웨어로 분리되어 있었지만, Xcode 4에서는 한 소프트웨어로 통합되어 더욱 사용하기 쉬워졌습니다. 또, Xcode 3에서 만든 프로젝트를 Xcode 4에서도 그대로 불러와서 사용할 수 있습니다.

Xcode

Xcode

Xcode는 가장 중심이 되는 개발 도구로, 프로젝트 전체의 관리와 소스 코드 입력, 실행 파일 생성 등을 할 수 있습니다.

통합 개발 환경(IDE Integrated Development Environment)인 만큼, 필요하면 iOS 시뮬레이터 같은 다른 도구들도 불러와서 실행할 수 있습니다. 또한 자동으로 링크까지 해주므로 여러 도구를 사용하는 번잡함 없이 앱 제작에 집중할 수 있습니다.

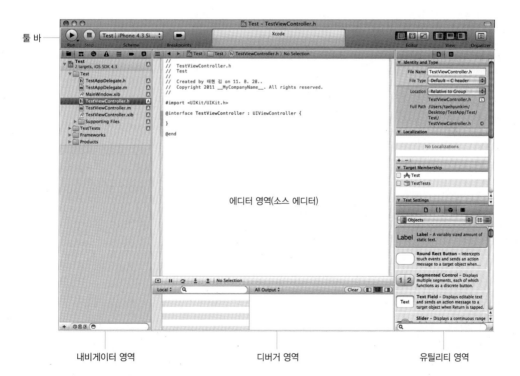

툴 바

에디터 영역(소스 에디터)

내비게이터 영역   디버거 영역   유틸리티 영역

툴 바 : 프로젝트 전체의 설정과 제어를 위한 버튼 등이 배치되어 있습니다.

내비게이터 영역 : 프로젝트에서 사용하는 파일을 표시합니다.

에디터 영역 :「내비게이터 영역」에서 선택한 파일의 내용을 표시합니다.

.h 파일이나 .m 파일을 선택한 경우에는「소스 에디터」표시 상태가 되어 프로그램을 작성할 수 있습니다.

.xib 파일을 선택하면,「인터페이스 빌더」표시 상태가 되어, 사용자 인터페이스를 디자인할 수 있습니다.

유틸리티 영역 : 각종 설정을 담당하는 Inspector 패널이나 라이브러리 패널을 표시합니다.

디버거 영역 : 메뉴에서 [View] – [Show Debug Area]를 선택하거나, 툴 바의 [Hide or show the Debug area] 버튼을 누르면 표시됩니다.

프로그램을 테스트할 때 NSLog 함수를 사용해 앱의 정보를 표시하여 확인하는 데 사용합니다.

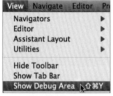 

메뉴의 [View] – [Show Debug Area]

보조 에디터 ; 메뉴에서 [View] – [Editor] – [Assistant]를 선택하거나, 툴 바의 [Show the Assistant cditor] 버튼을 누르면 에디터 영역에 2번째 에디터가 표시되는데, 복수의 파일을 표시해놓고 프로그램을 작성할 수 있으므로 편리한 기능입니다.

메뉴의 [View] – [Editor] – [Assistant]

툴 바의 [Show the Assistant editor] 버튼

보통은 자동Automatic 모드로 실행되므로, 주 에디터에는 내비게이터 영역에서 선택한 파일이, 보조 에디터에는 관련된 파일이 자동으로 표시됩니다. 예를 들어, 내비게이터 영역에서 .m 파일을 선택하면 보조 에디터에는 해당 파일에 연관된 .h 파일이, .h 파일을 선택하면 연관된 .m 파일이, .xib 파일을 선택하면 연관된 .h 파일이 표시됩니다.

.m 파일　　　　　　　　　.h 파일

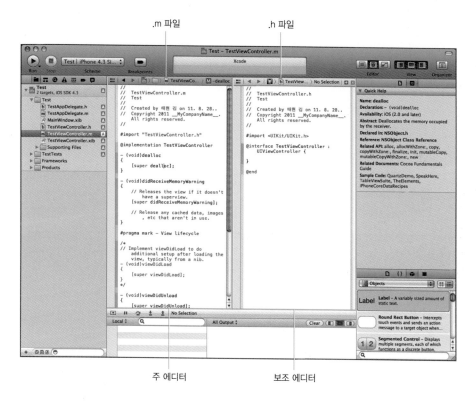

주 에디터　　　　　　보조 에디터

수동Manual 모드로 바꾸면, 내비게이터 영역에서 파일을 바꿔도 주 에디터에만 바뀐 파일이 표시되고 보조 에디터에는 이전에 표시하던 파일을 그대로 표시할 수 있습니다.

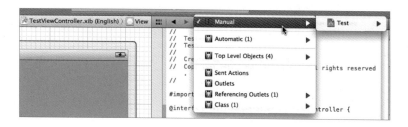

인터페이스 빌더

인터페이스 빌더는 사용자 인터페이스를 시각적으로 확인해가면서 만들 수 있는 도구입니다.

Xcode의 라이브러리 영역에서 「.xib 파일」을 선택하면, 중앙의 에디터 영역이 자동으로 「인터페이스 빌더」 표시 상태로 바뀌어 사용자 인터페이스를 디자인할 수 있게 됩니다. 라이브러리로부터 화면에 컨트롤들을 배치하는 것만으로 사용자 인터페이스가 만들어집니다.

독   Inspector 패널

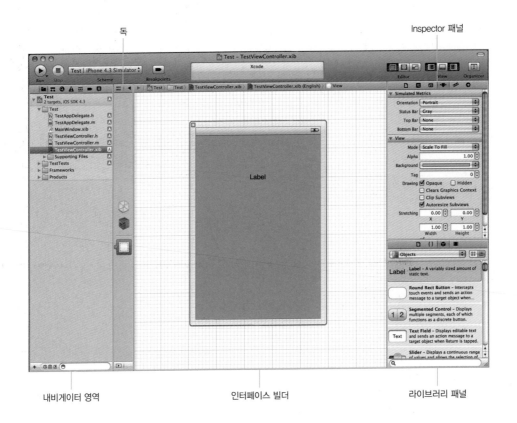

내비게이터 영역   인터페이스 빌더   라이브러리 패널

인터페이스 빌더 : 앱의 화면을 디자인하는 윈도우입니다. 여기에 사용자 인터페이스를 디자인합니다.

Inspector 패널 : 배치한 컨트롤들의 상세 설정을 하는 윈도우입니다. 6종류가 있어서 바꿔가면서 사용할 수 있습니다.

라이브러리 패널 : 인터페이스를 만들 때 사용하는 컨트롤들이 들어 있습니다. 여기에서 인터페이스 빌더로 컨트롤들을 드래그 & 드롭하여 배치합니다.

독 : 인터페이스 빌더를 오픈시킨 .xib 파일의 내용이 표시됩니다.

Inspector 패널에는 6종류의 화면이 있습니다.

File Inspector : 파일에 대해서 설정할 수 있습니다.

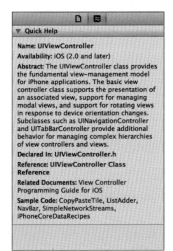

Quick Help : 에디터 영역에서 선택한 것에 대해서 간단한 Help를 자동으로 표시합니다.

Identity Inspector : 컨트롤의 클래스명 등을 설정할 수 있습니다.

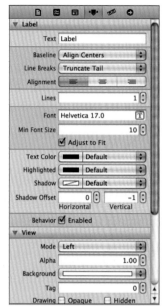

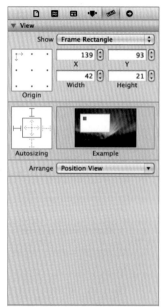

Attributes Inspector : 컨트롤에 대해서 상세한 설정을 할 수 있습니다.

Size Inspector : 컨트롤의 위치나 배치 방법 등을 설정할 수 있습니다.

Connection Inspector : 컨트롤과 프로그램 안에서 정의한 명칭을 연결하거나 연결상태를 확인할 수 있습니다.

| One Point!

XIB 파일의 내용은 XML 형식이므로, 텍스트 에니터로 얼어 볼 수 있습니다. 어디에 어떤 컨트롤을 표시할 것인가를 나타내고 있지만, 이 내용은 인터페이스 빌더가 사용하는 것이므로 열어서 확인하거나 변경할 필요는 없습니다.

iOS 시뮬레이터

iOS Simulator

iOS 시뮬레이터는 작성한 앱을 테스트해볼 수 있는 도구입니다. 실제 아이폰과 같은 조작을 해볼 수 있습니다.

텍스트 필드를 클릭하면 자동으로
소프트웨어 키보드가 표시됩니다.

메뉴에서 [Hardware] – [Rotate Right]을 선택하면, 아이폰 시뮬레이터를 옆
으로 눕힐 수(가로 화면 표시) 있습니다([command] + [→]도 같은 기능).

[option] 키를 누르면서 마우스로 드
래그하면, 멀티터치 효과를 낼 수
있습니다.

홈 버튼을 클릭하면 앱이 종료
됩니다.

One Point!

메뉴에서 [Hardware] – [Device] – [iPhone(Retina
)]이나 [Hardware] – [Device] – [iPad]를 선택하면,
아이폰 4나 아이패드도 테스트해볼 수 있습니다.

3장
오브젝티브 C 기본

아이폰 앱은 오브젝티브 C(Objective-C)라는 프로그래밍 언어로 만듭니다. 이 장에서는 먼저 오브젝티브 C의 정체를 알아본 후, 오브젝티브 C의 기본적인 문법과 포인터 변수, 제어문, 클래스에 관해 살펴보기로 하겠습니다. 이 장에서 설명하는 내용은 오브젝티브 C의 극히 일부에 지나지 않습니다. 세련되고 기능도 뛰어난 앱을 개발하려면 무엇보다 오브젝티브 C에 숙달되어야 합니다. 이 책으로 아이폰 앱 개발에 관한 기초를 닦은 후에는 오브젝티브 C에 대한 공부도 게을리하지 마시길 부탁합니다.

오브젝티브 C 기본

iOS SDK에서는 오브젝티브 C 프로그래밍 언어를 사용해서 개발을 진행하는데, 애플에서 오브젝티브 C를 기본 개발 언어로 채택하고 있기 때문입니다. 우선 애플 제품의 대부분을 개발하는 데 사용하는 오브젝티브 C의 정체부터 살펴보겠습니다.

Lecture 오브젝티브 C란 무엇인가?

오브젝티브 C는 한마디로 C 언어에 객체지향 개념을 덧붙여서 확장한 C 언어의 파생 언어라고 할 수 있습니다(C 언어 지식이 없는 독자는 잠시 C 언어를 공부하거나 아니면 그냥 무시하고 읽어나가도 무방합니다). 다시 말하면 객체지향 프로그래밍이 가능한 C 언어라고 생각하면 됩니다. 이게 무슨 소리냐구요? 오브젝티브 C는 C++나 자바Java처럼 언어의 사양 자체가 객체지향을 목적으로 설계된 것이 아니고, 객체지향 언어인 스몰토크smalltalk의 개념을 빌려와 C 언어의 기반 위에 올려놓았기 때문에 100% C 언어이면서도 클래스와 같은 객체지향 개념을 응용한 프로그램도 만들 수 있다는 의미입니다. 따라서 C++나 자바 등에 익숙한 독자라고 해도 익숙해지는 데 조금 시간이 필요합니다.

Lecture 　오브젝티브 C의 역사

오브젝티브 C는 1980년대 초, 미국의 브래드 콕스Brad Cox라는 사람이 만들었습니다. 앞에서도 언급했듯이 스몰토크와 C 언어를 결합해서 만든 언어입니다. 하지만 그다지 빛을 못보다가 스티브 잡스Steve Jobs가 애플과 헤어진 후 설립한 Next의 OS인 넥스트스텝NextStep의 개발 언어로 채택되면서 각광받기 시작합니다. 나중에 애플로 돌아온 스티브 잡스는 넥스트스텝을 변형시킨 Mac OS X을 OS로 채택했고, 이에 따라 자연스럽게 오브젝티브 C도 애플의 중심에 자리잡게 되었습니다.

Lecture 　객체지향이란?

객체지향이란 「프로그램은 오브젝트(객체)를 조합해서 만든다」는 사고 방식입니다. 객체지향 프로그램은 초창기 베이직Basic 언어처럼 프로그램을 순서대로 늘어놓고 실행해나가는 것이 아니고, 여러 프로그램(객체)이 기계를 구성하는 컴포넌트처럼 조립되어 있습니다. 이 컴포넌트들을 교체해서 앱을 개량하기도 하고 새로운 컴포넌트를 추가하여 신기능을 탑재하기도 합니다 (소프트웨어도 조립식으로 만들면 생산성이 향상됩니다).

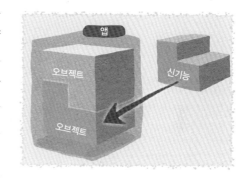

앱을 구성하는 여러 컴포넌트는 그대로 두면 독립적으로 움직입니다. 하지만 컴포넌트끼리 메시지message라는 통신 수단을 이용해서 서로 의견을 교환할 수 있게 하면 서로 연계하고 협조해가면서 일을 할 수 있게 됩니다.

객체지향 언어는 오브젝트(객체object)라는 구체적인 덩어리로 나누어 생각하며 만들기 때문에 「시각적인 이미지로 상상하기 쉬운 언어」라고 할 수 있습니다.

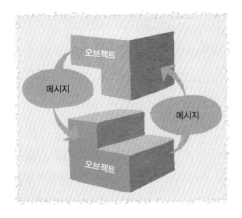 

그럼 실제로 오브젝티브 C 프로그램이 어떻게 생겼는지 잠시 살펴보겠습니다.

```
01  -(IBAction)tapBtn {
02      NSString *title = [[[NSString alloc]
03                      initWithString:@"Alert"] autorelease];
04      NSString *msg = [[[NSString alloc]
05                      initWithString:@"Message"] autorelease];
06      UIAlertView *alert = [[UIAlertView alloc]
07                      initWithTitle:title
08                      message:msg
09                      delegate:self
10                      cancelButtonTitle:@"Cancel"
11                      otherButtonTitles:@"OK", nil];
12      [alert show];
13      [alert release];
14  }
```

이건 뭐 도대체 무슨 소린지 하나도 모를 영어들이 왕창 써 있는데다 대괄호([])도 몇 개씩이나 겹쳐 있고, 골뱅이(@)처럼 생긴 기호도 있고, 뭔가 굉장히 어려운 내용이 써 있는 것처럼 느껴지지 않나요? 저도 처음에는 그렇게 생각했습니다.

그런데 이런 점이 오브젝티브 C의 안타까운 점이라고 생각합니다. 「객체지향 사고 방식」은 단순하고 알기 쉬운 것인데, 겉모습이 이렇게 오해받기 쉬운 형태를 하고 있으니 생긴 것 때문에 손해를 많이 보고 있다고 생각합니다. 처음엔 저항감이 있을지도 모르지만 그 겉모습에 익숙해질 때까지 조금만 참아주시기 바랍니다.

이상한 기호들의 의미를 하나씩 알게 될수록 「겉모습은 어렵게 보여도 알고 보니 별것 아니네!」라는 생각이 들어 저항감이 없어지게 될 것입니다(저도 그랬습니다).

Lecture　기본 문법

그럼 이제 오브젝티브 C의 기본적인 문법을 설명하겠습니다.

우선 프로그램에서는 한 문장의 마지막이 항상 세미콜론(;)으로 끝난다는 점을 기억해주세요.

마치 우리가 일반 문장의 마지막에 점(.)을 찍는 것처럼요.

> 프로그램 문장;

오브젝티브 C에서는 명령문의 길이가 긴 것이 많아 문장들이 쉽게 길어져서 읽기 어려워지기 십상입니다. 하지만 문장의 맨 마지막엔 세미콜론을 붙인다고 정해져 있으므로, 문장 중간에 공백이 들어갈 수 있으니 줄을 바꿔서 읽기 쉽게 만들어도 좋습니다.

> 프로그램의 긴 문장은
>   줄을 바꿔도 문장이 계속되기 때문에
>   세미콜론까지가 한 문장이 됩니다;

예를 들어, 앞에서 엄청나게 길고 어려워 보이던 소스 코드를 세미콜론을 기준으로 구분해서 볼까요?

그렇습니다. 5문장밖에 없군요. 결국 그렇게나 복잡하게 보이던 것들이 단순히 다섯 가지 처리를 하고 있을 뿐인 프로그램 소스 코드였던 것입니다.

```
01  -(IBAction)tapBtn {
02      NSString *title = [[[NSString alloc]
03                  initWithString:@"Alert"] autorelease];        ①
04      NSString *msg = [[[NSString alloc]
05                  initWithString:@"Message"] autorelease];      ②
06      UIAlertView *alert = [[UIAlertView alloc]
07                  initWithTitle:title
08                  message:msg
09                  delegate:self                                  ③
10                  cancelButtonTitle:@"Cancel"
11                  otherButtonTitles:@"OK", nil];
12      [alert show];        ④
13      [alert release];     ⑤
14  }
```

자세한 설명은 다음 기회로 미루고 간단하게 말하면, ❶타이틀 문자열을 만들고, ❷표시할 문자열을 만들고, ❸해당 문자열로 경고 다이얼로그를 만들고 ❹표시합니다. ❺끝나면 정리하고 종료하는 프로그램입니다.

결국 그 복잡해 보이던 것들이 단순한 경고 다이얼로그를 표시하는 프로그램인 것이죠.

Lecture 변수

프로그램에서는 변수variable를 사용해서 데이터를 처리합니다. 변수는 상자처럼 그 안에 숫자를 넣기도 하고 빼기도 할 수 있습니다.

우선, 변수라는 상자 그 자체를 만듭니다(선언한다고 말합니다).

어떤 데이터(변수형Type)를 담고, 상자에 어떤 이름(변수명)을 붙일지 지정해서 선언합니다.

> 변수형 변수명;

변수

🅒 int 형(정수) 변수 num을 만듭니다.

```
01  int num;
```

만든 변수에 데이터(값)를 넣을 때는 다음과 같이 = 기호를 사용합니다.

> 변수 = 값;

= 기호 왼쪽에 변수명, 오른쪽에 값을 써넣습니다.

수학에서 = 기호는 「좌우가 같다」는 의미지만, 프로그래밍 언어에서는 「오른쪽 값을 왼쪽에 넣는다(대입한다)」는 의미입니다.

예 변수 num에 100을 대입합니다.

```
01  num = 100;
```

변수를 선언할 때 동시에 초깃값도 설정할 수 있습니다.

```
변수형 변수명 = 값;
```

3장

예 int 형(정수) 변수 num을 만들고, 초깃값으로 100을 대입합니다.

```
01  int num = 100;
```

▶▶ 데이터의 종류

데이터의 종류는 굉장히 많지만, 자주 사용하는 것으로 int(정수), float(소수점 있는 실수), BOOL(YES/NO) 등이 있습니다.

int	정수(순서나 개수를 다룰 때 사용) **예** int num = 10;
float	실수(소수점 있는 실수) **예** float x = 10.5;
BOOL	YES/NO(YES = 1, NO = 0) **예** BOOL flag = YES;

포인터 변수

변수에는 수치밖에 들어가지 않지만, 포인터 변수를 사용하면 문자열이나 많은 수의 데이터 또는 오브젝트(레이블이나 버튼과 같은 컨트롤) 등을 처리할 수 있습니다.

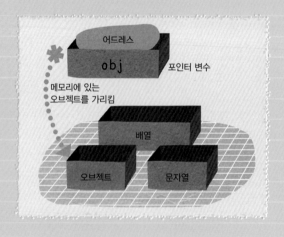

Lecture 포인터 변수란?

포인터 변수를 만들 때는 변수명 앞에 애스터리스크(*)를 붙여서 만들고, 사용할 때는 애스터리스크를 떼고 사용합니다.

다음과 같이 포인터 변수를 만듭니다.

```
01  NSString *str = [NSString stringWithString: @"문자열"];
```

다음과 같이 포인터 변수를 사용합니다.

```
01  myLabel.text = str;
```

포인터 변수는 「메모리 안에 있는 오브젝트를 가리키는 화살표」입니다. 예를 들어, 맥의 앨리어스 파일(윈도우즈에서는 바로가기 파일)이 다른 곳에 있는 실체를 가리키고(링크) 있는 것처럼, 포인터 변수도 오브젝트의 실체는 다른 곳에 있고 이 오브젝트의 위치를 가리키고 있을 뿐입니다. 하지만 이 덕분에 오브젝드를 다룰 수 있습니다.

파일 실체를 가리킴

앨리어스

파일 실체

앨리어스는 실체를 가리킵니다

변수에는 수치만 들어갈 수 있기 때문에, 포인터 변수에도 「메모리 안에 있는 오브젝트를 가리키는 어드레스(메모리 주소)」라는 수치가 들어갑니다.

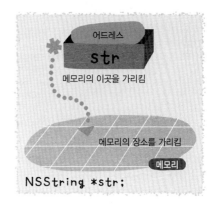

어드레스

str

메모리의 이곳을 가리킴

메모리의 장소를 가리킴

메모리

NSString *str;

▶▶ 주의점

포인터 변수에서는 한 가지 주의할 사항이 있습니다.

포인터 변수에는 「오브젝트를 가리키는 어드레스가 들어 있을 뿐」이므로, 오브젝트(문자, 배열, 컨트롤 등)의 실체는 따로 만들어주어야 합니다. 간단하게 순서를 말해보면, 먼저 컴퓨터의 메모리에 「이러한 오브젝트를 넣을 메모리 영역이 필요하다」고 의뢰해서 메모리 영역을 확보alloc합니다. 메모리를 확보한 것만으로는 아직 아무것도 들어 있지 않으므로, 오브젝트를 초기화해야 합니다. 초기화를 해야만 비로소 오브젝트로 사용할 수 있습니다(예를 들어, 문자열 변수를 만들었어도 아무 문자열도 들어 있지 않으면 문자열로 사용할 수 없겠죠).

그리고 하나 더. 오브젝트는 「필요없게 되면 해제release」해야 합니다. 필요없게 된 데이터를 계속 남겨두면, 사용할 수 있는 메모리가 점점 줄어듭니다.
「필요없게 되었을 때」란 계산인 경우 계산이 끝났을 때, 화면에 표시하는 컨트롤인 경우 해당 화면이 종료되었을 때를 의미합니다.
즉, 「사용한 후에는 반드시 정리」해야 합니다(정리정돈! 성리성돈!).

매번 해제 명령을 써넣는 일이 귀찮을 때는 autorelease를 사용하는 방법도 있습니다. 애플에서는 그다지 추천하지 않는 것 같지만, 자동 해제autorelease해주는 편리한 기능입니다. 프로그램에 익숙해지면 효율성을 고려해 release를 사용해 해제하는 것이 좋다고 생각하지만, 처음에는 거기까지 생각할 필요가 없으므로 본격적인 개발을 시작하기 전까지는 autorelease를 사용하는 것이 편할 것입니다.

또한 특별한 초기화 명령을 갖춘 오브젝트가 있는데 alloc, init, autorelease를 한꺼번에 해주는 편리한 기능을 갖춘 오브젝트도 있습니다.

```
01    NSString *str = [[[NSString alloc] initWithString:@"문자열"] autorelease];
```

```
01    NSString *str = [NSString stringWithString:@"문자열"];
```

Lecture 문자열 데이터 처리

문자열 데이터를 다룰 때는 NSString을 사용합니다. 문자열 데이터를 설정하거나, 읽어들이는 데 사용합니다.

그리고 문자열 데이터 자체는 @""를 붙여서 사용합니다(일반적인 프로그래밍 언어에서는 흔히 문자열 데이터에 ""만 붙여서 사용하므로, @ 기호를 붙인다는 점에 주의하세요).

앞에서 본 프로그램에 @ 기호가 많이 보인 이유는 바로 이점 때문입니다.

```
@"문자열"
```

▶▶ 문자열 데이터 만들기

문자열 데이터를 만들 때는 주로 다음 3가지 방법을 이용합니다.

```
NSString *문자열 변수 = [[NSString alloc]
                    initWithString:@"문자열"];
// 문자열을 사용합니다.
[문자열 변수 release];
```

```
NSString *문자열 변수 = [[[NSString alloc]
                initWithString:@"문자열"] autorelease];
// 문자열을 사용합니다.
```

```
NSString *문자열 변수 = [NSString stringWithString:@"문자열"];
// 문자열을 사용합니다.
```

예 "안녕하세요"라는 문자열을 만들어서 콘솔에 표시합니다.

```
01    NSString *myStr = [NSString stringWithString:@"안녕하세요"];
02    NSLog("%@", myStr);
```

예 콘솔 출력

```
안녕하세요
```

> **One Point!**
>
> ■ NSString은 문자열 데이터를 만들고 읽어들일 때 사용합니다. 문자열 데이터를 중간에 삭제하거나, 다른 문자(열)를 추가하는 등 「문자열 데이터를 수정」할 때는 NSMutableString을 사용합니다.
>
> ■ NS○○라는 이름이 붙어 있는데, 여기서 NS는 무슨 의미인가요? NS는 NextStep의 약자입니다. 맥 OS보다 먼저 만들어진 넥스트스텝(NextStep)이라는 OS의 이름으로, NS가 붙어 있는 기능은 옛날 그러니까 넥스트스텝이 만들어진 당시부터 존재해온 아주 기본적인 기능이라고 생각해 주십시오.

- -

▶▶ 문자열 데이터 표시

NSLog는 테스트용 명령문으로 콘솔 화면에 문자열 데이터를 표시합니다. 플래시Flash의 trace 문과 같은 기능을 합니다.

```
NSLog(@"문자열");
NSLog(@"문자열 포맷", 값);
```

▶▶ 정수를 문자열 데이터로 변환

정수를 문자열 데이터로 변환해서 만들때는 stringWithFormat:을 사용하는데, 정수를 넣을 부분에 %d를 쓰고 정수를 지정해주면, %d 자리에 정수가 들어간 문자열로 변환됩니다.

```
NSString *문자열 변수 =
    [NSString stringWithFormat:@"%d", 정수 데이터];
```

예 "당신은 xxx점입니다."라는 문자열을 만들고 콘솔에 표시합니다.

```
01    int score = 100;
02    NSString *myStr =
03        [NSString stringWithFormat : @"당신은 %d점입니다.", score];
04    NSLog(@"%@", myStr);
```

예 콘솔 출력

```
당신은 100점입니다.
```

- -

▶▶ 실수를 문자열 데이터로 변환

실수를 문자열 데이터로 변환해서 만들때는 %f를 사용하며, %f 자리에 지정한 실수가 들어간 문자열 데이터로 변환됩니다.

```
NSString *문자열 변수 =
    [NSString stringWithFormat:@"%f", 실수 데이터];
```

예 "체온은 xxx도입니다."라는 문자열을 만들어서 콘솔에 표시합니다.

```
01    float temp = 36.5;
02    NSString *myStr =
03        [NSString stringWithFormat:@"체온은 %f도입니다." , temp];
04    NSLog(@"%@", myStr);
```

예 콘솔 출력

체온은 36.500000도입니다.

▶▶ 다른 문자열 변수의 문자열 데이터를 사용해서 새로운 문자열 데이터 만들기

다른 변수의 문자열 데이터를 사용해서 새로운 문자열 데이터를 만들려면 stringWithFormat: 을 사용하며, 변환할 부분에는 %@을 사용합니다. %@이 있는 자리에 지정한 문자열 데이터 가 들어갑니다.

```
NSString *문자열 변수 =
    [NSString stringWithFormat: @"%@", 문자열 데이터];
```

예 "저는 iPhone입니다."라는 문자열을 만들어서 콘솔에 표시합니다.

```
01    NSString *myName = [NSString stringWithString:@"iPhone"];
02    NSString *myStr =
03        [NSString stringWithFormat:@"저는 %@입니다." , myName];
04    NSLog(@"%@", myStr);
```

예 콘솔 출력

저는 iPhone입니다.

> **One Point!**
>
> %d와 %@을 포맷 지정자(format specifier)라고 부르는데, 다른 형의 데이터를 문자열 데이터로 변환할 때 문자열 데이터의 어느 부분에서 변환할지를 지정합니다. NSLog로 표시하는 문자열 데이터에도 사용합니다.

Lecture 많은 데이터를 일괄 처리하기 – 배열

많은 데이터를 처리할 때는 배열(NSArray)을 사용합니다.

배열은 데이터를 넣어두는 서랍장과 같은 개념으로, 서랍 하나하나가 변수라고 생각하면 됩니다. 서랍에는 0번부터 순서대로 번호가 붙어 있는데, 데이터를 꺼내거나 집어넣을 때는 이 번호를 사용해서 입출력합니다.

서랍장처럼 몇 번째인지를 지정해서 데이터를 꺼냅니다

▶▶ 배열 만들기

배열을 만들 때는 NSArray의 arrayWithObjects:를 사용합니다. 그 뒤에 콤마(,)를 사용해서 데이터를 나열하고, 데이터의 마지막엔 끝을 알리려고 nil을 지정합니다.

NSArray *배열 변수 =
　　[NSArray arrayWithObjects: 값, 값, 값, ..., nil];

예 배열을 만들고 콘솔에 표시합니다.

```
01  NSArray *myArray = [NSArray arrayWithObjects: @"A", @"B", @"C", nil];
02  NSLog(@"%@", myArray);
```

```
{
    A,
    B,
    C
}
```

▶▶ 배열의 데이터 개수

배열의 데이터 개수는 count로 알 수 있습니다.

```
배열 변수.count
```

예 배열의 개수를 콘솔에 표시합니다.

```
01    NSLog(@"%d", myArray.count);
```

결과 콘솔 출력

```
3
```

▶▶ 번호를 지정해서 읽기

배열 안에서 특정 데이터를 읽을 때는 objectAtIndex:로 번호를 지정합니다. 번호는 0부터 시작하므로, 첫 번째 데이터는 0번입니다.

```
[배열 변수 objectAtIndex:번호];
```

예 배열의 2번째 데이터를 콘솔에 표시합니다(0부터 시작하므로 2번째는 1로 지정합니다).

```
01    NSLog(@"%@", [myArray objectAtIndex:1]);
```

B

> **One Point!**
>
> NSArray는 처음에 한꺼번에 전체 배열을 만들어놓고, 각 데이터를 꺼내면서 사용합니다. 나중에 배열에 데이터를 추가하거나 삭제하는 등 배열을 수정할 때는 NSMutableArray를 사용합니다.

Lecture 다량의 데이터를 키워드로 처리하기

다량의 데이터를 키워드로 처리하려면 사전 데이터 (NSDictionary)를 사용합니다.

사전 데이터도 배열과 마찬가지로 데이터를 넣어두는 서랍장과 같은 개념이지만, 서랍마다 번호 대신에 이름(키)이 붙어 있습니다. 데이터를 꺼내거나 집어넣을 때는 이 이름을 사용합니다. 「이 질문(키)에 대한 대답은 무엇인가」라는 형식으로 처리하므로 사전이라고 합니다.

▶▶ 사전 데이터 만들기

사전 데이터를 만들 때는 NSDictionary의 dictionaryWithObjectsAndKeys:를 사용합니다.
콜론 뒤에 값과 키를 콤마를 사용해서 나열하고, 마지막에는 역시 nil을 지정합니다.

```
NSDictionary *사전 데이터 =
    [NSDictionary dictionaryWithObjectsAndKeys:
        값, 키, 값, 키, 값, 키, ..., nil];
```

예 사전 데이터를 만들고, 콘솔에 표시합니다.

```
01    NSDictionary *myDict = [NSDictionary dictionaryWithObjectsAndKeys:
02                    @"480X320", @"iPhone",
03                    @"960X640", @"iPhone4",
04                    @"1024X768", @"iPad",
05                    nil];
06    NSLog(@"%@", [myDict]);
```

결과 콘솔 출력

```
{
    iPad = 1024X768;
    iPhone = 480X320;
    iPhone4 = 960X640;
}
```

▶▶ 모든 키

사전 데이터의 모든 키는 allKeys로 조사할 수 있습니다.

```
사전 데이터.allKeys
```

예 사전 데이터의 모든 키를 콘솔에 표시합니다.

```
01    NSLog(@"%@", myDict.allKeys);
```

결과 콘솔 출력

```
{
    iPhone4,
    iPhone,
    iPad
}
```

▶▶ 키로 지정해서 읽기

사전 데이터 중에서 특정 데이터를 읽을 때는 objectForKey:로 키를 지정합니다.

> [사전 데이터 objectForKey: 키];

예 "iPad" 키에 해당하는 데이터를 콘솔에 표시합니다.

```
01    NSLog(@"%@", [myDict objectForKey :@"iPad"]);
```

결과 콘솔 출력

```
1024X768
```

> **| One Point!**
>
> NSDictionary는 처음에 전체 사전 데이터를 만들고, 이후 각 데이터를 읽어서 사용합니다. 사전 데이터에 데이터 추가나 삭제와 같은 수정을 할 경우에는 NSMutableDictionary를 사용합니다.

제어문

프로그램의 기본 요소 중에서 또 하나는 제어문입니다.

제어문은 프로그램의 흐름을 제어하는 것으로, 아무 제약이 없으면 위에서 아래로 순서대로 실행해가는

프로그램을 조건에 따라 분기시키거나, 몇 번이나 같은 처리를 반복하게 할 때 사용합니다.

Lecture if 문

「어떤 조건을 만족할 때만 실행한다」는 상황에 if 문을 사용합니다.

조건식의 결과를 살펴서 조건을 만족할 때만 {, }로 둘러싸인 범위 안의 명령문을 실행합니다.

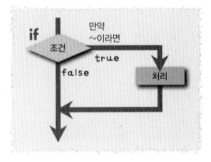

```
If (조건식) {
        // 조건을 만족하면 실행할 처리
}
```

예 만약 a와 b가 같다면, 콘솔에 "같다"고 표시합니다.

```
01  int a = 1;
02  int b = 1;
03  if (a == b) {
04      NSLog(@"같다");
05  }
```

결과 콘솔 출력

```
같다
```

▶▶ if else 문

「조건을 만족하지 못했을 때」도 별도의 처리를 하
고 싶을 때는 if else 문을 사용합니다.

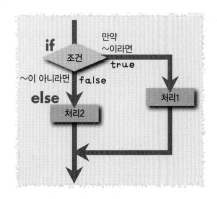

```
if (조건식) {
    // 조건을 만족하면 실행할 처리
} else {
    // 조건을 만족하지 못했을 때 실행할 처리
}
```

▶▶ 조건식

조건을 만족하고 있는지 여부는 두 변수를 비교해서 조사합니다. 이를 조건식이라고 합니다.
조건식은 두 변수의 값을 비교해서 같은지 여부를 조사합니다.

==	좌변과 우변이 같은지 여부
!=	좌변과 우변이 다른지 여부
<	좌변이 우변보다 작은지 여부
<=	좌변이 우변 이하인지 여부
>	좌변이 우변보다 큰지 여부
>=	좌변이 우변 이상인지 여부

그러나 변수의 값을 비교하므로, 오브젝트 등을 다루는 포인터 변수인 경우에는 항상 올바른
판단이 일어난다고 보장할 수 없습니다. 내용이 아닌 어드레스(메모리 주소)로 비교하기 때문
에 이런 현상이 발생합니다.
따라서 오브젝트의 내용을 보고 같은지 비교하려면 isEqual:을 사용합니다.

```
[오브젝트 1 isEqual: 오브젝트 2];
```

예 서로 다른 방법으로 만들어진 두 문자열의 내용이 같은지 비교합니다.

```
01  NSString *a = [NSString stringWithString:@"AAA"];
02  NSString *b = [NSString stringWithFormat:@"%@",@"AAA"];
03
04  if (a == b) {
05      NSLog(@"a==b로 비교하면 a와 b는 같다.");
06  } else {
07      NSLog(@"a==b로 비교하면 a와 b는 다르다.");
08  }
09  if ([a isEqual: b]) {
10      NSLog(@"[a isEqual: b]로 비교하면 a와 b는 같다.");
11  } else {
12      NSLog(@"[a isEqual: b]로 비교하면 a와 b는 다르다.");
13  }
```

결과 콘솔 출력

```
a==b로 비교하면 a와 b는 다르다.
[a isEqual: b]로 비교하면 a와 b는 같다.
```

Lecture switch 문

「변수의 값을 보고, 그 상태에 따라 서로 다르게 처리」하려면 switch 문을 사용합니다. if 문을 사용해도 같은 제어를 할 수 있지만, switch 문을 사용하면 「어느 경우에 분기가 발생하는지」 명확하게 알 수 있습니다.

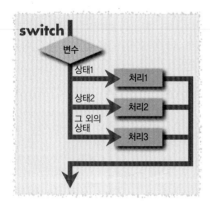

```
switch (변수) {
    case 상태 1:
        // 상태 1일 때 실행할 처리
        break;
    case 상태 2:
        // 상태 2일 때 실행할 처리
        break;
    default:
        // 어떤 상태도 아닐 때 실행할 처리
        break;
}
```

예 변수의 값에 따라 표시하는 문자열을 변경합니다.

```
01   int dice = 1;
02   switch (dice) {
03     case 1:
04         NSLog(@"원점으로 돌아간다.");
05         break;
06     case 6:
07         NSLog(@"한번 더 흔든다.");
08         break;
09     default:
10         NSLog(@"나온 눈의 수만큼 전진한다.");
11         break;
12   }
```

결과 콘솔 출력

```
원점으로 돌아간다.
```

Lecture while 문

「조건을 만족하고 있는 동안 같은 처리를 반복」할 때
는 while 문을 사용합니다.

```
while (조건식) {
    // 반복 처리
}
```

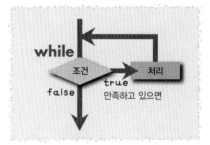

예 0에서 시작해 7씩 더해가다 100보다 커지면 어떤 수가 되는지 표시합니다.

```
01    int d = 0;
02    while (d < 100) {
03        d += 7;
04    }
05    NSLog(@"%d", d);
```

결과 콘솔 출력

```
105
```

Lecture for 문

「지정한 횟수만큼 처리를 반복」할 때는 for 문을 사용
합니다. 카운터 변수를 준비하고 초기치, 반복 조건,
카운트 방법을 지정합니다.

```
for (카운터 초기치; 반복 조건; 카운트 방법) {
    // 반복 처리
}
```

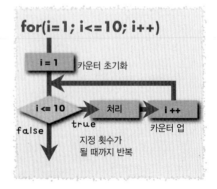

예 변수 a에 1부터 10까지 더해서 결과를 표시합니다.

```
01    int a = 0;
02    for ( int i = 1; i <= 10; i++ ) {
03        a += i;
04    }
05    NSLog(@"%d", a);
```

결과 콘솔 출력

```
55
```

Lecture 주석

프로그램에는 실행되지 않는 부분도 있습니다. 이 부분을 **주석**comment이라고 합니다. 주석은 컴퓨터에 명령을 내리는 목적이 아닌 사람이 프로그램을 읽기 쉽게 하려고 덧붙이는 설명입니다. 주석에는 두 종류가 있습니다.

```
// 주석
```

/* */로 프로그램을 둘러싸면, 둘러싸인 부분이 전부 주석이 됩니다.

```
/*
    주석
*/
```

One Point!

주석은 프로그램에서 무시하는 설명 부분에 해당하지만, 「프로그램에서 무시」한다는 점을 일부러 이용하는 경우도 있습니다. 프로그램의 일부를 주석으로 만들어서 「그 부분을 일시적으로 무효」로 만들어 테스트에 이용하기도 합니다. 또, iOS SDK 자체도 이를 이용해 자주 사용할 것 같은 프로그램을 미리 주석문으로 준비해두기도 합니다. 프로그래머가 사용하고 싶을 때 주석을 제거하기만 하면 그대로 사용할 수 있게 만들어져 있습니다.

클래스

객체지향 프로그래밍에서 제일 중요한 것은 오브젝트(객체)의 처리입니다. 그러므로 오브젝트 처리 방법을 확실히 배워둡시다.

Lecture 오브젝트란? 클래스란?

오브젝트는 속성(오브젝트가 가지고 있는 데이터)과 메소드(오브젝트가 할 수 있는 일)를 하나로 묶어놓은 개념입니다. 어떤 오브젝트가 다른 오브젝트 안에 있는 데이터를 조사하거나 변경할 때는 오브젝트의 속성을 통해서 처리합니다.

이와 같이 오브젝트끼리 통신을 통해 앱의 기능을 구현합니다.

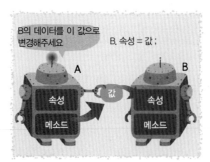

One Point!

직장에서도 누군가에게 일을 부탁할 때는 「그 사람이 할 수 있는 일」과 「그 사람이 지금 일을 부탁해도 괜찮은 상황인지」 등의 사정을 알지 못하면 좋은 결과를 얻을 수 없습니다. 「상대방을 이해하는 것」이 원활하게 일을 진행하는 기본인 것처럼, 오브젝트로 개발을 할 때도 「그 클래스가 어떤 일을 할 수 있는지 이해하는 것」이 좋은 프로그램을 만들 수 있는 바탕이 됩니다.

그런데 통신을 실행할 때는 「상대편 오브젝트가 구체적으로 어떤 속성과 메소드를 가지고 있는지」를 알아야 합니다. 이러한 상세 정보가 오브젝트에서는 설계도에 명시되어 있는데, 이 설계도가 바로 클래스입니다.

클래스에는 어떤 이름과 어떤 형의 속성(데이터)이 있고, 어떤 이름으로 어떤 내용의 일(메소드)을 할 수 있는지 상세하게 명시되어 있습니다. 즉, 이 상세하게 명시된 내용이 프로그램이 됩니다.

Lecture 오브젝트 사용 방법

오브젝트를 사용할 때는 우선 오브젝트를 만들고, 해당 오브젝트의 속성을 변경하거나 메소드를 실행합니다.

- -

▶▶ 오브젝트 만들기

오브젝트는 포인터 변수를 사용해서 만듭니다. 문자열이나 배열을 만들 때와 마찬가지로, 우선 메모리에서 영역을 확보한 후에 오브젝트의 초기화 명령을 실행해서 초기화합니다. 초기화 명령은 보통 init이지만, 오브젝트에 따라서는 여러 방법이 있을 수도 있습니다.

> 클래스명 *오브젝트명 = [[클래스명 alloc] 초기화 명령];

클래스명 * 오브젝트명 =
[[클래스명 alloc] 초기화 명령];

메모리의 장소를 지정해서 영역을 확보하고 오브젝트를 초기화해서 작성합니다

▶▶ 오브젝트 해제하기

오브젝트는 메모리 영역을 확보해서 만든 것이므로, 필요없게 되면 메모리를 해제해야 합니다.

```
[오브젝트명 release];
```

▶▶ 속성에 액세스하기

오브젝트의 속성에 액세스하려면 오브젝트명에 도트(.)를 붙이고 계속해서 속성명을 지정합니다. 속성의 값을 얻으려면 속성의 값을 조사합니다.

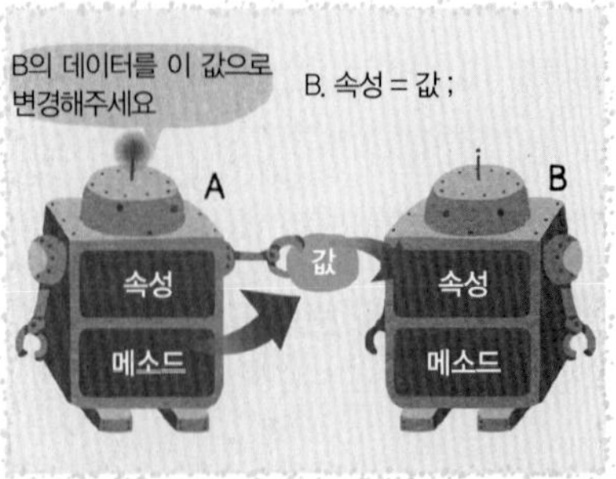

```
변수 = 오브젝트명.속성;
```

예 score 속성의 값을 표시합니다.

```
01  NSLog(@"%d", myObject.score);
```

속성의 값을 변경하려면 속성에 값을 설정합니다.

```
오브젝트명.속성 = 값;
```

예 score 속성의 값을 변경합니다.

```
01 myObject.score = 100;
```

▶▶ 메소드 실행하기

메소드를 실행하려면 실행할 메소드를 [,]로 감싸서 지정합니다. 앞에서 본 오브젝티브 C의 소스 코드가 [ ] 천지인 것은, 자주 사용된 메소드가 [ ]를 사용하기 때문입니다.
메소드에서는 [○○씨, □□를 해주세요] 하고 상대편 오브젝트의 이름을 불러서 명령합니다.

「명령만 할 때」는 오브젝트명에 메소드를 붙여서 명령합니다.

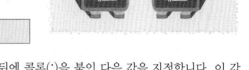

> [오브젝트명 메소드];

예 myObject의 start 메소드를 실행합니다.

```
01   [myObject start];
```

「값을 하나 넘겨주면서 명령할 때」는 메소드 뒤에 콜론(:)을 붙인 다음 값을 지정합니다. 이 값을 인수argument라고 합니다.

One Point!

넘겨주는 값을 인수라고 합니다. 예전에는 수를 넘겨주는 경우가 대부분이어서 「넘겨주는 수」라는 의미로 인수(引數)라고 부르기 시작했습니다(이는 일본식 표현이지만 초창기에 일본에서 배워왔기 때문에 정착된 것입니다).

> [오브젝트명 메소드: 인수];

예 myObject의 disp 메소드에 "Hello" 값을 넘겨주고 명령합니다.

```
01   [myObject disp: @"Hello"];
```

「값을 두 개 이상 넘겨주고 명령할 경우」에는 첫 번째 인수 뒤에 두 번째 인수의 이름을 나타내는 레이블을 붙인 후 그 뒤에 :과 두 번째 인수를 지정합니다.

> [오브젝트명 메소드: 인수1 레이블: 인수2];

예 myObject의 calc 메소드에 인수 10, add라는 두 번째 인수명에 인수 20을 넘겨주고 명령합니다.

```
01   [myObject calc: 10 add: 20];
```

4장
애플리케이션 개발
기본

iOS SDK에서 아이폰 앱을 개발할 때는 프로그래밍 방법은 물론, iOS SDK 사용법(앱 개발 순서)도 잘 알아야 좋은 앱을 빠르게 개발할 수 있습니다. 이 장에서는 iOS SDK로 아이폰 앱을 개발하는 순서(사용법)를 설명합니다.

프로젝트 작성

지금부터 본격적으로 iOS SDK를 이용한 아이폰 앱 작성 방법을 설명하겠습니다.

가장 먼저 해야 할 일은 새 Xcode 프로젝트를 작성하는 것입니다.

▶▶ 프로젝트 만들기

Xcode에서 「Create a new Xcode project」를 선택해 앱 제작을 시작합니다.

앱은 한 파일이 아닌 「여러 파일을 조합해서」 만들어나갑니다. 앱을 만드는 데 필요한 파일이 들어 있는 폴더를 프로젝트 폴더라고 부릅니다. 처음에 프로젝트를 만들면 Xcode에서 최소로 필요한 파일들을 프로젝트 폴더에 자동으로 생성합니다.

Xcode를 실행하고 [Create a new Xcode project]를 선택합니다.

새 프로젝트 작성이 끝나면 프로젝트 폴더에 필요한 파일들이 자동으로 생성됩니다.

▶▶ 템플릿 선택

「Create a new Xcode project」를 선택하면 「템플릿 선택(Choose a template for your new project)」 다이얼로그가 표시됩니다.

앱을 만들기 시작했지만 무엇부터 만들어야 할지 모른다고 걱정하지 않아도 됩니다. Xcode 에는 기본적인 부분이 이미 작성되어 있는 템플릿이 여러 가지 준비되어 있습니다. 다시 말하면, 「기본 부분은 템플릿을 이용해서 만들고, 이 템플릿 위에 만들고 싶은 부분을 추가, 변경하면서 완성해간다」는 방식입니다. 그러므로 만들고 싶은 앱의 형태에 가장 적합한(가까운) 템플릿을 선택하면 됩니다.

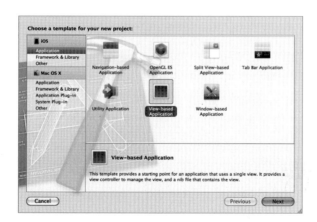

View-based Application

뷰(화면)가 하나뿐인 템플릿입니다. 가장 단순하고 기본적인 구조이므로, 간단한 앱이나 컨트롤을 작성하거나, 오브젝티브 C의 문법을 테스트할 때 등 가장 손쉽게 사용할 수 있는 템플릿입니다.

준비되어 있는 뷰는 하나밖에 없지만, 나중에 뷰를 추가해서 여러 화면으로 구성된 앱을 만들 수도 있습니다.

Utility Application

뷰가 앞뒤로 두 개 있어서 버튼을 탭(누르기)하면, 쓱하고 뒤집어지는 앱용 템플릿입니다. 기본적인 기능은 앞쪽 화면에서 실행하면서 몇 가지 간단한 설정을 뒤집어진 뒤쪽 화면에서 실행하는 앱에 사용합니다.

Utility Application P308

Tab Bar Application

뷰가 여러 개 있고, 화면 하단에 위치한 탭 버튼을 눌러서 화면을 변경할 수 있는 앱용 템플릿입니다. 여러 화면으로 모드 변경을 하는 앱에 적합합니다.

Tab Bar Application P323

Navigation-based Application

뷰가 여러 개 있어서 계층적인 구조를 만들 때 사용하는 템플릿입니다. 또, 최초의 화면이 테이블 뷰라는 일람표 형식으로 되어 있습니다. 일람표 중 하나를 선택하면 더 깊은 계층으로 내려가고, 돌아가기 버튼을 선택하면 원래 화면으로 돌아가는 앱에 사용합니다.

Navigation-based Application P367

OpenGL ES Application

OpenGL ES라는 2D/3D 그래픽을 표시하는 기능을 사용하는 템플릿입니다. 주로 게임 등에 사용합니다.

● Split View-based Application

아이패드 앱용 템플릿입니다. 세로 화면일 때는 화면을 좌우로 분할해 작은 화면에는 리스트를 표시하고, 큰 화면에는 상세 화면을 표시합니다. 가로 화면일 때는 화면 전체에 상세 화면을 표시하고, 버튼을 탭하면 나타나는 팝오버Popover라는 일람표로 상세 화면의 내용을 전환합니다.

아이패드용 앱을 만들 때 사용합니다.

> **One Point!**
>
> 다른 템플릿 중에서도 아이폰/아이패드 전환이 가능한 템플릿이면 아이패드 앱 개발이 가능합니다.

● Windows-based Application

윈도우만 있고 뷰가 없어서 앱의 최소 기능만 갖춘 템플릿입니다. 반대로 모든 것을 자신이 만들어보고 싶을 때 사용하는 템플릿입니다.

> **One Point!**
>
> 이 책에서는 기본적으로 View-based Application 템플릿을 사용해 앱을 만듭니다. 하지만 Utility Application, Tab Bar Application, Navigation-based Application의 사용법도 설명합니다.

템플릿은 기본적인 기능(프로그램 소스)이 들어 있으므로, 그대로 빈 앱으로 실행할 수 있습니다.
템플릿을 사용해 빈 앱을 만들어놓고 만들고 싶은 부분을 추가, 변경해서 만들어나갑니다.
또, 템플릿 프로그램 안에는 자주 사용할 것 같은 명령문 등이 미리 주석 처리되어 있습니다.
필요할 때 이 주석을 지우고 사용하면 됩니다.
이와 같이 앱을 전부 혼자서 만들기보다는 iOS SDK가 준비해둔 기능을 적절히 가공해가면서 만들어가는 것이 훨씬 효율적입니다.

프로젝트 구조와 작성 순서

프로젝트를 시작하고 Xcode 화면을 열어보면, 여러 가지 파일이 들어 있음을 확인할 수 있습니다. 이렇게 많이 들어 있으면 도대체 어디에 무엇을 써넣어야 할지 혼란스럽기만 합니다. 하지만 큰 걱정은 하지 않아도 됩니다. 파일은 많지만 자주 사용하는 파일은 정해져 있습니다. 간단한 앱이라면 파일 3개 정도만 편집하면 됩니다.

● 프로젝트명 + ViewController.xib

화면(뷰)의 디자인을 만드는 파일입니다.

많은 경우 화면 디자인부터 시작하므로, 보통은 맨 처음에 이 파일부터 시작합니다.

● 프로젝트명 + ViewController.h, 프로젝트명 + ViewController.m

화면의 움직임을 컨트롤하는 프로그램_{Controller}을 작성하는 파일입니다.

동작에 관한 프로그램이므로, 화면을 작성한 후에는 대부분 이 파일에서 프로그램을 작성하기 시작할 것입니다. 이 두 파일을 한 묶음으로 사용합니다.

● 프로젝트명 + AppDelegate.h, 프로젝트명 + AppDelegate.m

앱의 기본적인 동작을 프로그래밍할 때 사용하는 파일입니다.

앱이 신행 지후나 종료 직전에 무언가를 할 때 사용합니다

● 프로젝트명 + App

앱의 실행 파일입니다. 하지만 이 파일을 직접 만질 필요는 없습니다. [Build and Run] 버튼으로 실행하면 자동으로 이 파일이 사용됩니다. 프로젝트 생성 직후에는 빨간색으로 되어 있는데, 이는 아직 실행 파일이 만들어지지 않았음을 나타냅니다. 빌드해서 실행 파일을 만들면 검은색으로 변합니다.

● UIKit.framework, Foundation.framework, CoreGraphics.framework

앱을 만들 때 필요한 도구가 들어 있는 도구 상자입니다. Xcode가 사용하려고 프로섹트 안에 포함한 파일이므로 건드릴 필요는 없습니다.

> **One Point!**
>
> 대부분의 파일명에는 프로젝트명이 붙어 있습니다. 파일이 많이 있는데다 상당히 긴 파일명도 많아서 뭔가 굉장히 어렵게 보이기도 하지만, 긴 파일명의 선두 부분은 프로젝트명임을 알게 되면 나머지는 단순하고 간단한 파일명임을 알 수 있습니다.
>
> 템플릿에 준비되어 있는 파일은 기본적인 파일이지만, 나중에 계산용 클래스 파일이나 화면용 클래스 파일 등을 추가해서 큰 프로그램을 만들 수 있습니다.

화면 디자인과 이와 연관된 프로그램은 「ViewController」라는 이름이 붙은 파일 3개로 만듭니다.

- 프로젝트명 + ViewController.xib
- 프로젝트명 + ViewController.h
- 프로젝트명 + ViewController.m

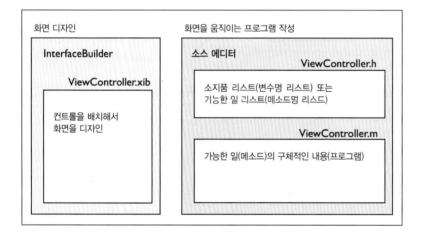

◉ ViewController.xib

이 파일에서 화면을 디자인합니다

◉ ViewController.h, ViewController.m

이들 파일을 사용해서 화면을 움직이는 프로그램을 만듭니다. 파일을 클릭하면 에디터로 편집할 수 있습니다.

.h, .m 파일을 각각 헤더 파일(.h), 구현 파일(.m)이라고 하며 이 두 파일을 한 묶음으로 해서 프로그램을 만듭니다.

헤더 파일(.h)에는 소지품 리스트(변수명 리스트)나 가능한 일 리스트(메소드명 리스트)가 나열되어 있으므로 이 화면에서 어떤 변수를 사용하고, 어떤 일이 가능한지를 확인할 수 있습니다.

구현 파일(.m)에는 가능한 일의 구체적인 내용이 들어 있습니다. 다시 말하면 「구체적인 프로그램」을 이 파일에 작성합니다.

Lecture 배치한 컨트롤과 프로그램을 연결하는 방법

인터페이스 빌더에서는 컨트롤들을 배치하여 화면을 디자인합니다. 하지만 배치만으로는 의미가 없고, 각 컨트롤을 선택했을 때 어떻게 움직일지를 프로그래밍해야 합니다. 프로그램은 헤더 파일과 구현 파일에 작성하기 때문에 작성한 부분이 화면에 배치한 어떤 컨트롤을 처리하기 위한 것인지 지정해야 합니다. 따라서 프로그램에서는 컨트롤명이나 메소드명을 만들어놓고, 인터페이스 빌더에서 「프로그램에서 만든 이름과 컨트롤을 연결」하는 작업을 합니다.

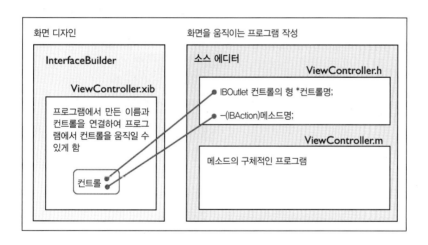

컨트롤명은 헤더 파일(.h)에 IBOutlet으로 작성합니다.

```
IBOutlet 컨트롤의 형  *컨트롤명;
```

예 myLabel이라는 레이블명을 작성합니다.

```
01  IBOutlet UILabel *myLabel;
```

컨트롤에 어떤 액션Action이 발생했을 때 실행할 메소드는 헤더 파일(.h)에 IBAction으로 작성합니다.

```
-(IBAction) 메소드명;
```

예 pushBtn이라는 메소드를 작성합니다.

```
01  -(IBAction)pushBtn;
```

▶▶ IBOutlet 연결

「IBOutlet에서 작성한 컨트롤명과 컨트롤을 연결합니다. 인터페이스 빌더에 컨트롤명이 표시되면, 「○」를 드래그해서 선을 잡아늘려 컴포넌트에 연결합니다.
이름 리스트는 「File's Owner」를 마우스 오른쪽 버튼으로 클릭(control + 클릭)해서 표시합니다.

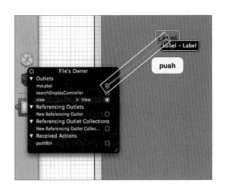

▶▶ IBAction 연결

「IBAction에서 작성한 메소드명과 컨트롤을 연결」합니다. 인터페이스 빌더에 메소드명이 표시되면, 「○」를 드래그해서 선을 잡아늘려 컨트롤에 연결합니다.
이때 「이 메소드는 어떤 액션이 발생할 때 실행되는가?」라는 패널이 표시되므로, 해당하는 액션명을 선택합니다. 이것으로 연결한 액션이 발생하면 메소드가 호출됩니다.

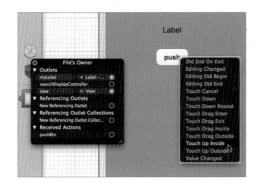

▶▶ 여러 가지 IBOutlet과 IBAction 연결 방법

Xcode 4에서는 프로그램에서 작성한 명칭과 인터페이스 빌더에서 배치한 컨트롤을 연결하는 방법이 한 가지가 아니고 몇 가지나 존재합니다. 따라서 그 방법들에 대해 설명해보겠습니다

● 방법 1 : Dock의 File's Owner를 사용하는 방법

프로그램에서 작성한 명칭에서 인터페이스 빌더의 컨트롤로 드래그해서 연결합니다. Xcode 3에서 사용하기 시작한 방법으로, 이 책에서는 주로 이 방법으로 설명해나가겠습니다.

1 .h 파일을 선택해서 컨트롤명이면 IBOutlet에서, 메소드명이면 IBAction에서 작성해놓습니다.

2 .xib 파일을 선택하고, Dock의 File's Owner를 오른쪽 버튼으로 클릭하면 작성한 명칭이 표시됩니다.

3 「ㅇ」를 클릭하고 선을 잡아늘려 컨트롤 위로 가져가면 연결할 수 있습니다.

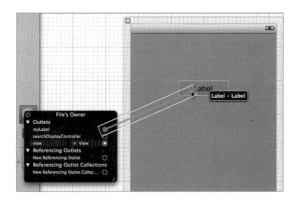

● 방법 2 : 보조 에디터를 사용하는 방법 1

인터페이스 빌더의 컨트롤에서 .h 파일에 설정한 명칭 위로 드래그해서 연결합니다.
Xcode 4에서 새롭게 추가된 방법입니다. 인터페이스 빌더와 .h 파일을 함께 표시해놓고 연결하게 되므로 직관적이고 알기 쉬운 방법입니다. 하지만 IBAction인 경우 기본적인 이벤트가 자동으로 선택되므로 직접 상세한 설정을 하고자 할 때는 주의가 필요합니다.

1 메뉴에서 [View] – [Editor] – [Assistant]를 선택하여 보조 에디터를 표시합니다.

2 .h 파일을 선택하고, 컨트롤명이면 IBOutlet에서, 메소드명이면 IBAction에서 작성해놓습니다.

3 .xib 파일을 선택하고, 컨트롤을 오른쪽 버튼으로 클릭하고 선을 잡아늘려 오른쪽에 표시되어 있는 .h 파일의 IBOutlet이나 IBAction 위로 가져가면 연결할 수 있습니다.

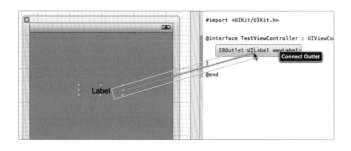

● 방법 3 : 보조 에디터를 사용하는 방법 2

인터페이스 빌더의 컨트롤에서 .h 파일로 드래그해서 명칭을 자동으로 작성하는 방법으로 Xcode 4에서 새롭게 추가된 기능입니다.
더욱이 미리 IBOutlet이나 IBAction으로 연결할 컨트롤의 명칭을 작성하지 않아도 연결하기만 하면 자동으로 작성해주는 편리한 방법입니다. IBAction의 이벤트도 선택할 수 있고 컨트롤이 불필요해졌을 때 해제하는 프로그램까지 자동으로 작성해주므로 꽤 편리합니다. 익숙해지면 이 방법을 사용해서 개발 시간을 단축할 수 있는 유용한 기능입니다.

1 메뉴에서 [View] – [Editor] – [Assistant]를 선택하여 보조 에디터를 표시합니다.

2 .xib 파일을 선택하고, 컨트롤을 오른쪽 버튼으로 클릭하고 선을 잡아 늘려 오른쪽에 표시되어 있는 .h 파일의 IBOutlet이나 IBAction을 작성하고 싶은 곳으로 가져가면 「횡선」이 표시됩니다.

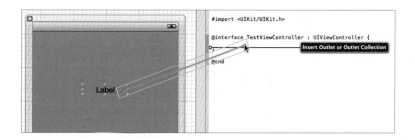

3 IBOutlet을 작성하고 싶은 곳으로 드래그하면, 풍선도움말형 다이얼로그가 표시됩니다. Name에 컨트롤명을 써 넣고, [Connect] 버튼을 누르면, 자동으로 IBOutlet이 작성됩니다.

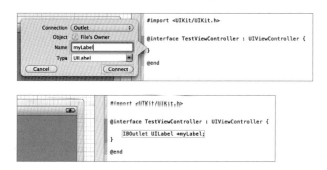

IBAction을 작성하고 싶은 곳으로 드래그하면, 풍선도움말형 다이얼로그가 표시됩니다. 「Connection」을 「Action」으로 설정하고, Name에 메소드명을 써넣고, [Connect] 버튼을 누르면 자동으로 IBAction이 작성됩니다. 「Event」에서 이벤트를 선택할 수도 있습니다.

4 .m 파일에는 컨트롤이 불필요해졌을 때 해제하는 코드가 자동으로 작성되므로 편리합니다.

※ 이 책에서 사용하는 샘플은 테스트용 프로그램이므로 컨트롤의 해제까지는 작성하지 않았지만, 본격적으로 앱을 만들 때는 해제 처리를 확실히 해두는 것이 버그 없는 프로그램을 만드는 지름길입니다.

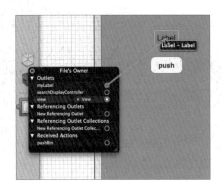 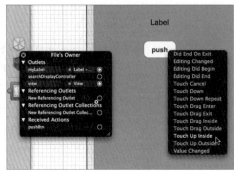

Lecture 애플리케이션 전체에 관한 프로그램

한 화면에 대한 처리뿐만 아니라 애플리케이션 전체에 관해서도 프로그래밍할 수 있습니다. 앱의 기본적인 동작에 관한 프로그램은 「프로젝트명 + AppDelegate」 파일에 작성합니다. 앱 실행 직후에 데이터를 읽어들이거나, 종료 직전에 데이터를 저장할 때 사용합니다. 또, 화면이 여러 개인 경우에는 각 화면이 사용하는 데이터도 따로따로 발생하는데, 앱 전체에서 공통으로 데이터를 만들고 필요한 데이터만 그때그때 공급하는 식으로 사용할 수도 있습니다.

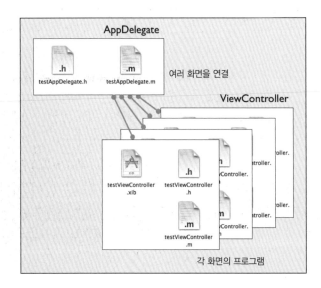

Lecture 델리게이트(Delegate)

Xcode로 프로그램을 만드는 때 중요한 요소는 델리게이트라는 사고 방식입니다.

델리게이트를 사전에서 찾아보면 「위임」이라고 되어 있습니다. 위임이라고 해도 누가, 누구에게, 어떤 일을 위임하는 것일까요?

바로 아이폰이 프로그래머에게 아이폰 앱 안에서 무언가 발생했을 때 해야 할 일을 위임하는 것입니다.

델리게이트

몇 행 표시하면 될까요?

5행만 표시하면 돼!

iOS

「iPhone이」「프로그래머에게」「표시할 행 수의 결정을 위임했습니다.」

「○○의 경우에 어떻게 하면 될까요?」「이렇게 해주세요.」

예를 들어, 테이블 표시(많은 데이터를 리스트 형식으로 표시)를 할 때 「테이블 뷰가」「프로그래머(표시하고 있는 클래스)에게」「어떻게 표시하면 좋을까요?」라고 물어옵니다. 프로그래머가 표시할 행 수나 표시할 내용을 답해주면, 테이블을 만들 수 있게 됩니다.

이와 같이 어떤 부분의 판단을 다른 사람에게 맡기는(프로그래머가 판단) 방법으로 프로그램의 구조를 만들어가는 방법을 델리게이트라고 합니다. 기본적인 부분은 클래스가 준비해주는데, 이 역시 「구조를 전부 만들 필요없이, 만들고 싶은 부분만 수정해 만들어간다」는 템플릿과 마찬가지로 편리한 기능입니다.

프로그램 작성 중에 어떤 용어에 대해서 찾고 싶을 때는
찾을 용어를 control + 클릭(또는 오른쪽 버튼 클릭)한 후
「Jump to Definition」을 선택하면 해당 클래스의 헤더 파
일을 볼 수 있습니다.

자신이 작성한 클래스의 헤더와 마찬가지로, iOS SDK에 준비되어 있는 클래스에도 헤더들이
있어서 표시되는 것입니다. 헤더 파일에서는 「어떤 속성이나 메소드가 준비되어 있는지」 살펴
볼 수 있으므로, 지정한 클래스에 관한 정보를 얻을 수 있습니다.

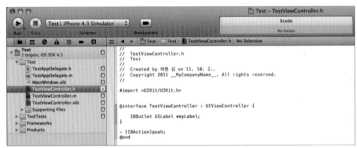

UILabel의 용어를 오른쪽 버튼으로 클릭해서 Jump to Definition 선택

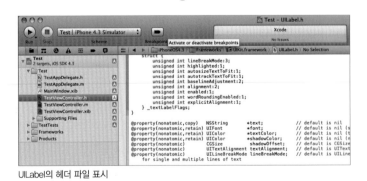

UILabel의 헤더 파일 표시

> **One Point!**
>
> 읽기 전용 파일은 시스템의 기
> 본 파일이므로, 편집할 수 없
> 게 되어 있습니다. 강제로 편
> 집 허가를 얻어서 변경하거나
> 삭제하지는 마세요.

원래 화면으로 돌아가려면, 상세 뷰의 파일명을 다시 선택(클릭)하면 됩니다.

첫 번째 앱 제작

지금부터는 iOS SDK를 어떤 식으로 사용해야 앱을 만들 수 있는지 설명하겠습니다.

Lecture 앱을 만드는 순서

기본적으로 앱은 다음과 같은 순서로 만듭니다.

1 프로젝트를 만듭니다.

2 인터페이스 빌더로 화면을 디자인(컨트롤 배치)합니다.

3 뷰 컨트롤러의 헤더 파일(.h)에서 필요한 이름을 설정합니다.

4 인터페이스 빌더로 위에서 만든 이름과 컨트롤을 연결합니다.

5 뷰 컨트롤러의 구현 파일(.m)에 프로그램을 작성합니다.

6 시뮬레이터로 테스트합니다.

그럼 이제 실제로 만들어보겠습니다.

「"안녕하세요"라고 표시합니다」

난이도 : ★☆☆☆☆
제작 시간 : 3분

"안녕하세요"라는 표시만 하는 간단한 앱입니다.
인터페이스 빌더에서 "안녕하세요"라는 레이블을 배치해서 만듭니다.

---

1 새 프로젝트를 작성합니다.

Xcode를 실행하고, 「Create a new Xcode project」를 선택한 후, 「View-based Application」을 선택합니다. [Next] 버튼을 눌러서 「Project Name」과 「Company Identifier」를 설정하고, [Next] 버튼을 눌러서 저장합니다. 여기서는 예로 「firstTest」, 「com.myname」이라는 이름으로 저장했습니다.

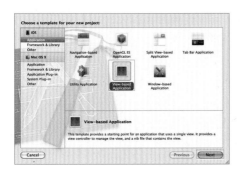 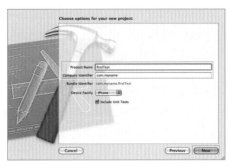

---

2 인터페이스 빌더를 실행합니다.

새 프로젝트를 만들면 여러 기본 파일이 자동으로 생성되는데, 그 중 「firstTestViewController.xib」를 클릭하면 화면 데이터를 편집하는 인터페이스 빌더가 표시됩니다.

메뉴에서 [View] − [Utilities] − [Object Library]를 선택합니다.

---

3 [Object Library] 패널 안에 있는「Label」을「View」로 드래그합니다.

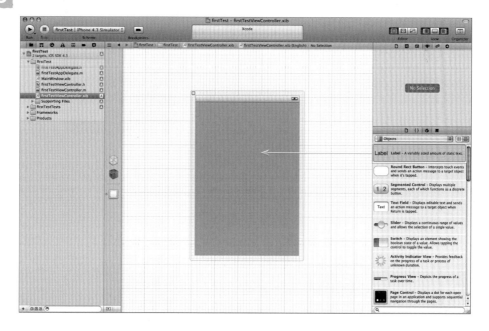

레이블을 더블클릭해서 "안녕하세요"라고 써넣고 저장합니다.

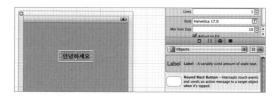

4 시뮬레이터에서 실행합니다.

[Scheme]의 풀다운 메뉴를 보면 「Simulator」라는 항목이 있습니다. 이것을 선택하고 [Run] 버튼을 누르면 앞에서 작성한 "안녕하세요"가 컴파일되어 실행됩니다.

이것으로 첫 번째 앱의 작성을 모두 마쳤습니다.

iOS 시뮬레이터가 시작되고 앱이 실행됩니다.

시뮬레이터가 시작되지 않거나 "안녕하세요"가 표시되지 않으면 올바르게 작성하지 않았기 때문입니다. 앞에서 설명한 순서를 다시 한 번 차근차근 실행하면 올바르게 표시될 것입니다.

---

5 이것으로 마치면 좀 서운할테니 여기에다 코드를 조금만 추가하겠습니다.

.m 파일(firstTestViewController.m)을 선택합니다.

@implementation 다음 행에 다음과 같은 코드를 추가합니다.

```
01  - (void)viewDidLoad {
02      [super viewDidLoad];
03      NSLog(@"Hello");
04  }
```

화면을 표시할 준비가 되면(vicwDidLoad), 콘솔 화면에 "Hello"라고 표시하는 코드입니다.

---

6 메뉴에서 [View] – [Show Debug Area]를 선택하거나 툴 바의 [Hide or Show the Debug area]를 선택하면, 디버그 영역이 표시됩니다.

[Run] 버튼을 선택하면, iOS 시뮬레이터가 표시되고 프로그램이 실행되어, NSLog에서 지정한 문자열이 디버그 영역에 표시됩니다.

앱을 개발할 때 이와 같이 NSLog로 디버그 영역에 표시해가면서(실행 결과를) 만들어가면, 현재 프로그램 상태를 알 수 있으므로 디버깅이나 테스트를 쉽게 할 수 있습니다.

5장
기본 컨트롤을
사용하여 만들기

iOS SDK에는 아이폰 앱에서 사용하는 기본 컨트롤이 여러 가지 준비되어 있습니다.

이 장에서는 레이블, 버튼, 텍스트 필드, 텍스트 뷰, 스위치, 데이트 피커, 경고 다이얼로그, 액션 시트 등의 기능과 사용법을 설명합니다.

Section 5-1

UILabel : 문자열 표시

레이블UILabel은 간단한 문자열을 표시하고 싶을 때 사
용합니다. 과자통이나 정리 상자에 이름(레이블)을 붙이
는 것처럼, 아이폰 앱 안에서도 컨트롤에 이름을 붙이거
나 간단한 설명을 표시할 때 사용합니다.

Lecture UILabel로 할 수 있는 일

▶▶ 인터페이스 빌더로 배치할 때 설정할 수 있는 일

[Object Library] 패널에서 「Label」을 「View」로 드래그해서 배치합니다. 상하좌우의 점들을 드
래그하면 크기를 변경할 수 있습니다. 레이블 안에 있는 문자열을 더블클릭하면 문자열을 수
정할 수 있습니다.

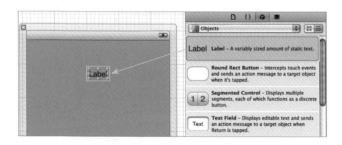

[Attributes Inspector] 패널을 선택하면 레이블의 다른 속성도 설정할 수 있습니다. 예를 들면, 「Text」로 문자열 내용, 「Alignment」로 문자열 배치, 「Lines」로 최대 행 수, 「Font」로 폰트의 종류와 크기, 「Min Font Size」로 문자열의 길이가 레이블보다 길어졌을 때 처리, 「Text Color」로 문자열의 색 등을 설정할 수 있습니다.

▶▶ 속성에서 설정하거나 확인할 수 있는 것

● 문자열 내용 설정

레이블의 문자열 내용을 설정할 때는 text 속성에 문자열을 설정합니다.

레이블.text = @"문자열"

예 "레이블"이라고 표시합니다.

```
01  myLabel.text = @"레이블";
```

● 문자열 배치 설정

레이블의 문자열 배치를 설정할 때는 textAlignment 속성을 이용해 「중앙 정렬, 좌측 정렬, 우측 정렬」 등을 설정합니다.

```
레이블.textAlignment = 배치 방법;
```

배치 방법

UITextAlignmentCenter	중앙 정렬
UITextAlignmentLeft	좌측 정렬
UITextAlignmentRight	우측 정렬

⑩ 중앙 정렬로 표시합니다.

```
01  myLabel.textAlignment = UITextAlignmentCenter;
```

● 문자열의 색 설정

레이블의 문자열 색을 설정할 때는 textColor 속성을 이용해 원하는 색을 UIColor 형으로 설정합니다.

```
레이블.textColor = 색;
```

⑩ 문자열을 파란색으로 표시합니다.

```
01  myLabel.textColor = [UIColor blueColor];
```

● 문자열의 종류와 크기 설정

레이블의 문자열 종류와 크기를 설정할 때는 font 속성에 종류를 UIFont 형으로 설정합니다.

```
레이블.font = 폰트;
```

⑩ 폰트의 종류는 시스템 폰트로, 크기는 14로 표시합니다.

```
01  myLabel.font = [UIFont systemFontOfSize:14];
```

⑩ 폰트의 종류를 Helvetica-Bold로, 크기를 24로 변경합니다.

```
01  myLabel.font = [UIFont fontWithName:@"Helvetica-Bold" size:24];
```

● 최대 행 수 설정

레이블에 표시할 최대 행 수는 numberOfLines 속성으로 설정합니다. 기본값은 1행입니다.

```
레이블.numberOfLines = 최대 행 수;
```

⑩ 최대 3행을 표시합니다.

```
01  myLabel.numberOfLines = 3;
```

⑩ 0을 설정하면 레이블에 표시할 수 있는 한도 안에서 자유롭게 표시할 수 있습니다.

```
01  myLabel.numberOfLines = 0;
```

● 문자열의 길이가 레이블보다 길어졌을 때 처리

문자 수가 많아서 레이블의 표시 영역을 넘었을 때의 처리 방법을 설정하려면 adjustsFontSizeto
FitWidth 속성에 YES/NO를 설정합니다.

```
레이블.adjustsFontSizetoFitWidth = YES/NO;
```

축소 처리

YES	문자열이 표시 영역보다 길면 폰트를 축소해서 표시합니다.
NO	문자열이 표시 영역보다 길면 「…」으로 생략해서 표시합니다.

adjustsFontSizetoFitWidth 속성에 YES를 설정했을 때의 최소 폰트 크기는 minimumFontSize 속성에서 설정합니다.

```
레이블.minimumFontSize = 최소 크기;
```

⑩ 최소 폰트 크기를 10.0으로 설정합니다.

```
01  myLabel.minimumFontSize = 10.0;
```

Practice

「레이블에 문자열을 표시합니다」

난이도 : ★☆☆☆☆
제작 시간 : 3분

"안녕하세요"라는 표시만 하는 간단한 앱입니다.
인터페이스 빌더에서 레이블을 배치하고, 소스 에디터로 「레이블에 문자열을 설정하는 프로그램」을 작성합니다.

【개요】
우선 인터페이스 빌더로 레이블을 만듭니다.
다음으로 이 레이블을 프로그램에서 처리할 수 있게 준비합니다. 「레이블명(변수)」을 헤더 파일(.h)에 만들고, 인터페이스 빌더로 만든 레이블과 「연결」합니다.
마지막으로 프로그램 부분을 구현 파일(.m)에 작성합니다. 앱 화면이 준비되면(viewDidLoad), 방금 만든 레이블에 문자열을 설정하여 앱의 레이블에 문자열을 표시할 수 있습니다.

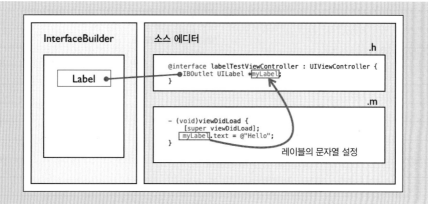

InterfaceBuilder

Label

소스 에디터

.h

```
@interface labelTestViewController : UIViewController {
    IBOutlet UILabel *myLabel;
}
```

.m

```
- (void)viewDidLoad {
    [super viewDidLoad];
    myLabel.text = @"Hello";
}
```

레이블의 문자열 설정

무슨 의미인가요?

「앱이 실행되어 뷰 화면이 준비되면 myLabel의 텍스트에 "Hello"를 표시합니다.」

작성

---

1 새 프로젝트를 만듭니다.

Xcode를 실행하고 「Create a new Xcode project」를 선택한 후, 「View-based Application」을 선택합니다. [Next] 버튼을 클릭한 후 「Project Name」과 「Compay Identifier」를 설정하고, 다시 [Next] 버튼을 클릭하여 저장합니다. 여기서는 프로젝트명을 「labelTest」로, 회사 식별자를 「com. myname」으로 지정했습니다.

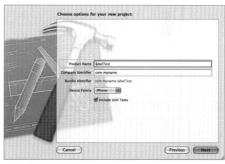

One Point!

회사 식별자(Company Identifier)는 앱 스토어에 앱을 공개할 때 필요한 식별자(명칭)입니다. 다른 사람과 겹치지 않도록 자신의 도메인명을 거꾸로 해서 만든 식별자를 사용하는 것이 일반적입니다. 그러나 여기서는 앱 스토어에 공개하지 않고 테스트할 뿐이므로, 적당한 식별자를 사용하고 있습니다.

2 「labelTestViewController.xib」를 클릭하고 메뉴에서 [View] − [Utilities] − [Object Library]를 선택합니다.

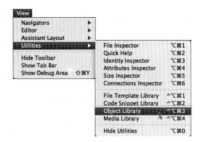

3 인터페이스 빌더로 레이블을 만듭니다. [Object Labrary]에서 「Label」을 「View」로 드래그합니다(View가 아이폰의 화면이 됩니다). 문자열을 표시할 수 있을 정도로 크기를 설정해둡니다.

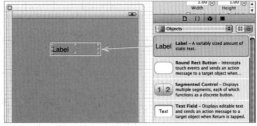

레이블을 뷰로 드래그

4 소스 에디터로 「레이블명」을 만듭니다.

.h 파일(labelTestViewController.h)을 선택합니다. .h 파일에는 이미 여러 가지 소스 코드가 작성되어 있습니다.

@interface … { ~ } 사이의 행에 「레이블명」을 추가합니다.

```
01   IBOutlet UILabel *myLabel;
```

추가한 후에는 파일을 저장([File] − [Save])합니다.

labelTestViewController.h

무슨 의미인가요?
「인터페이스 빌더에서 만든 레이블을 사용하려고 이름(myLabel)을 붙이는 것입니다.」

5 「레이블명과 인터페이스 빌드에서 만든 레이블을 연결」합니다.

「labelTestViewController.xib」를 클릭하고 Dock의 「File's Owner」를 오른쪽 버튼으로 클릭합니다. 그러면 Xcode로 만든 「myLabel」이라는 레이블명이 표시됩니다. 이 레이블명 오른쪽에 있는 「○」를 드래그해서 선을 잡아늘려 앞서 배치한 레이블에 연결합니다. 이렇게 해서 「Xcode에서 만든 레이블명과 인터페이스 빌더에서 만든 레이블을 연결」합니다.

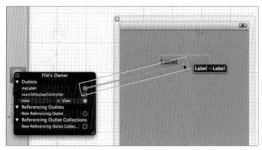

레이블명 오른쪽에 있는 ○를 드래그해서 레이블에 연결

> **One Point!**
>
> ■ Xcode 3에서는 매번 저장해야 했지만, Xcode 4에서는 필요할 때(실행 시, 종료 시 등) 자동으로 저장해주는 기능이 추가되었습니다.
>
> ■ 이렇게 「연결」하면 인터페이스 빌더로 만든 컴포넌트에 프로그램에서 명령을 내릴 수 있습니다.

---

6 Xcode에서 레이블에 문자열을 설정하는 프로그램을 작성합니다.

.m 파일(labelTestViewController.m)을 선택합니다.

.m 파일에는 이미 여러 가지 소스 코드가 작성되어 있습니다. @implementation 다음 행에 다음과 같은 코드를 추가합니다. 레이블에 "Hello"를 설정하는 코드입니다.

```
01  - (void)viewDidLoad {
02      [super viewDidLoad];
03      myLabel.text = @"Hello";
04  }
```

labelTestViewController.m

무슨 의미인가요?
「앱이 실행되고 뷰 화면이 준비되면 myLabel의 텍스트에 "Hello"를 표시합니다.」

7 시뮬레이터에서 실행합니다.

[Sheme]의 풀다운 메뉴에서 「Simulator」를 선택하고, [Run] 버튼을 클릭해서 앱을 실행합니다. iOS 시뮬레이터가 시작되고 프로그램(앱)이 실행됩니다.

아이폰 화면에 Hello라고 표시됩니다

UIButton : 버튼을 눌러서 무언가를 합니다

버튼UIButton은 탭해서 기능을 실행할 수 있는 컴포넌트입니다. 사용자가 버튼을 탭하면, 버튼에 연결되어 있는 메소드가 실행됩니다. 사용자가 버튼을 탭했을 때 특정 기능을 실행하고 싶을 때 사용합니다.

탭하면 무언가를 합니다.

BUTTON

iOS

5장

Lecture UIButton으로 할 수 있는 일

▶▶ 인터페이스 빌더에서 배치할 때 설정할 수 있는 것

[Object Library] 패널에서 「Round Rect Button」을 「View」 위로 드래그해서 배치합니다. 상하 좌우에 있는 점을 드래그하면 크기를 변경할 수 있습니다. 버튼을 더블클릭하면 문자열을 입력할 수 있습니다.

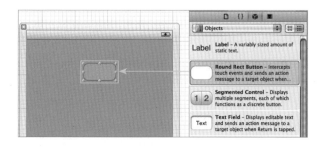

[Attributes Inspector] 패널을 열면 레이블의 다른 속성을 설정할 수 있습니다.
예를 들면, 「Type」으로 버튼 종류, 「Title」로 버튼 문자열, 「Image」로 버튼에 표시할 이미지, 「Background」로 버튼 배경에 표시할 이미지, 「Text Color」로 문자열의 색 등을 설정할 수 있습니다.

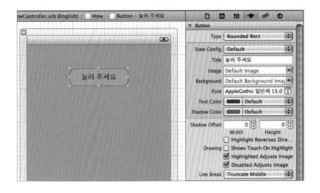

버튼의 종류에 따라서는 아이콘 형태의 작은 버튼도 있으므로, 문자열을 표시할 수 있는 것은 「Round Rect」와 「Custom」뿐입니다.

「State Config」를 변경하여 버튼의 상태별로 표시를 바꾸는 설정도 가능합니다. 다시 말해 「버튼을 눌렀을 때 문자열 변경」과 같은 설정이 가능합니다.

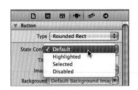

설정

Default	평소 상태
Highlighted	버튼을 터치하고 있는 상태
Disable	버튼이 비활성화된 상태

▶▶ 메소드에서 설정할 수 있는 것

● 버튼의 문자열 설정

버튼의 문자열은 setTitle 메소드를 사용해서 설정할 수도 있습니다.
문자열을 설정할 때는 버튼의 상태를 forState 인수로 지정해야 합니다.

```
[버튼명 setTitle: 버튼 문자열
    forState: 버튼 상태];
```

버튼 상태

UIControlStateNormal	평소 상태
UIControlStateHighlighted	버튼을 터치하고 있는 상태
UIControlStateDisable	버튼이 비활성화된 상태

예 버튼에 "눌러주세요"라고 표시합니다.

```
01   [myBtn setTitle: @"눌러주세요" forState: UIControlStateNormal];
```

● 사용자가 버튼을 어떻게 눌렀는지 알 수 있는 이벤트

사용자가 버튼을 누르면 앱 내부에서 이벤트가 발생하는데, 이 이벤트의 종류를 살펴보면 버튼을 어떻게 눌렀는지 알 수 있습니다. 이때 발생하는 이벤트는 주로 다음과 같습니다.

버튼 이벤트

Touch Up Inside	터치한 후 손가락을 떼었을 때(탭)
Touch Down	터치했을 때
Touch Down Repeat	2회 이상 터치했을 때

이들 이벤트를 이용해 메소드를 동작시키려면 다음과 같은 순서가 필요합니다.

1 헤더 파일에 메소드를 만들어둡니다.

2 인터페이스 빌더를 이용해 메소드명에서 버튼으로 선을 드래그해서 연결합니다.

3 어느 이벤트에서 실행할 것인지 선택합니다.

기본 컨트롤을 사용하여 만들기 **101**

구체적인 실행 방법은 「Practice」에서 체험해주세요.

Practice

난이도 : ★☆☆☆☆
제작 시간 : 5분

「버튼을 탭하면 문자열을 표시합니다」

인터페이스 빌더에서 버튼과 레이블을 배치하고, 소스 에디터에서 「버튼을 탭하면 레이블에 문자열을 설정하는 프로그램」을 만듭니다.

【개요】

먼저, 인터페이스 빌더에서 레이블과 버튼을 만듭니다.

다음으로, 이 레이블과 버튼을 프로그램에서 처리할 수 있게 준비합니다. 「레이블명(변수)」과 「버튼을 탭했을 때 실행할 기능명(메소드명)」을 헤더 파일(.h)에 만들고, 인터페이스 빌더로 만든 레이블과 버튼을 각각 「연결」합니다.

마지막으로 프로그램 부분을 구현 파일(.m)에 작성합니다. 버튼을 탭했을 때 실행할 기능(메소드)을 만들고 레이블에 문자열을 설정하면, 버튼을 탭했을 때 앱의 레이블에 문자열을 표시할 수 있습니다.

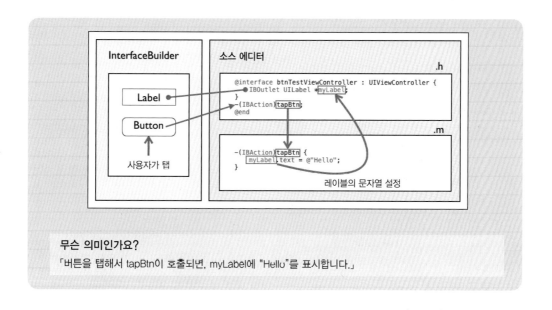

```
InterfaceBuilder          소스 에디터
                                                                        .h
                          @interface btnTestViewController : UIViewController {
   Label                      IBOutlet UILabel *myLabel;
                          }
                          -(IBAction)tapBtn;
   Button                 @end
                                                                        .m
      ↑
   사용자가 탭              -(IBAction)tapBtn {
                              myLabel.text = @"Hello";
                          }
                                        레이블의 문자열 설정
```

무슨 의미인가요?

「버튼을 탭해서 tapBtn이 호출되면, myLabel에 "Hello"를 표시합니다.」

---

1 새 프로젝트를 만듭니다.

Xcode를 실행하고 「Create a new Xcode project」를 선택한 후 「View-based Application」을 선택
합니다. [Next] 버튼을 클릭한 후 「Project Name」과 「Company Identifier」를 설정하고 다시 [Next]
를 클릭하여 저장합니다. 여기서는 프로젝트명을 「btnTest」로, 회사 식별자를 「com.myname」으로
지정했습니다.

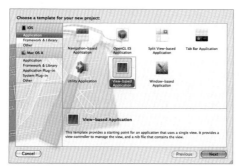

View-based Application 선택

2 인터페이스 빌더를 실행합니다.

여러 파일이 생성되어 있는데, 그 중
「btnTestViewController.xib」를 클릭하여
인터페이스 빌더를 표시한 후, 메뉴에서
[View] – [Utilities] – [Object Library]를
선택합니다.

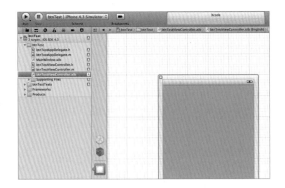

---

3 [Object Library]에서 「Round RectButton」
과 「Label」을 「View」로 드래그합니다. 버
튼과 레이블은 각각 문자열을 표시할 수
있을 정도로 크기를 설정해둡니다.

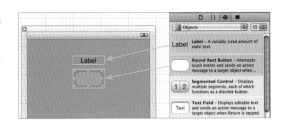

---

4 소스 에디터로 「레이블명」과 (버튼을 탭했을 때 실행할) 「메소드명」을 만듭니다.

.h 파일(btnTestViewController.h)을 선택합니다.

@interface … { ~ } 사이의 행에 레이블명을 추가합니다.

```
01  IBOutlet UILabel  *myLabel;
```

@interface … { ~ } 다음 행에 메소드명을 추가합니다.

```
01  - (IBAction) tapBtn;
```

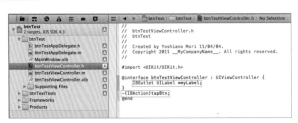

btnTestViewController.h

> **One Point!**
>
> ■ 「IBOutlet」은 인터페이스 빌더에
> 서 만든 「컨트롤의 이름」을 만들
> 때 사용합니다. 「IBAction」은 인
> 터페이스 빌더에서 만든 컨트롤
> 을 사용자가 조작했을 때 호출
> 할 「메소드명」에 사용합니다.
>
> ■ 「IBOutlet」은 @interface … { ~ }
> 사이에 작성합니다. 「IBAction」은
> @interface … { ~ } 다음 행에
> 작성합니다.

5 레이블명과 인터페이스 빌더에서 만든 레이블을 연결합니다.

「btnTestViewController.xib」를 클릭해서 인터페이스 빌더를 표시하고, Dock의 「File's Owner」를 오른쪽 버튼으로 클릭합니다. 「Outlets」 항목에 앞에서 소스 에디터로 만든 「myLabel」이 표시됩니다. 이 레이블명 오른쪽에 있는 「○」를 드래그해서 선을 잡아늘려 「레이블」로 드래그합니다. 이렇게 하면 「레이블명과 인터페이스 빌더에서 만든 레이블을 연결」할 수 있습니다.

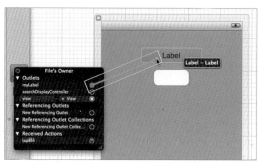

레이블명 오른쪽에 있는 ○를 드래그해서 레이블에 연결

---

6 메소드명과 인터페이스 빌더에서 작성한 버튼을 연결합니다.

계속해서 Dock의 「File's Owner」를 오른쪽 버튼으로 클릭합니다.

「Received Action」 항목에 「tapBtn」이라는 메소드명이 있는데, 이 메소드명 오른쪽에 있는 「○」를 드래그해서 선을 잡아늘려 「버튼」으로 드래그합니다.

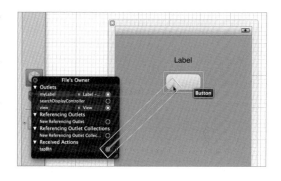

그러면 액션 목록이 표시되는데, 여기서 「Touch Up Inside(탭)」를 선택합니다.
이렇게 하면 「메소드명과 인터페이스 빌더에서 만든 버튼이 연결」됩니다.

| One Point!

「File's Owner」를 오른쪽 버튼으로 클릭하면 연결 상태를 확인할 수 있습니다.

7 소스 에디터에서 버튼을 누르면 레이블에 문자열을 설정하는 프로그램을 만듭니다.

.m 파일(btnTestViewController.m)을 선택합니다.

.m 파일에는 이미 여러 가지 소스 코드가 작성되어 있습니다. @implementation 다음 행에 다음 코드를 추가합니다. 버튼을 탭하면 레이블에 "Hello"라고 설정하는 코드입니다.

```
01  - (IBAction)tapBtn {
02      myLabel.text = @"Hello";
03  }
```

btnTestViewController.m

무슨 의미인가요?
「tapBtn에 연결된 컨트롤의 액션이 실행되면(버튼을 탭하면), myLabel의 텍스트에 "Hello"라고 표시합니다.」

---

8 시뮬레이터에서 실행합니다.

[Scheme]의 풀다운 메뉴에서 「Simulator」를 선택하고, [Run] 버튼을 눌러서 앱을 실행합니다.

iOS 시뮬레이터가 시작되고 프로그램(앱)이 실행됩니다.

UITextField : 텍스트 입력

텍스트 필드UITextField는 문자열을 입력하는 곳입니다.
텍스트 필드를 터치하면 키보드가 자동으로 나타나고, 사용
자는 키보드를 이용해 텍스트를 입력합니다. 사용자가 문자
열을 입력하게 만들고 싶을 때 사용합니다.

키보드로
문자열을 입력합니다.

Lecture UITextField로 할 수 있는 일

▶▶ 인터페이스 빌더에서 배치할 때 설정할 수 있는 일

[Object Library] 패널에서
「Text Field」를 「View」 위로
드래그해서 배치합니다. 좌
우에 위치한 점을 드래그하
면 텍스트 필드의 폭을 바
꿀 수 있습니다. 텍스트 필
드를 더블클릭하면 문자열
을 입력할 수 있습니다.

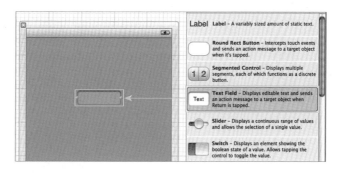

[Attributes Inspector] 패널을 열면 텍스트 필드의 다른 속성들을 설정할 수 있습니다.
예를 들면, 「Text」로 문자열 내용, 「Placeholder」로 입력용의 희미한 설명문, 「Alignment」로 문자열 배치, 「Clear Button」으로 텍스트 필드의 리셋 버튼 유무, 「Font」로 문자열 종류와 크기, 「Text Color」로 문자열의 색, 「Min Font Size」로는 문자열이 텍스트 필드보다 길어졌을 때 축소 처리 등을 설정할 수 있습니다.

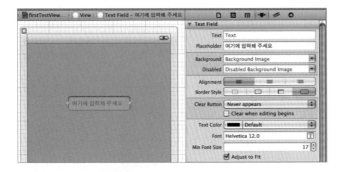

또한 텍스트 입력 시 키보드가 나타나는데, [TextInputTraits] – [Keyboard]로 키보드의 종류, [TextInputTraits] – [Return]으로 키보드의 리턴 키 모양을 설정할 수 있습니다.

키보드: default

키보드: URL

키보드: Number

키보드: Go

키보드: Search

키보드: Send

키보드: Done

● 문자열 내용 설정

텍스트 필드에 미리 문자열을 넣어둘 때는 text 속성에 문자열을 설정합니다.

```
텍스트 필드.text = @"문자열";
```

예 "입력 예"를 표시합니다.

```
01  myTextField.text = @"입력 예";
```

● 입력용의 희미한 설명문 설정

텍스트 필드에 입력용의 설명문을 희미하게 표시할 때는 placeholder 속성에 문자열을 설정합니다.

```
텍스트 필드.placeholder = @"문자열";
```

예 "여기에 입력해주세요"를 표시합니다.

```
01  myTextField.placeholder = @"여기에 입력해주세요";
```

문자열 배치 설정

레이블 문자열의 배치를 설정할 때는 textAlignment 속성을 이용해「중앙 정렬, 좌측 정렬, 우측 정렬」등을 설정합니다.

> 텍스트 필드.textAlignment = 배치 방법;

배치 방법

중앙 정렬	UITextAlignmentCenter
좌측 정렬	UITextAlignmentLeft
우측 정렬	UITextAlignmentRight

예 중앙 정렬로 표시합니다.

```
01  myTextField.textAlignment = UITextAlignmentCenter;
```

문자열의 색 설정

레이블의 문자열 색을 설정할 때는 textColor 속성에 원하는 색을 UIColor 형으로 설정합니다.

> 텍스트 필드.textColor = 색;

예 문자열을 파란색으로 표시합니다.

```
01  myTextField.textColor = [UIColor blueColor];
```

폰트의 종류와 크기 설정

레이블의 문자열 종류와 크기를 설정할 때는 font 속성에 원하는 폰트를 UIFont 형으로 설정합니다.

> 텍스트 필드.font = 폰트;

예 문자열 종류는 시스템 폰트로, 크기는 14로 표시합니다.

```
01  myTextField.font = [UIFont systemFontOfSize:14];
```

● 문자열의 길이가 텍스트 필드보다 길어졌을 때 처리

입력 문자 수가 많아서 텍스트 필드보다 길어졌을 때를 처리하려면 adjustsFontSizetoFitWidth 속성에 YES/NO를 설정합니다.

> 텍스트 필드.adjustsFontSizetoFitWidth = YES 또는 NO;

| YES | 문자열이 표시 영역보다 길 때는 폰트를 축소해서 표시합니다. |
| NO | 문자열이 표시 영역보다 길 때는 스크롤해서 표시합니다. |

adjustsFontSizetoFitWidth 속성에 YES를 설정했을 때 최소 폰트 크기는 minimumFontSize 속성에서 설정합니다.

> 텍스트 필드.minimumFontSize = 최소 크기;

예 최소 폰트 크기를 10.0으로 설정하고, 폰트 크기를 이보다 작게 하지 않는 한 문자열을 모두 표시할 수 없을 때는 스크롤해서 표시합니다.

```
01  myTextField.minimumFontSize = 10.0;
```

● 키보드의 종류 설정

입력 시 나타나는 키보드의 종류는 keyboardType 속성에서 설정합니다.

> 텍스트 필드.keyboardType = 키보드 종류;

UIKeyboardTypeDefault	기본값
UIKeyboardTypeASCIICapable	영문용
UIKeyboardTypeURL	URL 입력용
UIKeyboardTypeEmailAddress	메일 주소 입력용
UIKeyboardTypeNumberPad	텐키
UIKeyboardTypePhonePad	전화번호 입력용

예 입력 시에 URL 입력용 키보드를 표시합니다.

```
01  myTextField.keyboardType = UIKeyboardTypeURL;
```

리턴 키의 종류 설정

입력 시에 나타나는 키보드의 리턴 키 종류는 returnKeyType 속성에서 설정합니다.

```
텍스트 필드.returnKeyType = 리턴 키 종류;
```

리턴 키의 종류

UIReturnKeyDefault	Return
UIReturnKeyGo	Go
UIReturnKeyJoin	Join
UIReturnKeyNext	Next
UIReturnKeySearch	Search
UIReturnKeySend	Send
UIReturnKeyDone	Done

예 입력용 키보드의 리턴 키를 「Send」로 설정합니다.

```
01  myTextField.returnKeyType = UIReturnKeySend;
```

텍스트 삭제 버튼의 ON/OFF 설정

텍스트 입력 중에 삭제 버튼을 표시하고 싶을 때는 clearButtonMode 속성을 이용합니다.

```
텍스트 필드.clearButtonMode = 삭제 버튼 표시 여부;
```

예 텍스트 입력 중에 삭제 버튼을 표시합니다.

```
01  myTextField.clearButtonMode = UITextFieldViewModeWhileEditing;
```

「사용자가 텍스트 필드에 입력을 했는지 여부를 알 수 있는 이벤트」로는 주로 다음과 같은 이벤트를 사용합니다.

이벤트

Did End On Exit	편집이 종료되었을 때

이 이벤트를 사용해 메소드를 실행하려면 우선 Xcode에서 메소드를 만들어두고, 인터페이스 빌더를 이용해 「메소드명에서 버튼으로 선을 드래그해서 연결」한 다음, 「실행할 이벤트」를 선택해서 설정합니다.

구체적인 방법은 다음의 「Practice」에서 체험해주세요.

「문자열을 입력하면, 해당 문자열을 표시합니다」

난이도 : ★☆☆☆☆
제작 시간 : 5분

인터페이스 빌더에서 텍스트 필드와 레이블을 배치하고, 소스 에디터에서 「텍스트를 입력하면 레이블에 문자열을 설정하는 프로그램」을 만듭니다.

【개요】

먼저, 「레이블」과 「텍스트 필드」를 만듭니다.
다음으로 이 레이블과 텍스트 필드를 프로그램에서 처리할 수 있게 준비합니다. 「레이블명(변수)」, 「텍스트 필드명(변수)」, 「텍스트를 입력하면 실행할 기능명(메소드명)」을 헤더 파일(.h)에 만들고, 인터페이스 빌더에서 만든 레이블과 텍스트 필드를 「연결」합니다.
마지막으로, 프로그램 부분을 구현 파일(.m)에 작성합니다. 텍스트를 입력했을 때 실행할 기능(메소드)을 만들어서 텍스트 필드의 문자열을 레이블에 설정하도록 하면, 텍스트를 입력했을 때 앱의 레이블에 입력한 문자열을 표시할 수 있습니다.

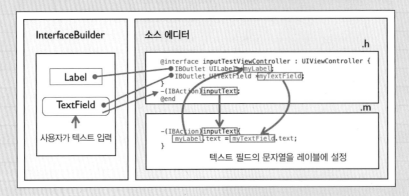

무슨 의미인가요?

「텍스트 필드에 문자열이 입력되어 inputText가 호출되면, 텍스트 필드의 문자열을 myLabel에 표시합니다.」

---

1 새 프로젝트를 만듭니다.

Xcode를 실행하고 「Create a new Xcode project」를 선택한 후, 「View-based Application」을 선택합니다. [Next] 버튼을 클릭한 후 「Project Name」과 「Company Identifier」를 설정하고 다시 [Next]를 클릭하여 저장합니다. 여기서는 프로젝트명을 「inputTest」로, 회사 식별자를 「com.myname」으로 지정했습니다.

View-based Application 선택

---

2 여러 파일이 생성되어 있는데, 그 중에서
「inputTestViewController.xib」를 클릭하
여 인터페이스 빌더를 표시하고 메뉴에서
[View] – [Utilities] – [Object Library]를
선택합니다.

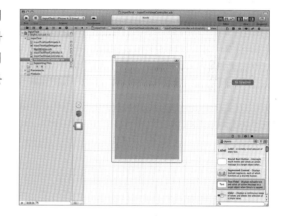

---

3 인터페이스 빌더에서 텍스트 필드와 레이
블을 만듭니다.
[Object Library]에서 「Text Field」와
「Label」을 「View」로 드래그합니다. 텍스
트 필드와 레이블은 각각 문자열을 표시
할 수 있을 정도로 크기를 설정해둡니다.

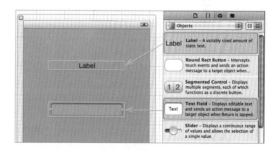

> **One Point!**
>
> 입력 시 화면 하단에 키보드가 표시되므로, 가려지지 않도록 위쪽으로 배치하세요.

4 소스 에디터로 「레이블명」과 「텍스트 필드명」 그리고 텍스트를 입력했을 때 실행할 메소드명을 만듭니다. .h 파일(inputTestViewController.h)을 선택합니다. .h 파일에는 이미 여러 가지 소스 코드가 입력되어 있습니다. @interface…{ ~ } 사이의 행과 } 다음 행에 각각 다음 코드를 추가합니다. 추가한 후에는 파일을 저장합니다.

```
01  IBOutlet UILabel *myLabel;
02  IBOutlet UITextField *myTextField;
```

```
01  - (IBAction) inputText;
```

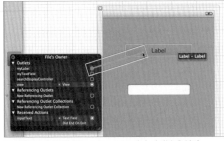

inputTestViewController.h

----

5 「레이블명과 인터페이스 빌더에서 만든 레이블을 연결」합니다.

「inputTestViewController.xib」를 클릭해서 인터페이스 빌더를 표시하고, Dock의 「File's Owner」를 오른쪽 버튼으로 클릭합니다. 「Outlets」 항목에 앞에서 만든 「myLabel」이 표시됩니다. 이 레이블명 오른쪽에 있는 「○」를 드래그해서 선을 잡아늘려 「레이블」에 연결합니다. 이렇게 하면 「레이블명」과 인터페이스 빌더에서 만든 레이블이 연결」됩니다. 마찬가지로 「Outlets」 항목에 Xcode에서 만든 「myTextField」가 표시되는데, 이 레이블명 오른쪽에 있는 「○」를 드래그해서 선을 잡아늘려 앞서 배치한 「텍스트 필드」에 연결합니다.

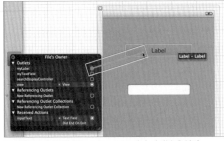

레이블명 오른쪽에 있는 ○를 드래그해서 레이블에 연결

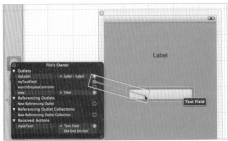

텍스트 필드명 오른쪽에 있는 ○를 드래그해서 텍스트 필드에 연결

6 「메소드명과 인터페이스 빌더에서 작성한 텍스트 필드를 연결」합니다.

Dock의 「File's Owner」를 오른쪽 버튼으로 클릭합니다.

그러면 리스트가 표시되는데, 「Received Action」 항목 아래에 「inputText」라는 메소드명이 있습니다. 이 메소드명 오른쪽에 있는 「○」를 드래그해서 선을 잡아늘려 앞서 배치한 「텍스트 필드」에 연결합니다.

이때 액션 리스트가 표시되는데, 그 중에서 「Did End On Exit(입력 완료)」를 선택합니다.

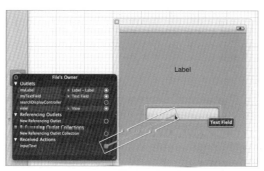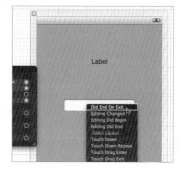

메소드명 오른쪽에 있는 ○를 드래그해서 텍스트 필드에 연결

이렇게 하면 「메소드명과 인터페이스 빌더에서 만든 텍스트 필드가 연결」됩니다.

- -

7 소스 에디터로 버튼을 누르면 레이블에 문자열을 표시하는 프로그램을 만듭니다.

.m 파일(inputTestViewController.m)을 선택합니다.

.m 파일에는 이미 여러 가지 소스 코드가 작성되어 있습니다. @implementation 다음 행에 다음과 같은 코드를 추가합니다. 텍스트 필드에 문자열을 입력하면 레이블에 표시하는 프로그램입니다.

```
01  - (IBAction) inputText {
02      myLabel.text = myTextField.text;
03  }
```

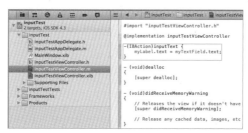

inputTestViewController.m

기본 컨트롤을 사용하여 만들기 **117**

8 시뮬레이터에서 실행합니다.

[Scheme]의 풀다운 메뉴에서 「Simulator」를 선택하고, [Run] 버튼을 눌러서 실행합니다.

iOS 시뮬레이터가 시작되고 프로그램이 실행됩니다.

텍스트 필드를 탭하면 키보드가 나타납니다. 텍스트를 입력한 후 리턴 키(「return」)를 탭하면, 키보드가 사라지고 레이블에 문자열이 표시됩니다.

UITextView : 긴 문자열 표시

텍스트 뷰UITextView는 긴 문자열을 표시하고 싶을 때 사용합니다.

전부 표시하지 못할 정도로 긴 문자열을 입력하면 자동으로 스크롤 바가 표시되어 스크롤할 수 있습니다.

문자열을 스크롤해서 표시합니다.

Lecture UITextView로 할 수 있는 일

▶▶ 인터페이스 빌더에서 배치할 때 설정할 수 있는 것

[Object Library] 패널에서 「Text View」를 「View」로 드래그해서 배치합니다. 상하좌우의 점들을 드래그하면 크기를 변경할 수 있습니다. 텍스트 뷰를 더블클릭하면 문자열을 입력할 수 있습니다.

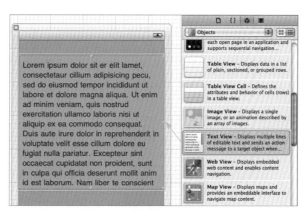

[Attributes Inspector] 패널을 열면 「Text View」의 다른 속성들을 설정할 수 있습니다. 「Text」로 문자열 내용을, 「Editable」로 편집 가/불가 전환을, 「Text Color」로 문자열의 색 등을 설정할 수 있습니다.

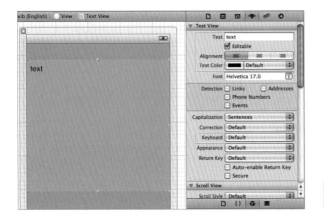

키보드의 종류 P108

또한, 텍스트를 입력할 때 나타나는 키보드의 종류를 [TextInputTraits] – [Keyboard]로 설정할 수 있습니다.

> **One Point!**
>
> ■ TextView를 편집 모드로 유지하면 탭 동작으로 텍스트를 편집할 수 있지만, TextField와 달리 Return 키를 눌러도 편집이 종료되지 않습니다. 또, 편집이 완료되었다는 이벤트도 발생하지 않습니다.
> 따라서 편집 종료 버튼을 만들고 이를 탭했을 때 편집 완료 처리와 키보드 종료 처리를 실행하도록 해야 합니다.
>
> ■ 키보드를 종료하게 하고 싶을 때는 텍스트 뷰의 resignFirstResponder 메소드를 사용합니다.
> **에** [myTextView resignFirstResponder];

▶▶ 속성에서 설정하거나 확인할 수 있는 것

◉ 문자열 내용 설정

텍스트 뷰에 문자열을 표시할 때는 text 속성에 문자열을 설정합니다.

```
텍스트 뷰.text = @"문자열";
```

예 "텍스트 뷰"를 표시합니다.

```
01  myTextView.text = @"텍스트 뷰";
```

텍스트 뷰.text = 문자열;

● 편집 가능, 편집 불가 설정

텍스트 뷰의 편집 가능, 편집 불가를 설정할 때는 editable 속성을 설정합니다. 편집 가능 모드는 YES, 편집 불가 모드는 NO입니다(기본값은 YES).

```
텍스트 뷰.editable = YES 또는 NO;
```

예 텍스트 뷰를 편집 불가로 설정합니다.

```
01  myTextView.editable = NO;
```

> **One Point!**
>
> 기본값은 편집 가능이므로, 텍스트 뷰를 탭하면 키보드가 나타납니다. 「표시만 하고 싶을 때」는 반드시 editable = NO로 설정해야 합니다.

문자열의 배치 설정

텍스트 뷰의 문자열 배치를 설정할 때는 textAlignment 속성에 「중앙 정렬, 좌측 정렬, 우측 정렬」 등을 설정합니다.

> 텍스트 뷰.textAlignment = 배치 방법;

배치 방법

중앙 정렬	UITextAlignmentCenter
좌측 정렬	UITextAlignmentLeft
우측 정렬	UITextAlignmentRight

예 중앙 정렬로 표시합니다.

```
01  myTextView.textAlignment = UITextAlignmentCenter;
```

문자열의 색 설정

텍스트 뷰의 문자열 색을 설정할 때는 textColor 속성에 색을 UIColor 형으로 설정합니다.

> 텍스트 뷰.textColor = 색;

예 문자열을 파란색으로 표시합니다.

```
01  myTextView.textColor = [UIColor blueColor];
```

폰트의 종류와 크기 설정

텍스트 뷰의 폰트 종류와 크기를 설정할 때는 font 속성에 폰트를 UIFont 형으로 설정합니다.

> 텍스트 뷰.font = 폰트;

예 문자열 종류는 시스템 폰트로, 크기는 24로 표시합니다.

```
01  myTextView.font = [UIFont systemFontOfSize: 24];
```

입력 시에 나타날 키보드의 종류는 keyboardType 속성으로 설정합니다.

> 텍스트 뷰.keyboardType = 키보드 종류;

키보드 종류

UIKeyboardTypeDefault	기본값
UIKeyboardTypeASCIICapable	영문용
UIKeyboardTypeURL	URL 입력용
UIKeyboardTypeEmailAddress	메일 주소 입력용
UIKeyboardTypeNumberPad	텐키
UIKeyboardTypePhonePad	전화번호 입력용

예 입력 시에 URL 입력용 키보드를 표시합니다.

```
01  myTextView.keyboardType = UIKeyboardTypeURL;
```

Practice

「긴 문자열을 표시합니다」

난이도 : ★☆☆☆☆
제작 시간 : 3분

인터페이스 빌더에서 텍스트 뷰를 배치하고, 소스 에디터로 「텍스트 뷰에 긴 문자열을 표시하는 프로그램」을 만듭니다.

【개요】

먼저, 인터페이스 빌더에서 필요한 컴포넌트인 「텍스트 뷰」를 만듭니다.
다음으로, 이 텍스트 뷰를 프로그램에서 처리할 수 있게 준비합니다. 「텍스트 뷰명(변수)」을 헤더 파일(.h)에 만들고, 인터페이스 빌더에서 만든 텍스트 뷰를 「연결」합니다. 마지막으로, 프로그램 부분을 구현 파일(.m)에 작성합니다. 앱 화면이 준비되었을 때(viewDidLoad) 텍스트 뷰에 긴 문자열을 설정하면 앱의 텍스트 뷰에 긴 문자열이 표시됩니다.

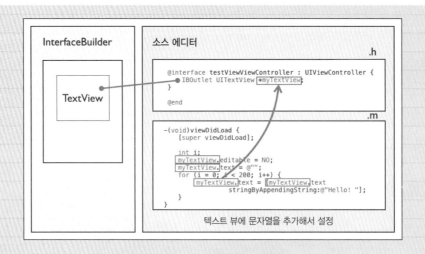

```objc
@interface testViewViewController : UIViewController {
    IBOutlet UITextView *myTextView;
}

@end
```
`.h`

```objc
-(void)viewDidLoad {
    [super viewDidLoad];

    int i;
    myTextView.editable = NO;
    myTextView.text = @"";
    for (i = 0; i < 200; i++) {
        myTextView.text = [myTextView.text
            stringByAppendingString:@"Hello! "];
    }
}
```
`.m`

InterfaceBuilder / **소스 에디터**

TextView

텍스트 뷰에 문자열을 추가해서 설정

무슨 의미인가요?
「뷰 화면이 준비되면 텍스트 뷰에 문자열을 표시합니다. "Hello!" 문자열을 200번 추가하면 아주 긴 문자열이 됩니다.」

---

1 새 프로젝트를 만듭니다.

Xcode를 실행하고 「Create a new Xcode project」를 선택한 후, 「View-based Application」을 선택합니다.

[Next] 버튼을 클릭한 후 「Project Name」과 「Company Identifier」를 설정하고 다시 [Next]를 클릭하여 저장합니다. 여기서는 프로젝트명을 「textViewTest」로, 회사 식별자를 「com.myname」으로 지정했습니다.

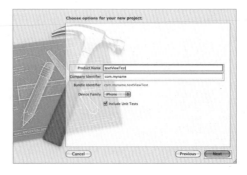

View-based Application 선택

2 여러 파일이 생성되어 있는데, 그 중에서 「textViewTestViewController.xib」를 클릭하여 인터페이스 빌더를 표시한 후, 메뉴에서 [View] – [Utilities] – [Object Library]를 선택합니다.

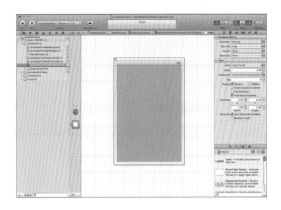

3 인터페이스 빌더에서 텍스트 뷰를 만듭니다.
[Object Library]에서 「Text View」를 「View」로 느래그합니다. 느래그하면 사용으로 화면에 꽉 찬 크기가 되므로, 적당한 크기로 변경합니다.

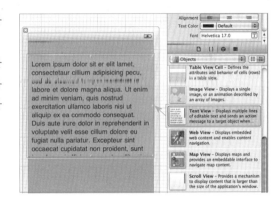

4 소스 에디터로 「텍스트 뷰명」을 만듭니다.
.h 파일(textViewTestViewController.h)을 선택합니다. .h 파일에는 이미 여러 가지 소스 코드가 입력되어 있습니다. @interface… { ~ } 사이의 행에 다음과 같은 코드를 추가합니다.

```
01  IBOutlet UITextView  *myTextView;
```

textViewTestViewController.h

5 「텍스트 뷰명과 인터페이스 빌더에서 만든 텍스트 뷰를 연결」합니다.

「textViewTestViewController.xib」를 클릭해서 인터페이스 빌더를 행하고, Dock의 「File's Owner」를 오른쪽 버튼으로 클릭합니다. 이때 「myTextView」가 표시되는데, 이 레이블명 오른쪽에 있는 「○」를 드래그해서 선을 잡아늘려 텍스트 뷰에 연결합니다. 이렇게 하면 「텍스트 뷰명과 인터페이스 빌더에서 만든 텍스트 뷰가 연결」됩니다.

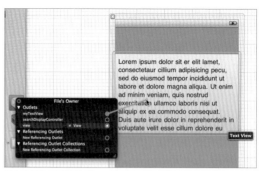

텍스트 뷰명 오른쪽에 있는 ○를 드래그해서 텍스트 뷰에 연결

---

6 소스 에디터로 텍스트 뷰에 긴 문자열을 설정하는 프로그램을 만듭니다.

.m 파일(textViewTestViewController.m)을 선택합니다.

@implementation 다음 행에 다음과 같은 코드를 추가합니다. 텍스트 뷰에 긴 문자열을 입력하는 프로그램으로, 텍스트 뷰에 "Hello!" 문자열을 200번 추가합니다.

```
01  - (void)viewDidLoad {
02      [super viewDidLoad];
03
04      int i;
05      myTextView.editable = NO;
06      myTextView.text = @"";
07      for (i = 0; i < 200; i++) {
08          myTextView.text = [myTextView.text stringByAppendingString:@"Hello!"];
09      }
10  }
```

textViewTestViewController.m

7 시뮬레이터에서 실행합니다.

[Scheme」의 「풀다운 메뉴에서 「Simulator」를 선택하고, [Run] 버튼을 눌러서 실행합니다.

iOS 시뮬레이터가 시작되고 프로그램이 실행됩니다.

텍스트 뷰에 긴 문자열이 표시됩니다.

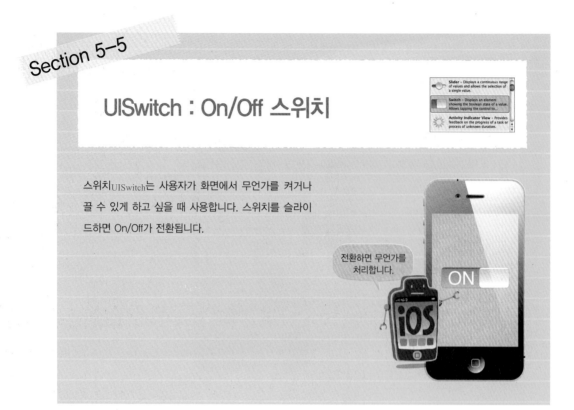

UISwitch : On/Off 스위치

스위치UISwitch는 사용자가 화면에서 무언가를 켜거나
끌 수 있게 하고 싶을 때 사용합니다. 스위치를 슬라이
드하면 On/Off가 전환됩니다.

전환하면 무언가를
처리합니다.

Lecture UISwitch로 할 수 있는 일

▶▶ 인터페이스 빌더에서 배치할 때 설정할 수 있는 것

[Object Library] 패널에서「Switch」를「View」위로 드래그해서 배치합니다. 크기는 고정입니다.
[Attributes Inspector] 패널을 열면 속성을 설정할 수 있습니다.「State」로 On/Off를 설정할 수
있습니다.

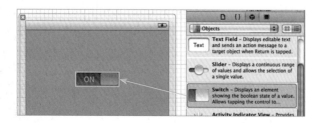

▶▶ 속성에서 설정하거나 확인할 수 있는 것

◉ On/Off 설정

스위치의 상태를 미리 설정해두고 싶을 때는 on 속성을 설정합니다. On이 YES, Off가 NO입니다(기본값은 YES).

```
스위치.on = YES 또는 NO;
```

㉠ 스위치를 On합니다.

```
01  mySwitch.on = YES;
```

㉠ 스위치를 Off합니다.

```
01  mySwitch.on = NO;
```

5장

▶▶ 사용자가 스위치를 만졌을 때 발생하는 이벤트

「사용자가 스위치를 만졌다는 사실을 알 수 있는 이벤트」로 주로 다음과 같은 이벤트를 사용합니다.

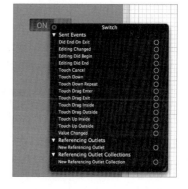

Value Changed	값이 변경되었을 때

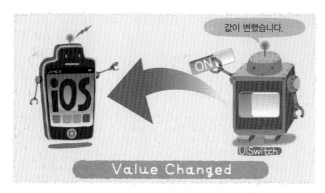

「스위치를 전환하면, 문자열을 표시합니다」

난이도 : ★☆☆☆☆
제작 시간 : 5분

인터페이스 빌더에서 스위치와 레이블을 배치하고, 소스 에디터로 「스위치를 전환하면 레이블에 문자열을 설정하는 프로그램」을 만듭니다.

【개요】

먼저 인터페이스 빌더에서 레이블과 스위치를 만듭니다.

다음으로, 이 레이블과 스위치를 프로그램에서 처리할 수 있게 준비합니다. 「레이블명(변수)」, 「스위치명(변수)」, 「스위치를 전환하면 실행할 기능명(메소드명)」을 헤더 파일(.h)에 만든 후 인터페이스 빌더에서 만든 레이블과 스위치를 「연결」합니다.

마지막으로, 프로그램 부분을 구현 파일(.m)에 작성합니다. 스위치를 전환했을 때 실행할 기능(메소드)을 만들고 레이블에 문자열을 설정하면, 스위치를 전환했을 때 앱의 레이블에 문자열을 표시할 수 있습니다.

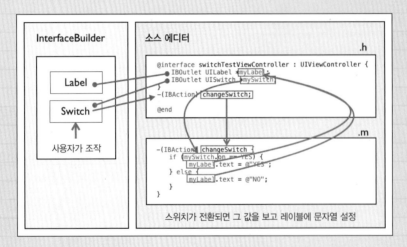

무슨 의미인가요?

「스위치가 전환되어 changeSwitch가 호출되면, 스위치 값을 조사해서 YES인지 NO인지를 myLabel에 표시합니다.」

1 새 프로젝트를 만듭니다.

Xcode를 실행하고 「Create a new Xcode project」를 선택한 후, 「View−based Application」을 선택합니다. [Choose...] 버튼을 눌러서 프로젝트명을 입력하고 저장합니다. 여기서는 프로젝트명을 「switchTest」로 지정했습니다.

[Next] 버튼을 클릭한 후 「Project Name」과 「Company Identifier」를 설정하고 다시 [Next]를 클릭하여 저장합니다. 여기서는 프로젝트명을 「switchTest」로, 회사 식별자를 「com.myname」으로 지정했습니다.

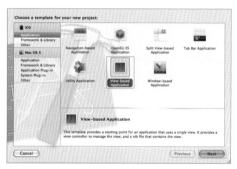 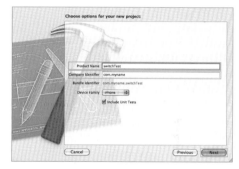

View−based Application 선택

2 여러 파일이 생성되어 있는데, 그 중에서 「switchTestViewController.xib」를 클릭하여 인터페이스 빌더를 표시하고 메뉴에서 [View] − [Utilities] − [Object Library]를 선택합니다.

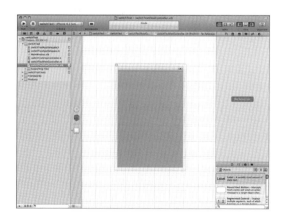

3 인터페이스 빌더에서 레이블과 스위치를 만듭니다.
[Object Library]에서 「Label」과 「Switch」를 「View」로 드래그합니다. 레이블은 문자열을 표시할 수 있을 정도로 크기를 설정해둡니다.

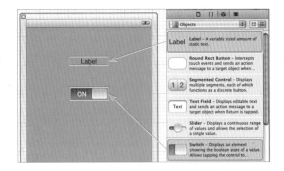

---

4 소스 에디터로 「레이블명」과 「스위치명」 그리고 스위치를 전환했을 때 실행할 「메소드명」을 만듭니다.
.h 파일(switchTestViewController.h)을 선택합니다. .h 파일에는 이미 여러 가지 소스 코드가 입력되어 있습니다. @interface…{ ~ } 사이의 행과 } 다음 행에 각각 다음과 같은 코드를 추가합니다. 추가한 후에는 파일을 저장합니다.

```
01  IBOutlet UILabel *myLabel;
02  IBOutlet UISwitch *mySwitch;
```

```
01  -(IBAction) changeSwitch;
```

switchTestViewController.h

---

5 「레이블명, 스위치명과 인터페이스 빌더에서 만든 레이블, 스위치를 연결」합니다.
「switchTestViewController.xib」를 클릭해서 인터페이스 빌더를 실행하고, Dock의 「File's Owner」를 오른쪽 버튼으로 클릭합니다.
「myLabel」 오른쪽에 있는 「ㅇ」를 드래그해서 선을 잡아늘려 레이블에 연결합니다.

다음으로 「mySwitch」 오른쪽에 있는 「○」를 드래그해서 선을 잡아늘려 스위치에 연결합니다. 이렇게 하면 「Xcode에서 만든 레이블명, 스위치명과 인터페이스 빌더에서 만든 레이블, 스위치가 연결」됩니다.

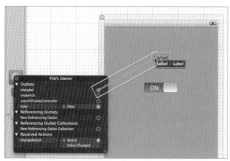
레이블명 오른쪽에 있는 ○를 드래그해서 레이블에 연결

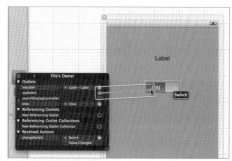
스위치명 오른쪽에 있는 ○를 드래그해서 스위치에 연결

6 「메소드명과 인터페이스 빌더에서 만든 스위치를 연결」합니다.

도큐먼트 윈도우의 「File's Owner」를 오른쪽 버튼으로 클릭합니다. 「Received Action」의 항목 중에서 「changeSwitch」 오른쪽에 있는 「○」를 드래그해서 선을 잡아늘려 앞서 배치한 스위치에 연결합니다. 이때 표시되는 액션 리스트에서 「Value Changed(값이 변경되었을 때)」를 선택합니다. 이렇게 하면 「메소드명과 인터페이스 빌더에서 만든 스위치가 연결」됩니다.

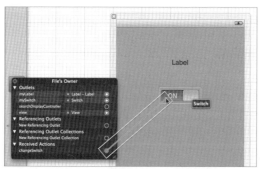
메소드명 오른쪽에 있는 ○를 드래그해서 스위치에 연결

Value Changed 선택

7 소스 에디터로 스위치를 전환하면 레이블에 문자열을 표시하는 프로그램을 만듭니다.

.m 파일(switchTestViewController.m)을 선택합니다. @implementation 다음 행에 다음과 같은 코드를 추가합니다.

스위치를 전환하면 그 값을 조사해서 레이블에 ON(YES) 또는 OFF(NO)를 표시하는 프로그램입니다.

```
01  - (IBAction) changeSwitch {
02     if (mySwitch.on == YES) {
03        myLabel.text = @"YES";
04     } else {
05        myLabel.text = @"NO";
06     }
07  }
```

- -

8 시뮬레이터에서 실행합니다.

[Scheme]의 풀다운 메뉴에서 「Simulator」를 선택하고, [Run] 버튼을 눌러서 실행합니다.

iOS 시뮬레이터가 시작되고 프로그램이 실행됩니다.

스위치를 전환하면 ON일 때는 "YES", OFF일 때는 "NO"를 표시합니다.

UISlider :
슬라이더를 이용한 값 설정

슬라이더UISlider는 사용자가 조절 단추를 움직여서 값을 변경할 때 사용합니다.

특정 값이 범위 내의 어느 부근에 있는지 시각적으로 확인할 수 있으며, 슬라이더를 슬라이드해서 값을 변경할 수 있습니다.

슬라이드하면
무언가를 합니다.

Lecture   UISlider로 할 수 있는 일

▶▶ 인터페이스 빌더에서 배치할 때 설정할 수 있는 것

[Object Library] 패널에서 「Slider」를 「View」로 드래그해서 배치합니다. 좌우의 점을 드래그하면 슬라이더의 폭을 수정할 수 있습니다. [Attributes Inspector] 패널을 열면 속성을 설정할 수 있습니다.

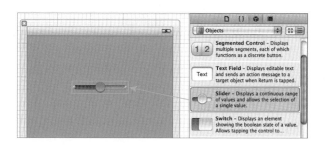

「Value」의 「Minimum」으로 값의 최소치를, 「Maximum」으로 값의 최대치를, 「Initial」로는 초기치를 설정할 수 있습니다. 「Continuous」의 체크 상태를 On으로 하면 조절 버튼을 슬라이드하고 있는 중에도 값의 변화를 확인할 수 있습니다. Off로 하면 슬라이드 중에는 값이 변하지 않고, 버튼을 놓을 때만 값이 변합니다.

- -

▶▶ 속성에서 설정하거나 확인할 수 있는 것

◉ 최솟값, 최댓값 설정

슬라이더의 최솟값, 최댓값을 설정할 때는 minimumValue 속성, maxmumValue 속성을 이용합니다.

```
슬라이더.minimumValue = 최솟값;
슬라이더.maximumValue = 최댓값;
```

예 최솟값을 0, 최댓값을 100으로 설정합니다.

```
01  mySlider.minimumValue = 0;
02  mySlider.maximumValue = 100;
```

◉ 값의 설정과 확인

슬라이더 값을 설정할 때는 value 속성을 이용합니다.

```
슬라이더.value = 값;
```

예 값을 50으로 설정합니다.

```
01  mySlider.value = 50.0;
```

> **One Point!**
>
> 값은 float(소수점 있는 수치)이므로 슬라이더에서 움직인 값을 확인하면 소수점이 붙은 값이 돌아옵니다.

● 슬라이드 도중에 값을 확인할지 여부 설정

슬라이드 중에 값을 확인할지 여부를 설정할 때는 continuous 속성을 이용합니다.
슬라이드 중에도 이벤트를 통지해서 확인하려면 YES, 그렇지 않으면 NO입니다(기본값은 YES).

```
슬라이더.continuous = YES 또는 NO;
```

예 슬라이드를 마친 후에만 값을 변경하게 합니다.

```
01  mySlider.continuous = NO;
```

▶▶ 사용자가 슬라이더를 움직였는지 알 수 있는 이벤트

「사용자가 슬라이더를 만졌다는 사실을 알 수 있는 이벤트」로 주로 다음과 같은 이벤트를 사용합니다.

Value Changed	값이 변경되었을 때

「슬라이더를 움직이면 그 값을 표시합니다」

난이도 : ★☆☆☆☆
제작 시간 : 5분

인터페이스 빌더에서 슬라이더와 레이블을 배치하고, 소스 에디터에서 「슬라이더를 움직이면 레이블에 값을 설정하는 프로그램」을 만듭니다.

【개요】

먼저, 인터페이스 빌더에서 레이블과 슬라이더를 만듭니다.

다음으로, 이 레이블과 슬라이더를 프로그램에서 처리할 수 있게 준비합니다. 「레이블명(변수)」과 「슬라이더명 (변수)」 그리고 「슬라이더를 움직이면 실행할 기능명(메소드명)」을 헤더 파일(.h)에 만들고, 인터페이스 빌더에서 만든 레이블과 슬라이더를 「연결」합니다.

마지막으로, 프로그램 부분을 구현 파일(.m)에 작성합니다. 슬라이더를 움직였을 때 실행할 기능(메소드)을 만들고 레이블에 문자열을 설정하면, 슬라이더를 움직였을 때 앱의 레이블에 값을 표시할 수 있습니다.

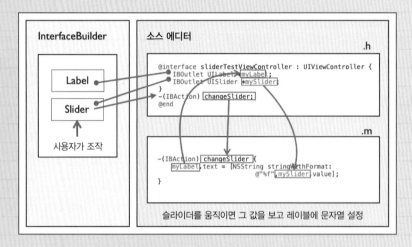

무슨 의미인가요?

「슬라이더를 움직여서 changeSlider가 호출되면, 슬라이더의 값을 myLabel에 표시합니다.」

1 새 프로젝트를 만듭니다.

Xcode를 실행하고 「Create a new Xcode project」를 선택한 후, 「View-based Application」을 선택합니다.

[Next] 버튼을 클릭한 후 「Project Name」과 「Company Identifier」를 설정하고 다시 [Next]를 클릭하여 저장합니다. 여기서는 프로젝트명을 「sliderTest」로, 회사 식별자를 「com.myname」으로 지정했습니다.

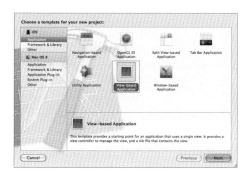 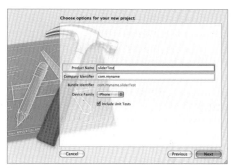

2 여러 파일이 생성되어 있는데, 그 중에서 「sliderTestViewController.xib」를 클릭하여 인터페이스 빌더를 표시한 후 메뉴에서 [View] - [Utilities] - [Object Library]를 선택합니다.

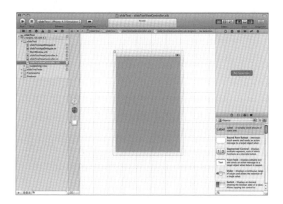

3 인터페이스 빌더에서 레이블과 슬라이더를 만듭니다.

인터페이스 빌더의 [Object Library]에서 「Label」과 「Slider」를 「View」로 드래그합니다. 레이블은 문자열을 표시할 수 있을 정도로 크기를 설정해둡니다.

슬라이더의 Value(설정값) 중 「Minimum」에는 0.0, 「Maximum」에는 100.0, 「Initial」에는 10.0을 설정하고, 「Continuous」를 체크합니다.

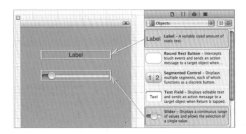 

---

4 Xcode에서 「레이블명」과 「슬라이더명」 그리고 슬라이더를 움직였을 때 실행할 「메소드명」을 만듭니다.

Xcode로 돌아가서 .h 파일(sliderTestViewController.h)을 선택합니다. .h 파일에는 이미 여러 가지 소스 코드가 입력되어 있습니다. @interface…{ ~ } 사이의 행과 } 다음 행에 각각 다음과 같은 코드를 추가합니다. 추가한 후에는 파일을 저장합니다.

```
01  IBOutlet UILabel *myLabel;
02  IBOutlet UISlider *mySlider;
```

```
01  -(IBAction) changeSlider;
```

5 「레이블명, 슬라이더명과 인터페이스 빌더에서 만든 레이블, 슬라이더를 연결」합니다.

「sliderTestViewController.xib」를 클릭해서 인터페이스 빌더를 실행하고, Dock의 「File's Owner」를 오른쪽 버튼으로 클릭합니다.

「myLabel」 오른쪽에 있는 「○」를 드래그해서 선을 잡아늘려 레이블에 연결합니다.

다음으로, 「mySlider」 오른쪽에 있는 「○」를 드래그해서 선을 잡아늘려 슬라이더에 연결합니다. 이렇게 하면 「레이블명, 슬라이더명과 인터페이스 빌더에서 만든 레이블, 슬라이더가 연결」됩니다.

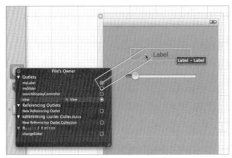
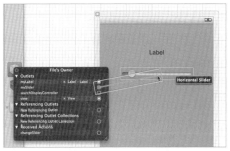

레이블명 오른쪽에 있는 ○를 드래그해서 레이블에 연결   슬라이더명 오른쪽에 있는 ○를 드래그해서 슬라이더에 연결

---

6 「메소드명과 인터페이스 빌더에서 만든 슬라이더를 연결」합니다.

Dock의 「File's Owner」를 오른쪽 버튼으로 클릭합니다. 「Received Action」 항목에서 「changeSlider」 오른쪽에 있는 「○」를 드래그해서 선을 잡아늘려 버튼에 연결합니다.

이때 표시되는 액션 리스트에서 「Value Changed(값이 변경되었을 때)」를 선택합니다.

이렇게 하면 「Xcode에서 만든 메소드명과 인터페이스 빌더에서 만든 슬라이더가 연결」됩니다

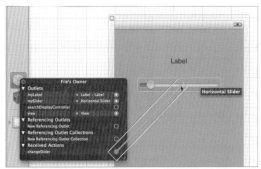

메소드명 오른쪽에 있는 ○를 드래그해서 슬라이더에 연결   Value Changed 선택

7 소스 에디터로 슬라이더를 움직이면 레이블에 그 값을 표시하는 프로그램을 만듭니다.

.m 파일(sliderTestViewController.m)을 선택합니다.

@implementation 다음 행에 다음과 같은 코드를 추가합니다.

슬라이더를 움직이면 그 값을 조사해서 레이블에 표시하는 프로그램입니다.

```
01  - (IBAction) changeSlider {
02      myLabel.text = [NSString stringWithFormat:@"%f", mySlider.value];
03  }
```

sliderTestViewController.m

---

8 시뮬레이터에서 실행합니다.

[Scheme]의 풀다운 메뉴에서 「Simulator」를 선택하고, [Run] 버튼을 눌러서 실행합니다.

iOS 시뮬레이터가 시작되고 프로그램이 실행됩니다.

슬라이더를 움직이면 변경된 값이 표시됩니다.

UIDatePicker : 날짜 설정

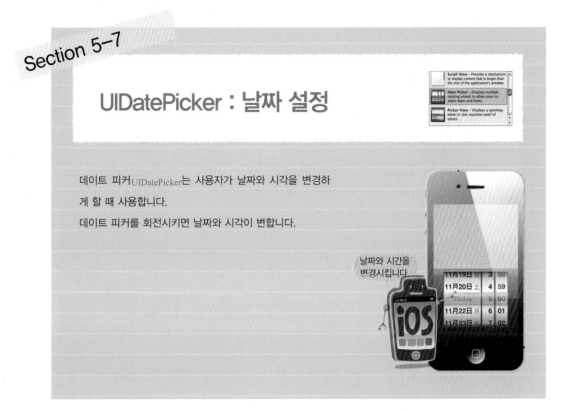

데이트 피커UIDatePicker는 사용자가 날짜와 시각을 변경하
게 할 때 사용합니다.
데이트 피커를 회전시키면 날짜와 시각이 변합니다.

날짜와 시간을
변경시킵니다

Lecture UIDatePicker로 할 수 있는 일

▶▶ 인터페이스 빌더에서 배치할 때 설정할 수 있는 것

[Object Library] 패널에서 「Date Picker」를 「View」로 드래그해서 배치합니다. 크기는 고정입니다.

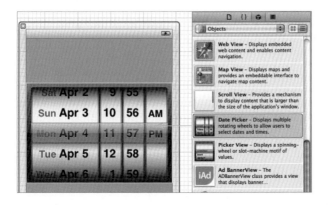

[Attributes Inspector] 패널을 열면 속성을 설정할 수 있습니다.

「Mode」로 데이트 피커의 표시 모드(월일시분 또는 년월일, 시분 등)를, 「Interval」로 분 단위 카운트 값을, 「Date」로는 기본 날짜를, 「Minimum Date」로는 선택할 수 있는 가장 과거의 시각을, 「Maximum Date」로는 선택할 수 있는 가장 새로운 시각을 설정할 수 있습니다.

- -

▶▶ 속성에서 설정하거나 확인할 수 있는 것

● 표시 모드 설정

데이트 피커의 표시 모드를 설정할 때는 datePickerMode 속성을 이용합니다.

```
데이트 피커.datePickerMode = 표시 모드;
```

표시 모드

UIDatePickerModeDateAndTime	월일시분 지정
UIDatePickerModeDate	년월일 지정
UIDatePickerModeTime	시분 지정
UIDatePickerModeCounterDownTimer	타이머용

예 데이트 피커의 표시 모드를 「시분」으로 설정합니다.

```
01 myDatePicker.datePickerMode = UIDatePickerModeTime;
```

● 기본값 설정

처음에 표시할 날짜는 date 속성으로 설정합니다.

```
데이트 피커.date = 날짜;
```

예 기본 날짜 값을 「2011/1/1」로 설정합니다.

```
01 myDatePicker.date = [NSDate dateWithString:@"2011-01-01 00:00:00 +0900"];
```

● 분 단위 카운트 값 설정

분의 표시가 있을 때는 그 카운트 값을 minuteInterval 속성으로 설정합니다.

```
데이트 피커.minuteInterval = 분 단위 카운트 값;
```

예 분 단위 카운트 값을 1분으로 설정합니다.

```
01 myDatePicker.minuteInterval = 1:
```

> **One Point!**
>
> 카운트 값을 7분 단위나 40분 단위 등과 같이 60으로 나뉘지 않는 수로 설정하면, 기본 5분 단위의 카운트 값이 됩니다.

● 선택할 수 있는 가장 과거의 날짜 설정

선택할 수 있는 가장 과거의 날짜는 minimumDate 속성으로 설정합니다.

```
데이트 피커.minimumDate = 선택할 수 있는 가장 과거의 날짜;
```

예 선택할 수 있는 가장 과거의 날짜를 설정합니다.

```
01 myDatePicker.minimumDate = [[NSDate alloc] initWithString:@"2011-01-01 00:00:00+0900"];
```

● 선택할 수 있는 가장 새로운 날짜 설정

선택할 수 있는 가장 새로운 날짜는 maximumDate 속성으로 설정합니다.

```
데이트 피커.maximumDate = 선택할 수 있는 가장 새로운 날짜;
```

예 선택할 수 있는 가장 새로운 날짜를 「2011/12/31」로 설정합니다.

```
01 myDatePicker.maximumDate = [[NSDate alloc] initWithString:@"2011-12-31 23:59:00+0900"];
```

▶▶ 사용자가 날짜를 변경한 사실을 알 수 있는 이벤트

「사용자가 데이트 피커를 변경한 사실을 알 수 있는 이벤트」로 주로 다음과 같은 이벤트를 사용합니다.

Value Changed	값이 변경되었을 때

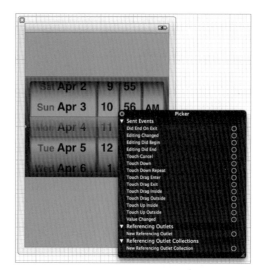

「날짜를 선택하면 해당 날짜를 표시합니다」

난이도 : ★☆☆☆☆
제작 시간 : 5분

인터페이스 빌더에서 레이블과 데이트 피커를 배치하고, 소스 에디터로 「날짜를 선택하면 레이블에 해당 날짜를 표시하는 프로그램」을 만듭니다.

【개요】

먼저, 인터페이스 빌더에서 레이블과 데이트 피커를 만듭니다.

다음으로, 이 레이블과 데이트 피커를 프로그램에서 처리할 수 있게 준비합니다. 「레이블명(변수)」과 「데이트 피커명(변수)」 그리고 「데이트 피커로 날짜를 지정하면 실행할 기능명(메소드명)」을 헤더 파일(.h)에 만들고, 인터페이스 빌더에서 만든 레이블과 데이트 피커를 「연결」합니다.

마지막으로, 프로그램 부분을 구현 파일(.m)에 작성합니다. 데이트 피커를 변경했을 때 실행할 기능(메소드)을 만들고, 레이블에 데이트 피커의 날짜를 문자열로 설정하면 날짜를 표시할 수 있습니다.

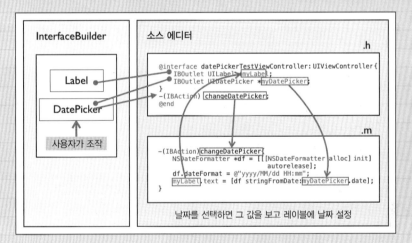

무슨 의미인가요?

「데이트 피커로 날짜를 지정해서 changeDatePicker가 호출되면, 데이트 피커의 값을 myLabel에 표시합니다. 데이트 포맷터를 사용해서 "yyyy/MM/dd HH:mm" 날짜 형식으로 표시합니다.」

1 새 프로젝트를 만듭니다.

Xcode를 실행하고 「Create a new Xcode project」를 선택한 후, 「View-based Application」을 선택합니다.

[Next] 버튼을 클릭한 후 「Project Name」과 「Company Identifier」를 설정하고 다시 [Next]를 클릭하여 저장합니다. 여기서는 프로젝트명을 「datePickerTest」로, 회사 식별자를 「com.myname」으로 지정했습니다.

2 여러 파일이 생성되어 있는데, 그 중에서 「datePickerTestViewController.xib」를 클릭하여 인터페이스 빌더를 표시한후, 메뉴에서 [View] - [Utilities] - [Object Library]를 선택합니다.

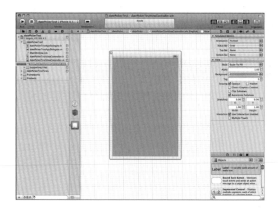

3 인터페이스 빌더에서 레이블과 데이트 피 커를 만듭니다.

인터페이스 빌더의 [Object Library]에 있 는 「Label」과 「Date Picker」를 「View」로 드래그합니다. 레이블은 문자열을 표시할 수 있을 정도로 크기를 설정해둡니다. 데 이트 피커의 Mode는 「Date&Time」으로 설정해놓습니다.

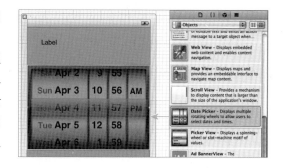

---

4 소스 에디터로 「레이블명」과 「데이트 피커명」, 데이트 피커를 움직였을 때 실행할 「메소드명」을 만 듭니다.

Xcode로 돌아가서 .h 파일(datePickerTestViewController.h)을 선택합니다. .h 파일에는 이미 여러 가지 소스 코드가 입력되어 있습니다. @interface…{ ~ } 사이의 행과 } 다음 행에 각각 다음과 같 은 코드를 추가합니다.

```
01   IBOutlet UILabel *myLabel;
02   IBOutlet UIDatePicker *myDatePicker;
```

```
01   -(IBAction) changeDatePicker;
```

datePickerTestViewController.h

5 「레이블명, 데이트 피커명과 인터페이스 빌더에서 만든 레이블, 데이트 피커를 연결」합니다.
「datePickerTestViewController.xib」를 클릭해서 인터페이스 빌더를 실행하고, Dock의 「File's Owner」를 오른쪽 버튼으로 클릭합니다.
「myLabel」 오른쪽에 있는 「○」를 드래그해서 선을 잡아늘려 레이블에 연결합니다.
다음으로 「myDatePicker」 오른쪽에 있는 「○」를 드래그해서 선을 잡아늘려 데이트 피커에 연결합니다. 이렇게 하면 「레이블명, 데이트 피커명과 인터페이스 빌더에서 만든 레이블, 데이트 피커가 연결」됩니다.

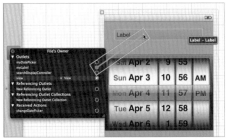
레이블명 오른쪽에 있는 ○를 드래그해서 레이블에 연결

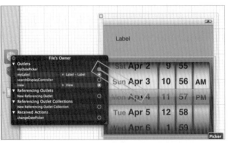
데이트 피커명 오른쪽에 있는 ○를 드래그해서 데이트 피커에 연결

---

6 「메소드명과 인터페이스 빌더에서 만든 데이트 피커를 연결」합니다.
도큐먼트 윈도우의 「File's Owner」를 오른쪽 버튼으로 클릭합니다. 「Received Action」 항목에서 「changeDatePicker」 오른쪽에 있는 「○」를 드래그해서 선을 잡아늘려 데이트 피커에 연결합니다. 이때 표시되는 액션 리스트에서 「Value Changed」를 선택합니다.
이렇게 하면 「메소드명과 인터페이스 빌더에서 만든 데이트 피커가 연결」됩니다.

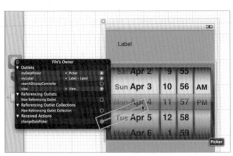
메소드명 오른쪽에 있는 ○를 드래그해서 데이트 피커에 연결

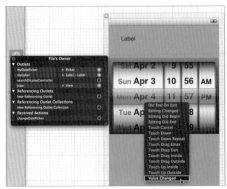
Value Changed 선택

7 소스 에디터로 데이트 피커로 날짜를 선택하면 레이블에 해당 값을 설정하는 프로그램을 만듭니다. Xcode로 돌아가서 .m 파일(datePickerTestViewController.m)을 선택합니다.

@implementation 다음 행에 다음과 같은 코드를 추가합니다.

데이트 피커로 날짜를 선택하면 그 값을 조사해서 레이블에 날짜를 표시하는 프로그램입니다.

```
01  - (IBAction) changeDatePicker {
02      // 데이트 포맷터를 사용해 날짜 표시 형식을 정합니다.
03      NSDateFormatter *df = [[[NSDateFormatter alloc] init] autorelease];
04      df.dateFormat = @"yyyy/MM/dd HH:mm";
05      // 지정한 날짜 형식으로 날짜를 표시합니다.
06      myLabel.text = [df stringFromDate:myDatePicker.date];
07  }
```

One Point!

- 날짜만 표시하고 싶거나 시간만 표시하고 싶을 때는 데이트 포맷터(NSDateFormatter)를 사용해서 표시 형식을 지정합니다.

  예 날짜만   df.dateFormat = @"yyyy/MM/dd";

  예 시간만   df.dateFormat = @"HH:mm";

- 데이트 포맷터(NSDateFormatter)에서 사용하는 패턴 문자는 yy(하위 2자리 년도), yyyy(4자리 년도), MM(월), dd(일), HH(시), mm(분), ss(초) 등이 있습니다.

datePickerTestViewController.m

8 시뮬레이터에서 실행합니다.

[Scheme]의 풀다운 메뉴에서 「Simulator」를 선택하고, [Run] 버튼을 눌러서 실행합니다.

iOS 시뮬레이터가 시작되고 프로그램(앱)이 실행됩니다.

데이트 피커로 날짜, 시간을 지정하면 해당 날짜, 시간이 표시됩니다.

UIAlertView : 경고창 표시

경고창UIAlertView은 프로그램 실행 중에 알림이나 확인 등 「사용자에게 확인시키고 싶은 것이 있을 때」 사용합니다.

PC의 확인 다이얼로그처럼 화면 중앙에 표시되고 버튼을 누르기 전에는 다른 조작을 할 수 없으므로, 사용자에게 반드시 확인시키고 싶은 것이 있을 때 유용합니다.

경고창에는 [OK]와 [Cancel] 버튼이 있는 것과 [OK] 버튼만 있는 것 등이 있습니다.

다이얼로그를 표시해서 사용자가 확인하도록 합니다.

경고창 타이틀
Cancel OK

Lecture **UIAlertView로 할 수 있는 일**

UIAlertView는 인터페이스 빌더에서 배치해서 만들 수 없습니다.

앱 실행 중에 경고창이 필요하면 프로그램에서 만들어서 표시합니다. 또, 사용을 마치면 메모리를 해제하고 삭제합니다.

- -

▶▶ 경고창 사용법

◉ 경고창 만들기

UIAlertView를 만들 때는 경고창 이름과 표시할 문자열, 버튼 문자열, 버튼 개수 등의 초기 설정을 합니다. [Cancel] 버튼은 cancelButtonTitle에서 설정합니다.

문자열을 설정하면 해당 문자열로 [Cancel] 버튼이 표시됩니다. 「OK」의 확인이면 충분할 때 처럼, [Cancel] 버튼이 필요없을 때는 nil을 설정합니다.

[OK] 버튼은 otherButtonTitles로 설정합니다. 통상은 [OK] 버튼이 하나뿐이므로 「@"OK", nil」처럼 설정합니다. 그러나 필요없을 때는 nil만 설정합니다.

```
UIAlertView *경고창 = [[UIAlertView alloc]
    initWithTitle: @"타이틀"
    message: @"표시할 문자"
    delegate: self
    cancelButtonTitle: @"Cancel", otherButtonTitles: @"OK", nil];
```

⑩ OK만 있는 경고창을 만듭니다.

```
01  UIAlertView *alert = [[UIAlertView alloc]
02      initWithTitle: @"Alert Test"
03      message: @"OK Cancel Test"
04      delegate: self
05      cancelButtonTitle: nil
06      otherButtonTitles: @"OK", nil];
```

◉ 경고창 표시

경고창을 만들었다고 해서 자동으로 표시까지 되는 건 아닙니다. 경고창을 표시하려면 show 메소드를 사용해야 합니다.

예 경고창을 표시합니다.

```
01  [alert show];
```

● 경고창 해제

경고창에서 [OK]나 [Cancel] 버튼을 탭하면 경고창이 닫히고, show 메소드의 다음 행으로 실행이 진행됩니다. 이제 경고창은 필요 없으므로 release 메소드를 사용해서 메모리에서 해제합니다.

예 경고창 해제

```
01  [alert release];
```

- -

▶▶ 어느 버튼을 탭했는지 확인하는 처리

「OK만 있는 경고창」일 때는 필요없지만, 「OK, Cancel 버튼이 있는 경고창」은 어느 버튼을 탭했는지 확인해야 합니다.

이런 경우 경고창을 만들 때 설정하는 인수인 delegate에 self를 지정해놓습니다. 그 후에 경고창의 「clickedButtonAtIndex: buttonIndex」 메소드를 사용해서 확인합니다.

다시 말해 경고창의 버튼을 탭하면 iOS가 탭한 버튼에 관한 정보를 앱으로 보내주는데, delegate에 self를 지정하면 이 정보를 self(지금 프로그램을 작성하고 있는 장소, 앱 내부)로 전달합니다. 따라서 self에 「clickedButtonAtIndex: buttonIndex」 메소드를 준비해두면 「버튼을 탭했을 때」 self로 정보가 전달되어 이 메소드가 호출됩니다.

```
-(void)alertView: (UIAlertView *)alertView
clickedButtonAtIndex: (NSInteger)buttonIndex {
    // 버튼을 탭했을 때 실행할 처리
}
```

이 메소드 안에서 인수인 buttonIndex를 확인하면 몇 번째 버튼을 탭했는지 알 수 있습니다. 일반적으로 buttonIndex 값이 0일 때는 「Cancel」, 1일 때는 「OK」가 됩니다.

예 [OK], [Cancel] 버튼의 차이를 NSLog로 표시합니다.

```
01  -(void)alertView: (UIAlertView *)alertView clickedButtonAtIndex:(NSInteger)buttonIndex {
02    if (buttonIndex == 1) {
03        NSLog(@"OK");
04    } else {
05        NSLog(@"Cancel");
06    }
07  }
```

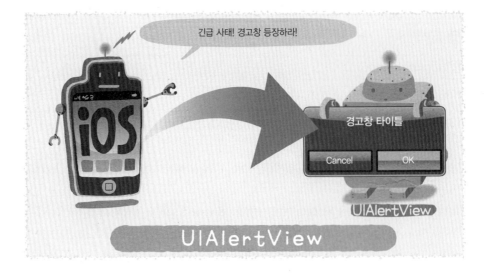

「버튼으로 경고창을 표시합니다」

난이도 : ★☆☆☆☆
제작 시간 : 5분

인터페이스 빌더에서 버튼을 배치하고, 소스 에디터에서 「버튼을 탭하면 경고창을 표시하고 OK와 Cancel 중 어느 버튼을 탭했는지 레이블에 표시하는 프로그램」을 만듭니다.

【개요】

먼저, 인터페이스 빌더에서 레이블과 버튼을 만듭니다.

다음으로, 이 레이블과 버튼을 프로그램에서 처리할 수 있게 준비합니다. 「레이블명(변수)」과 「버튼을 탭했을 때 실행할 기능명(메소드명)」을 헤더 파일(.h)에 만들고, 인터페이스 빌더에서 만든 레이블과 버튼을 「연결」합니다.

마지막으로, 프로그램 부분을 구현 파일(.m)에 작성합니다. 버튼을 탭했을 때 실행할 기능(메소드)을 만들고, 이 메소드에서 경고창을 만들어 표시하고 해제합니다. 또, clickedButtonAtIndex 메소드를 준비해서 어느 버튼늘 탭했는지 레이블에 표시합니다.

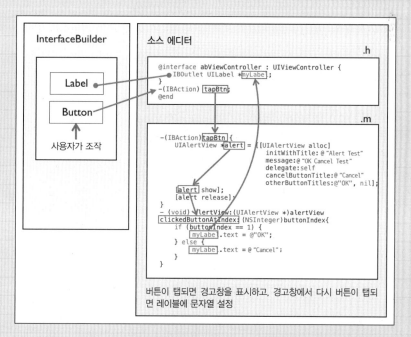

무슨 의미인가요?

「버튼이 탭되어 tapBtn이 호출되면, 경고창을 만들어 표시합니다(Alert Test, OK Cancel Test, Cancel, OK). 버튼을 탭하면 해당 버튼의 번호를 확인해서 OK인지 Cancel인지를 myLabel에 표시합니다.」

1 새 프로젝트를 만듭니다.

Xcode를 실행하고 「Create a new Xcode project」를 선택한 후, 「View-based Application」을 선택합니다.

[Next] 버튼을 클릭한 후 「Project Name」과 「Company Identifier」를 설정하고 다시 [Next]를 클릭하여 저장합니다. 여기서는 프로젝트명을 「alertViewTest」로, 회사 식별자를 「com.myname」으로 지정했습니다.

2 여러 파일이 생성되어 있는데, 그 중에서 「alertViewTestViewController.xib」를 클릭하여 인터페이스 빌더를 표시하고 메뉴에서 [View] - [Utilities] - [Object Library]를 선택합니다.

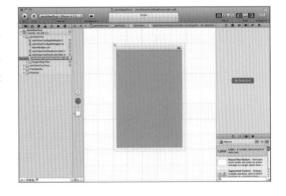

3 인터페이스 빌더에서 레이블과 버튼을 만듭니다.

인터페이스 빌더의 [Object Library]에서 「Label」과 「Round Rect Button」을 「View」로 드래그합니다. 레이블은 문자열을 표시할 수 있을 정도로 크기를 설정해둡니다.

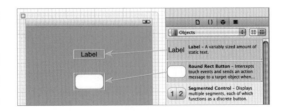

4 소스 에디터로 레이블명과 버튼을 탭했을 때 실행할 메소드명을 만듭니다.

Xcode로 돌아가서 .h 파일(alertViewTestViewController.h)을 선택합니다. .h 파일에는 이미 여러 가지 소스 코드가 입력되어 있습니다. @interface···{ ~ } 사이의 행과 } 다음 행에 각각 다음과 같은 코드를 추가합니다. 추가한 후에는 파일을 저장합니다.

```
01  IBOutlet UILabel *myLabel;
```

```
01  -(IBAction) tapBtn;
```

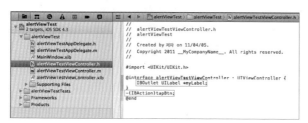

alertViewTestViewController.h

---

5 「레이블명과 인터페이스 빌더에서 만든 레이블을 연결」합니다.

「alertViewTestViewController.xib」를 클릭해서 인터페이스 빌더를 표시하고, Dock의 「File's Owner」를 오른쪽 버튼으로 클릭합니다.

「myLabel」 오른쪽에 있는 「○」를 드래그해서 선을 잡아늘려 레이블에 연결합니다. 이렇게 하면 「레이블명과 인터페이스 빌더에서 만든 레이블이 연결」됩니다.

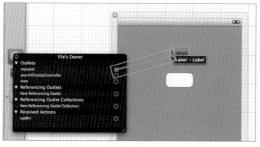

레이블명 오른쪽에 있는 ○를 드래그해서 레이블에 연결

6 「메소드명과 인터페이스 빌더에서 만든 버튼을 연결」합니다.

Dock의 「File's Owner」를 오른쪽 버튼으로 클릭합니다. 「Received Action」 항목에서 「tapBtn」 오른쪽에 있는 「○」를 드래그해서 선을 잡아늘려 버튼에 연결합니다.

이때 표시되는 액션 리스트에서 「Touch Up Inside(탭)」를 선택합니다. 이렇게 하면 「Xcode에서 만든 메소드명과 인터페이스 빌더에서 만든 버튼이 연결」됩니다.

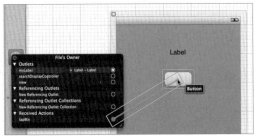
메소드명 오른쪽에 있는 ○를 드래그해서 버튼에 연결

Touch Up Inside 선택

---

7 소스 에디터로 버튼을 탭하면 경고창을 표시하는 프로그램을 만듭니다.

.m 파일(alertViewdatePickerTestViewController.m)을 선택합니다.

@implementation 다음 행에 다음과 같은 코드를 추가합니다.

또, 어느 버튼을 탭했는지 확인할 수 있게 clickedButtonAtIndex 메소드를 만들고 그 안에서 레이블에 문자열을 표시합니다.

```
01  - (IBAction) tapBtn {
02      UIAlertView *alert = [[UIAlertView alloc]
02         initWithTitle:@"Alert Test"
03         message:@"OK Cancel Test"
04         delegate:self
05         cancelButtonTitle:@"Cancel"
06         otherButtonTitles:@"OK", nil];
08      [alert show];
09      [alert release];
10  }
11  -(void)alertView : (UIAlertView *)alertView clickedButtonAtIndex: (NSInteger)buttonIndex {
12    if (buttonIndex == 1) {
13        myLabel.text = @"OK";
14    } else {
15        myLabel.text = @"Cancel";
16    }
17  }
```

```objectivec
#import "alertViewTestViewController.h"

@implementation alertViewTestViewController

-(IBAction)tapBtn{
    UIAlertView *alert = [[UIAlertView alloc]
                          initWithTitle:@"Alert Test"
                          message:@"OK Cancel Test"
                          delegate:self
                          cancelButtonTitle:@"Cancel"
                          otherButtonTitles:@"OK", nil];
    [alert show];
    [alert release];
}
-(void)alertView:(UIAlertView *)alertView clickedButtonAtIndex:
    (NSInteger)buttonIndex{
    if (buttonIndex == 1) {
        myLabel.text = @"OK";
    } else {
        myLabel.text = @"Cancel";
    }
}
```

alertViewTestViewController.m

---

8 시뮬레이터에서 실행합니다.

[Scheme]의 풀다운 메뉴에서 「Simulator」를 선택하고, [Run] 버튼을 눌러서 실행합니다.

iOS 시뮬레이터가 시작되고 프로그램(앱)이 실행됩니다.

버튼을 탭하면 경고창이 표시되고, [OK] 버튼을 선택하면 "OK", [Cancel] 버튼을 선택하면 "Cancel"이 표시됩니다.

UIActionSheet : 액션 시트 표시

액션 시트UIActionSheet는 프로그램 실행 중에 「사용자가 여러 메뉴 중에서 선택하게 할 때」 사용합니다. 경고창과 달리 화면 밑에서부터 표시됩니다.

또, 경고창과 마찬가지로 버튼을 탭하기 전에는 다른 조작을 할 수 없으므로, 반드시 사용자에게 선택시키고 싶은 것이 있을 때 유용합니다. 하지만 경고창은 「사용자에게 알리고 싶은 것이 있을 때」 사용하는 것과 달리, 액션 시트는 「사용자가 여러 메뉴 중에서 선택하게 할 때」 사용합니다.

시트를 표시해서 사용자가 선택하게 합니다.

선택 A
선택 B
선택 C
취소

Lecture UIActionSheet로 할 수 있는 일

UIActionSheet는 인터페이스 빌더에서 배치해서 만들 수 없습니다.

앱 실행 중에 액션 시트가 필요하면 프로그램에서 만들어서 표시합니다. 또, 사용을 마치면 메모리를 해제해서 삭제합니다.

▶▶ 액션 시트 사용법

◉ 액션 시트 사용 준비

UIActionSheet를 사용하려면 먼저 헤더 파일(.h)에 액션 시트를 사용할 것이라고 말해둬야 합니다.

@interface 선언에서 { 앞에 「〈UIActionSheetDelegate〉」를 추가합니다(이 준비가 필요한 것이 경고창과 조금 다른 점입니다).

📃 testViewController.h에서 액션 시트를 사용합니다.

```
01  @interface testViewController : UIViewController <UIActionSheetDelegate> {
```

● 액션 시트 만들기

UIActionSheet를 만들 때는 제목, 버튼 문자열, 버튼 개수 등의 초기 설정을 합니다. [Cancel] 버튼은 cancelButtonTitle에서 설정합니다. [Cancel] 버튼은 시트의 가장 아래에 표시됩니다. 문자열을 설정하면 해당 문자열로 [Cancel] 버튼이 표시됩니다. 필요없을 때는 nil을 설정하며, 이때는 버튼 자체가 표시되지 않습니다.

「요주의」 버튼 문자열은 destructiveButtonTitle에서 설정합니다. 실행하면 데이터가 초기화되어버리는 것과 같은 주의가 필요한 곳에 사용하는 버튼으로, 시트의 가장 위에 붉은색으로 표시되어 주의를 이끕니다. 문자열을 설정하면 해당 문자열로 요주의 버튼이 표시됩니다. 필요없을 때는 nil을 설정하며, 이때는 버튼 자체가 표시되지 않습니다.

일반적인 버튼은 otherButtonTitles로 설정합니다.

버튼 하나를 표시할 때는 「@"버튼 A", nil」과 같이 배열 형식으로 마지막에 nil을 붙여서 설정합니다. 여러 버튼을 사용할 때를 고려해 만들어져 있으므로, 버튼은 배열 형식으로 설정합니다. 따라서 버튼 2개를 표시할 때는 「@"버튼 A", @"버튼 B", nil」과 같이 설정합니다. 마찬가지로 필요없을 때는 nil만을 설정합니다.

> **One Point!**
>
> 선택 버튼은 늘릴 수 있습니다. 화면을 벗어날 정도로 늘려도 스스로 알아서 스크롤 기능이 붙어서 표시됩니다. 그러나 이렇게 많은 선택 항목이 있으면, 사용하기 쉬운 앱이라고 할 수 없습니다. 따라서 선택 항목은 많아도 4개 정도가 적당하다고 생각합니다.

```
UIActionSheet *액션 시트 = [[UIActionSheet alloc]
        initWithTitle:@"제목"
        delegate:self
        cancelButtonTitle:@"Cancel"
        destructiveButtonTitle:@"주의"
        otherButtonTitles:@"처리 1", @"처리 2", nil];
```

예 선택 항목 2개가 있는 액션 시트를 만듭니다.

```
01  UIActionSheet  *actionSheet = [[UIActionSheet alloc]
02      initWithTitle:@"Action Test"
03      delegate:self
04      cancelButtonTitle:nil
05      destructiveButtonTitle:nil
06      otherButtonTitles: @"처리 1", @"처리 2", nil];
```

액션 시트 표시

액션 시트를 만들었다고 해서 자동으로 표시까지 되는 건 아닙니다. 액션 시트를 표시하려면 showInView 메소드를 사용해야 합니다. 이때 「표시할 화면」을 인수로 지정합니다. 일반적으로 자신의 뷰에 표시하므로, self.view로 지정합니다.

예 액션 시트를 표시합니다.

```
01  [actionSheet showInView:self.view];
```

액션 시트 해제

액션 시트에서 버튼을 탭하면 액션 시트가 닫히고, showInView 메소드의 다음 행으로 실행이 진행됩니다. 이제 액션 시트가 필요없으므로, release 메소드를 사용해서 메모리에서 해제합니다.

예 액션 시트 해제

```
01  [actionSheet release];
```

- -

▶▶ 어느 버튼을 탭했는지 확인하는 처리

어느 버튼을 탭했는지 확인할 때는 액션 시트를 만들 때 설정한 인수인 delegate에 self를 지정해놓고, 나중에 actionSheet의 「clickedButtonAtIndex:buttonIndex」 메소드를 사용해서 확인합니다.

다시 말해 delegate에 self를 지정하면 액션 시트에서 버튼을 탭했을 때 self(지금 프로그램을 작성하고 있는 곳)로 정보가 전달됩니다. 여기에 「clickedButtonAtIndex:buttonIndex」 메소드를 만들어두면 「버튼을 탭했을 때」 self(지금 프로그램을 만들고 있는 장소)로 통지되어 이 메소드가 호출됩니다.

```
-(void)actionSheet : (UIActionSheet *)actionSheet
clickedButtonAtIndex : (NSInteger)buttonIndex {
    // 버튼을 탭했을 때 실행할 처리
}
```

이 메소드 안에서 인수인 buttonIndex를 확인하면 몇 번째 버튼을 탭했는지 알 수 있습니다. buttonIndex 값은 액션 시트에 표시되어 있는 버튼의 순서이므로, 위에서부터 0, 1, 2, 3입니다.

예 탭한 버튼의 번호를 NSLog로 표시합니다.

```
01  -(void)actionSheet: (UIActionSheet *)actionSheet
    clickedButtonAtIndex: (NSInteger)buttonIndex {
03    NSLog(@"<%d>", buttonIndex);
04  }
```

「버튼으로 액션 시트를 표시합니다」

난이도 : ★☆☆☆☆
제작 시간 : 5분

인터페이스 빌더에서 버튼을 배치하고, 소스 에디터에서 「버튼을 탭하면 액션 시트를 표시하고, 어느 버튼을 탭했는지 레이블에 표시하는 프로그램」을 만듭니다.

【개요】

먼저, 인터페이스 빌더에서 레이블과 버튼을 만듭니다.

다음으로, 이 레이블과 버튼을 프로그램에서 처리할 수 있게 준비합니다. 「레이블명(변수)」과 「버튼을 탭했을 때 실행할 기능명(메소드명)」을 헤더 파일(.h)에 만들고, 인터페이스 빌더에서 만든 레이블과 버튼을 「연결」합니다.

또, 액션 시트를 사용하므로, 헤더 파일(.h)에 이 사실을 선언합니다.

마지막으로, 프로그램 부분을 구현 파일(.m)에 작성합니다. 버튼을 탭했을 때 실행할 기능(메소드)을 만들고, 이 메소드 안에서 액션 시트를 만들어 표시하고, 삭제합니다. 또, clickedButtonAtIndex 메소드를 사용해서 어느 버튼을 탭했는지를 레이블에 표시합니다.

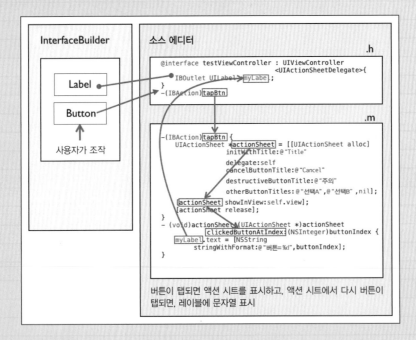

무슨 의미인가요?

「버튼이 탭되어 tapBtn이 호출되면 액션 시트를 만들어서 표시합니다(Title, Cancel, 선택A, 선택B). 버튼을 탭하면 해당 버튼의 번호를 myLabel에 표시합니다.」

1 새 프로젝트를 만듭니다.

Xcode를 실행하고 「Create a new Xcode project」를 선택한 후, 「View-based Application」을 선택합니다.

[Next] 버튼을 클릭한 후 「Project Name」과 「Company Identifier」를 설정하고 다시 [Next]를 클릭하여 저장합니다. 여기서는 프로젝트명을 「actionSheetTest」로, 회사 식별자를 「com.myname」으로 지정했습니다.

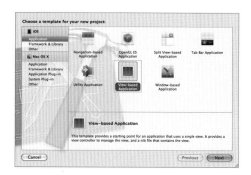 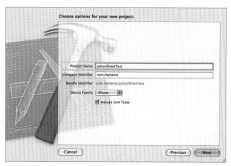

2 여러 파일이 생성되어 있는데, 그 중에서 「actionSheetTestViewController.xib」를 클릭하여 인터페이스 빌더를 표시하고 메뉴에서 [View] - [Utilities] - [Object Library]를 선택합니다.

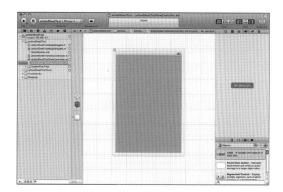

3 인터페이스 빌더에서 레이블과 버튼을 만듭니다.

인터페이스 빌더의 [Object Library]에서 「Label」과 「Round Rect Button」을 「View」로 드래그합니다. 레이블은 문자열을 표시할 수 있을 정도로 크기를 설정해둡니다.

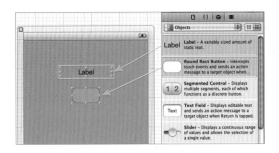

---

4 소스 에디터로 레이블명과 버튼을 탭했을 때 실행할 메소드명을 만듭니다.

.h 파일(actionSheetTestViewController.h)을 선택합니다. .h 파일에는 이미 여러 가지 소스 코드가 입력되어 있습니다. 액션 시트를 사용하므로, 우선 @interface 행의 마지막 부분을 수정합니다. 다음으로, @interface … { ~ } 사이의 행과 } 다음 행에 각각 다음과 같은 코드를 추가합니다. 추가한 후에는 파일을 저장합니다.

```
01  @interface testViewController : UIViewController <UIActionSheetDelegate> {
02  IBOutlet UILabel *myLabel;
```

```
01  -(IBAction) tapBtn;
```

actionSheetTestViewController.h

5 「레이블명과 인터페이스 빌더에서 만든 레이블을 연결」합니다.

「actionSheetTestViewController.xib」를 클릭해서 인터페이스 빌더를 표시하고, 도큐먼트 윈도우의

「File's Owner」를 오른쪽 버튼으로 클릭합니다.

「myLabel」 오른쪽에 있는 「○」를 드래그해서 선을 잡아늘려 레이블에 연결합니다. 이렇게 하면

「Xcode에서 만든 레이블명과 인터페이스 빌더에서 만든 레이블이 연결」됩니다.

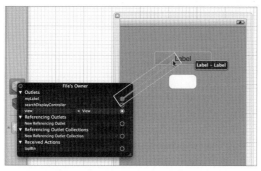

레이블명 오른쪽에 있는 ○를 드래그해서 레이블에 연결

6 「메소드명과 인터페이스 빌더에서 만든 버튼을 연결」합니다.

계속해서 Dock의 「File's Owner」를 오른쪽 버튼으로 클릭합니다. 「Received Action」 항목에서

「tapBtn」 오른쪽에 있는 「○」를 드래그해서 선을 잡아늘려 버튼에 연결합니다.

이때 표시되는 액션 리스트에서 「Touch Up Inside」를 선택합니다.

이렇게 하면 「Xcode에서 만든 메소드명과 인터페이스 빌더에서 만든 버튼이 연결」됩니다.

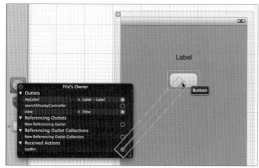

메소드명 오른쪽에 있는 ○를 드래그해서 버튼에 연결

Touch Up Inside 선택

7 소스 에디터로 버튼을 탭하면 액션 시트를 표시하는 프로그램을 만듭니다.

.m 파일(actionSheetTestViewController.m)을 선택합니다.

@implementation 다음 행에 다음과 같은 코드를 추가합니다.

또, 어느 버튼을 탭했는지 확인할 수 있게 clickedButtonAtIndex 메소드를 만들고 그 안에서 레이블에 문자열을 표시합니다.

```
01  - (IBAction) tapBtn {
02        UIActionSheet *actionSheet = [[UIActionSheet alloc]
03            initWithTitle:@"Title"
04            delegate:self
05            cancelButtonTitle:@"Cancel"
06            destructiveButtonTitle:@"주의"
07            otherButtonTitles:@"선택A", @"선택B", nil];
08        [actionSheet showInView:self.view];
09        [actionSheet release];
10  }
11  - (void)actionSheet: (UIActionSheet *)actionSheet
     clickedButtonAtIndex: (NSInteger)buttonIndex {
12     myLabel.text = [NSString stringWithFormat : @"버튼=%d", buttonIndex];
13  }
```

actionSheetTestViewController.m

8 시뮬레이터에서 실행합니다.

[Scheme]의 풀다운 메뉴에서 「Simulator」를 선택하고, [Run] 버튼을 눌러서 실행합니다.

iOS 시뮬레이터가 시작되고 프로그램이 실행됩니다.

버튼을 탭하면 액션 시트가 표시되고, 시트에서 버튼을 선택하면, 해당 버튼의 번호가 표시됩니다.

6장
그림과
애니메이션 처리

iOS SDK를 이용해 그림과 애니메이션을 표시할 수도 있습니다.
이 장에서는 그림 데이터와 간단한 애니메이션을 표시하는 방법을 설명하겠습
니다.

UIImageView : 그림 표시

이미지 뷰UIImageView는 그림을 표시할 때 사용합니다.
Xcode에 그림을 미리 복사(Resources에 그림 복사)해두고,
필요할 때 해당 그림을 표시합니다.
또 네트워크를 통해 그림을 읽어와서 표시할 수도 있지만, 이
에 관한 설명은 8장으로 미루겠습니다.

Lecture　UIImageView로 할 수 있는 일

▶▶ 인터페이스 빌더로 레이아웃할 때 설정할 수 있는 것

인터페이스 빌더의 [Object
Labrary] 패널에서 「Image
View」를 「View」로 드래그해서
배치합니다. 상하좌우의 점을
드래그하면 크기를 변경할 수
있습니다.

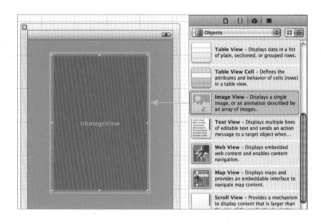

[Attributes Inspector] 패널을 열면 「Image View」의 다른 속성들을 설정할 수 있습니다. 「Image」 항목의 풀다운 메뉴에서 표시할 그림을 지정합니다. 그러나 그림 파일이 없는 상태에서는 풀다운 메뉴를 열어도 아무것도 나타나지 않습니다. 그러므로 먼저 Xcode에 그림을 등록해야 합니다. 이에 관해서는 다음 페이지의 「그림 등록 방법」을 참조하세요.

그림을 등록한 후에 다시 풀다운 메뉴를 열어 표시할 그림을 선택합니다. 이제 이미지 뷰에 선택한 그림이 표시됩니다.

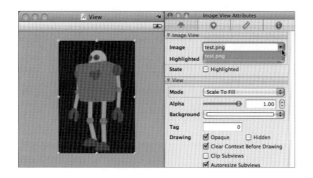

이미지 뷰의 크기와 표시할 그림의 크기가 다를 때 어떤 방식으로 그림을 확대, 축소할 것인지는 「Mode」에서 설정합니다.

Scale To Fill	그림이 뷰의 크기에 일치하도록 가로, 세로의 비율을 각각 확대 또는 축소합니다(그림이 가로, 세로로 길어질 수 있습니다).
Aspect Fit	그림의 가로, 세로 비율을 유지한 채 그림 전체를 표시할 수 있도록 확대 또는 축소합니다(그림이 작아져서 뷰의 여백 부분이 보일 수도 있습니다).
Aspect Fill	그림의 가로, 세로 비율을 유지한 채 뷰의 여백이 보이지 않도록 확대 또는 축소합니다(그림이 커져서, 뷰 영역을 벗어나는 부분이 생길 수도 있습니다).
Center/Top/Bottom/Left/Right/TopLeft/TopRight/BottomLeft/BottomRight	그림이 뷰의 크기와 다를 때 어디를 기준으로 표시할지 설정합니다. 뷰보다 작을 때는 뷰의 여백이 보일 수 있습니다. 뷰보다 클 때는 뷰 영역을 벗어나는 부분은 표시되지 않습니다.

「Supporting Files」를 오른쪽 버튼을 클릭하면 나타나는 메뉴에서 [Add Files to "프로젝트명"…]을 선택합니다. 다이얼로그가 표시되면 「Copy items into destination group's folder (if needed)」를 체크하고(그림이 다른 폴더에 들어 있어서 프로젝트 폴더로 복사하고 싶을 때 사용합니다), [Add] 버튼을 눌러서 그림을 추가합니다.

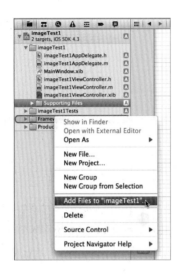 

One Point!

- 「Copy items into destination group's folder (if needed)」를 체크를 한다는 것은 「만약 그림 파일이 다른 폴더에 있으면, 현재 프로젝트의 폴더로 복사한다」는 의미입니다.

  그림 파일이 복사되므로 하드디스크 사용량이 증가하지만, 프로젝트에서 사용하는 파일을 전부 프로젝트 폴더로 모을 수 있습니다. 이렇게 하면 프로젝트를 다른 맥에 복사하거나, 프로젝트를 전부 복사해서 다른 버전을 만들 때 관리하기 쉽습니다.

- 그림은 1024×1024보다 큰 그림은 사용할 수 없으므로, 1024×1024 이하인 그림을 준비합니다.

- 「Supporting Files」를 오른쪽 버튼으로 클릭하면 나타나는 메뉴에서 [Add Files to "프로젝트명"…]을 선택하는 방법 외에 그림 파일을 그대로 「Supporting Files」 위로 드래그 앤 드롭하는 방법으로도 그림을 추가할 수도 있습니다.

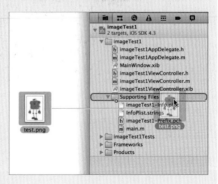

지원되는 그림 파일 형식은
다음과 같습니다.

그림 파일 형식	확장자
Portable Network Graphic (PNG)	.png
Tagged Image File Format (TIFF)	.tiff, .tif
Joint Photographic Experts Group (JPEG)	.jpeg, .jpg
Graphic Interchange Format (GIF)	.gif
Windows Bitmap Format (DIB)	.bmp, .BMPf
Windows Icon Format	.ico
Windows Cursor	.cur
XWindow bitmap	.xbm

▶▶ 속성에서 설정하거나 확인할 수 있는 것

◉ 그림 설정

이미지 뷰에 표시하는 그림을 설정할 때는 image 속성을 이용합니다.

> 이미지 뷰.image = 그림:

예 Resources 안의 그림(test.jpg)을 표시합니다.

```
01  myImageView.image = [UIImage imageNamed: @"test.jpg"];
```

이 그림을 표시해주세요.

Image View

이미지 뷰.image = 그림;

● 확대, 축소 방법 설정

뷰의 크기와 표시할 그림의 크기가 다를 때 확대, 축소 방법을 설정하려면 contentMode 속성을 이용합니다.

```
이미지 뷰. contentMode = 확대, 축소 방법;
```

확대, 축소 방법

UIViewContentModeScaleToFill	가변 비율로 전부 표시
UIViewContentModeScaleAspectFit	고정 비율로 전부 표시
UIViewContentModeScaleAspectFill	고정 비율로 넘치게 표시
UIViewContentModeCenter	중심 기준
UIViewContentModeTop	상단 기준
UIViewContentModeBottom	하단 기준
UIViewContentModeLeft	좌측 기준
UIViewContentModeRight	우측 기준
UIViewContentModeTopLeft	좌상단 기준
UIViewContentModeTopRight	우상단 기준
UIViewContentModeBottomLeft	좌하단 기준
UIViewContentModeBottomRight	우하단 기준

예 가로, 세로 비율을 유지한 채 어느 한쪽이 범위를 벗어나도 뷰를 채우도록 표시합니다.

```
01  myImageView.contentMode = UIViewContentModeScaleAspectFit;
```

「리소스 그림을 표시합니다(소스 코드 미사용)」

난이도 : ★☆☆☆☆
제작 시간 : 1분

먼저 Xcode에 그림을 등록해놓고, 인터페이스 빌더에서 이미지 뷰를 배치한 후, Xcode에 등록한 그림을 지정해서 표시하도록 만듭니다.

---

1 새 프로젝트를 만듭니다.

Xcode를 실행하고 「Create a new Xcode project」를 선택한 후, 「View-based Application」을 선택합니다.

[Next] 버튼을 클릭한 후 「Project Name」과 「Company Identifier」를 설정하고 다시 [Next]를 클릭하여 저장합니다. 여기서는 프로젝트명을 「imageTest1」로, 회사 식별자를 「com.myname」으로 지정했습니다.

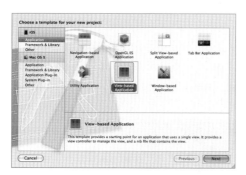 

---

2 Xcode에 그림을 등록합니다.

「Supporting Files」를 오른쪽 버튼으로 클릭하면 나타나는 메뉴에서 [Add Files to "imageTest1"…]을 선택합니다. 다이얼로그가 표시되면 「Copy items into destination group's folder (if needed)」를 체크하고, [Add] 버튼을 눌러서 그림을 등록합니다. 여기서는 robot.jpg라는 그림을 등록합니다.

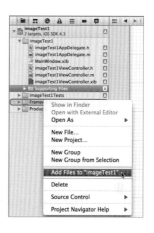

3 내비게이터 영역에서 「imageTest1ViewController.xib」를 클릭하여 인터페이스 빌더를 표시한 후, 메뉴에서 [View] – [Utilities] – [Object Library]를 선택합니다.

---

4 UIImageView를 배치합니다.
인터페이스 빌더의 [Object Library]에서 「Image View」를 「View」로 드래그하고, 상하좌우의 점들을 이용해서 크기를 조정합니다. [Attributes Inspector] 패널의 「Image」 풀다운 메뉴에서 앞에서 등록한 그림을 선택합니다.

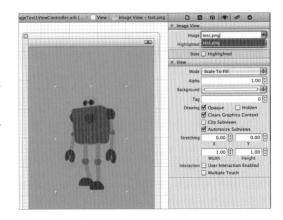

---

5 시뮬레이터에서 실행합니다.
[Scheme]의 풀다운 메뉴에서 「Simulator」를 선택하고, [Run] 버튼을 눌러서 실행합니다.
iOS 시뮬레이터가 시작되고, 프로그램이 실행됩니다.

「리소스 그림을 표시합니다(소스 코드 사용)」

난이도 : ★☆☆☆☆
제작 시간 : 3분

먼저 Xcode에 그림을 등록해놓고, 인터페이스 빌더에서 이미지 뷰를 배치한 후, 소스 에디터로 「버튼을 탭하면 그림을 표시하는 프로그램」을 만듭니다.

【개요】

먼저, 인터페이스 빌더에서 이미지 뷰와 버튼을 만듭니다.

다음으로, 이 이미지 뷰와 버튼을 프로그램에서 처리할 수 있게 준비합니다. 「이미지 뷰명(변수)」과 「버튼을 탭했을 때 실행할 기능명(메소드명)」을 헤더 파일(.h)에 만들고, 인터페이스 빌더에서 만든 이미지 뷰와 버튼을 「연결」합니다.

마지막으로, 프로그램 부분을 구현 파일(.m)에 작성합니다. 버튼을 탭했을 때 실행할 기능(메소드)을 만들고 이미지 뷰명에 그림을 설정하면, 앱의 이미지 뷰에 그림을 표시할 수 있습니다.

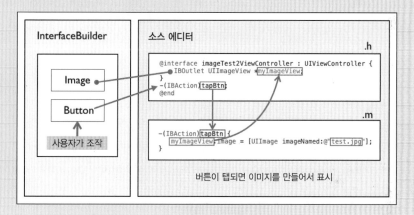

무슨 의미인가요?

「버튼이 탭되어 tapBtn이 호출되면, myImageView에 test.jpg 그림을 표시합니다.」

1 새 프로젝트를 만듭니다.

Xcode를 실행하고「Create a new Xcode project」를 선택한 후,「View-based Application」을 선택합니다.

[Next] 버튼을 클릭한 후「Project Name」과「Company Identifier」를 설정하고 다시 [Next]를 클릭하여 저장합니다. 여기서는 프로젝트명을「imageTest2」로, 회사 식별자를「com.myname」으로 지정했습니다.

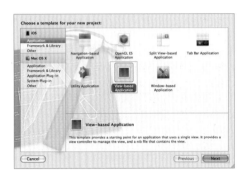 

---

2 Xcode에 그림을 등록합니다.

「Supporting Files」를 오른쪽 버튼으로 클릭하면 나타나는 메뉴에서 [Add Files to "imageTest2"…]를 선택합니다. 다이얼로그가 표시되면「Copy items into destination group's folder (if needed)」를 체크하고, [Add] 버튼을 눌러서 그림을 추가합니다. 여기서는 test.jpg라는 그림을 등록합니다.

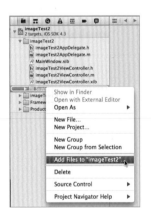

test.jpg

3 인터페이스 빌더를 표시합니다.

여러 파일이 생성되어 있는데, 그 중「imageTest2ViewController.xib」를 클릭하여 인터페이스 빌더를 표시한후, 메뉴에서 [View] – [Utilities] – [Object Library]를 선택합니다.

---

4 인터페이스 빌더에서 이미지 뷰와 버튼을 만듭니다.

인터페이스 빌더의 [Object Library]에서 「Image View」와 「Round Rect Button」을 「View」로 드래그합니다. 레이블은 문자열을 표시할 수 있을 정도로 크기를 설정해 둡니다.

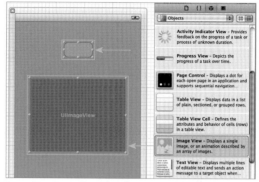

Image View, Round Rect Button을 View로 드래그

---

5 소스 에디터로 이미지 뷰명과 버튼을 눌렀을 때 실행할 메소드명을 만듭니다.

.h 파일(imageTest2ViewController.h)을 선택합니다. .h 파일에는 이미 여러 가지 소스 코드가 입력되어 있습니다. @interface … { ~ } 사이의 행과 } 다음 행에 다음과 같은 코드를 추가합니다. 추가한 후에는 파일을 저장합니다.

```
01  IBOutlet UIImageView *myImageView;
```

```
01  -(IBAction) tapBtn;
```

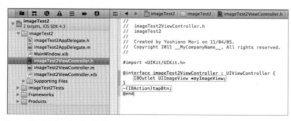

imageTest2ViewController.h

6 「이미지 뷰명과 인터페이스 빌더에서 만든 이미지 뷰를 연결」합니다.

「imageTest2ViewController.xib」를 클릭해서 인터페이스 빌더를 표시하고, Dock의 「File's Owner」를 오른쪽 버튼으로 클릭합니다.

「myImageView」오른쪽에 있는 「○」를 드래그해서 선을 잡아늘려 배치한 이미지 뷰로 드래그합니다. 이렇게 하면 「Xcode에서 만든 이미지 뷰명과 인터페이스 빌더에서 만든 이미지 뷰가 연결」됩니다.

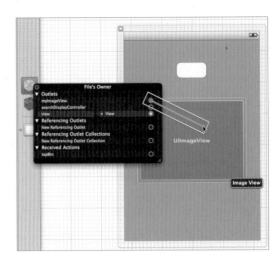

---

7 「메소드명과 인터페이스 빌더에서 만든 버튼을 연결」합니다.

Dock의 「File's Owner」를 오른쪽 버튼으로 클릭합니다. 「Received Action」 항목에서 「tapBtn」 오른쪽에 있는 「○」를 드래그해서 선을 잡아늘려 앞서 배치한 「버튼」으로 드래그합니다. 이때 표시되는 액션 리스트에서 「Touch Up Inside」를 선택합니다.

이렇게 하면 「Xcode에서 만든 메소드명과 인터페이스 빌더에서 만든 버튼이 연결」됩니다.

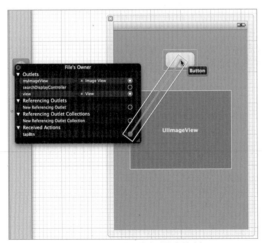

메소드명 오른쪽에 있는 ○를 드래그해서 버튼에 연결

8 소스 에디터로 이미지 뷰에 그림을 설정하는 프로그램을 만듭니다.

.m 파일(imageTest2ViewController.m)을 선택합니다. .m에는 이미 여러 가지 소스 코드가 작성되어 있습니다. @implementation 다음 행에 다음과 같은 코드를 추가합니다.

```
01  - (IBAction) tapBtn {
02      myImageView.image = [UIImage imageNamed:@"test.jpg"];
03  }
```

imageTest2ViewController.m

---

9 시뮬레이터에서 실행합니다.

[Sheme]의 풀다운 메뉴에서 「Simulator」를 선택하고, [Run] 버튼을 눌러서 실행합니다.

iOS 시뮬레이터가 시작되고, 프로그램이 실행됩니다.

책갈피 애니메이션 : UIImageView의 기능을 이용한 애니메이션

책갈피 애니메이션이란?

누구나 한번쯤은 교과서의 여백에 조금씩 형태가 변하도록 (여러 페이지에 걸쳐서) 그림을 그려놓고 책을 들고 파라락 넘기면 애니메이션처럼 보이는 장난을 한 기억이 있을 것입니다. 이런 식으로 어설픈(간단한) 애니메이션을 만든다고 하여 책갈피라는 이름을 붙여 보았습니다. 그런 장난을 한 기억이 없는 분은 지금이라도 한번 해보시길 권유합니다. 애니메이션의 원리를 알 수 있는 방법입니다.

이미지 뷰UIImageView에는 여러 그림을 순서대로 표시하는 기능이 있습니다. 이 기능을 이용하면 책갈피 애니메이션을 만들 수 있습니다.

몇 장 정도로 구성된 책갈피 애니메이션을 만들고 싶을 때 사용합니다.

애니메이션을 표시

Lecture **책갈피 애니메이션을 만드는 방법**

인터페이스 빌더만으로는 UIImageView를 이용한 책갈피 애니메이션을 만들 수 없습니다. 먼저 프로그램에서 설정하고 나서 애니메이션으로 만듭니다.

▶▶ 이미지 뷰 만들기

먼저 인터페이스 빌더에서 이 미지 뷰를 만듭니다. [Object Library]에서 「Image View」를 「View」로 드래그해서 배치하고, 상하좌우의 점들을 드래그해서 적절한 크기로 만듭니다.

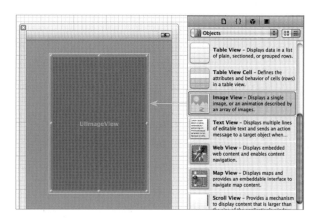

▶▶ 그림 등록

「Supporting Files」를 오른쪽 버튼으로 클릭하면 나타나는 메뉴에서 [Add Files to "프로젝트명"…]을 선택합니다.
다이얼로그가 표시되면 「Copy items into destination group's folder (if needed)」를 체크하고, [Add] 버튼을 눌러서 그림을 등록합니다.

메소드에서 애니메이션 배열을 작성합니다.

「Supporting Files」에 추가한 「파일명」으로 이미지 데이터를 만듭니다. 이미지 데이터를 만들 때는 UIImage의 imageNamed 메소드를 사용합니다. 이 이미지 데이터를 배열에 넣어서 책갈 피 애니메이션을 만들 준비를 합니다.

```
NSArray *그림 배열 = [NSArray arrayWithObjects:
    [UIImage imageNamed:@"파일명1"],
    [UIImage imageNamed:@"파일명2"],
    nil];
```

예 test1.jpg, test2.jpg로 구성된 imageArray 그림 배열을 만듭니다.

```
01  NSArray *imageArray = [NSArray arrayWithObjects:
02      [UIImage imageNamed:@"test1.jpg"],
03      [UIImage imageNamed:@"test2.jpg"],
04      nil];
```

메소드 안에 애니메이션을 설정합니다.

◉ 이미지 데이터 설정

작성한 이미지 데이터의 배열을 설정하려면 animationImages 속성을 사용합니다. 여기에 설정한 그림이 순서대로 책갈피 애니메이션으로 재생됩니다.

```
이미지 뷰.animationImages = 그림 배열;
```

예 myImageView에 imageArray 그림 배열을 설정합니다.

```
01  myImageView.animationImages = imageArray;
```

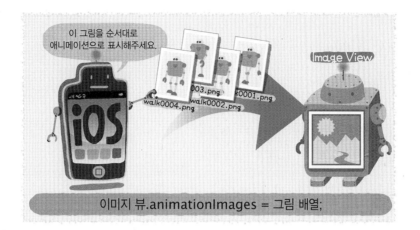

◉ 애니메이션 속도 설정

애니메이션의 속도는 배열 안의 애니메이션을 한 번 재생하는 데 걸리는 시간으로, animation Duration 속성에 초 단위로 설정합니다.

```
이미지 뷰.animationDuration = 애니메이션 속도;
```

⒞ myImageView의 애니메이션 전체를 한 번 재생하는 시간으로 1초를 설정합니다.

```
01  myImageView.animationDuration = 1.0;
```

◉ 애니메이션 재생 횟수 설정

애니메이션의 재생 횟수는 animationRepeatCount 속성에 횟수를 설정하여 지정합니다. 지정한 횟수의 애니메이션이 끝나면, image 속성으로 지정한 이미지를 표시하고 정지합니다.
0을 설정하면 영원히 재생을 반복합니다.

```
이미지 뷰.animationRepeatCount = 애니메이션 재생 횟수;
```

⒞ myImageView의 애니메이션 재생 횟수를 3회로 설정합니다.

```
01  myImageView.animationRepeatCount = 3;
```

설정한 애니메이션을 재생할 때는 startAnimating 메소드를 실행합니다.

```
[이미지 뷰 startAnimating];
```

예 myImageView의 애니메이션을 재생합니다.

```
01  [myImageView startAnimating];
```

재생 중인 애니메이션을 정지할 때는 stopAnimating 메소드를 실행합니다.

```
[이미지 뷰 stopAnimating];
```

예 myImageView의 애니메이션을 재생을 정지합니다.

```
01  [myImageView stopAnimating];
```

Practice

「버튼을 탭하면 애니메이션을 재생합니다」

난이도 : ★☆☆☆☆
제작 시간 : 5분

Xcode에 그림을 등록하고, 인터페이스 빌더에서 이미지 뷰를 배치하여 소스 에디터로 「버튼을 탭하면 애니메이션을 재생하는 프로그램」을 만듭니다.

【개요】

먼저, Xcode에서 그림을 등록합니다. 다음으로, 인터페이스 빌더에서 「이미지 뷰」와 「버튼」을 만듭니다.
다음으로, 이 이미지 뷰와 버튼을 프로그램에서 처리할 수 있게 준비합니다. 「이미지 뷰명(변수)」과 「버튼을 탭했을 때 실행할 기능명(메소드명)」을 헤더 파일(.h)에 만들고, 인터페이스 빌더에서 만든 이미지 뷰와 버튼을 「연결」합니다.
마지막으로, 프로그램 부분을 구현 파일(.m)에 작성합니다. 버튼을 탭했을 때 실행할 기능(메소드)을 만들고, 이미지 뷰에 책갈피 애니메이션을 재생합니다.

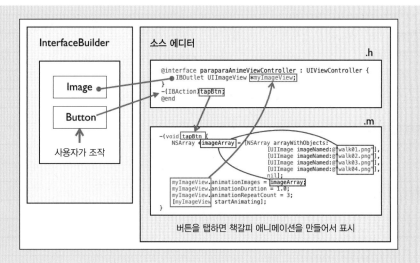

```
InterfaceBuilder          소스 에디터                                              .h

    Image          @interface paraparaAnimeViewController : UIViewController {
                       IBOutlet UIImageView *myImageView;
                   }
    Button         -(IBAction)tapBtn;
                   @end
   사용자가 조작
                                                                                .m
                   -(void) tapBtn {
                       NSArray *imageArray = [NSArray arrayWithObjects:
                                               [UIImage imageNamed:@"walk01.png"],
                                               [UIImage imageNamed:@"walk02.png"],
                                               [UIImage imageNamed:@"walk03.png"],
                                               [UIImage imageNamed:@"walk04.png"],
                                               nil];

                       myImageView.animationImages = imageArray;
                       myImageView.animationDuration = 1.0;
                       myImageView.animationRepeatCount = 3;
                       [myImageView startAnimating];
                   }

                   버튼을 탭하면 책갈피 애니메이션을 만들어서 표시
```

무슨 의미인가요?

「버튼이 탭되어 tapBtn이 호출되면 walk01.png ~ walk04.png로 구성된 그림 배열을 myImageView에 설정하고, 1초 동안 재생되는 애니메이션을 3회 재생합니다.」

---

1 새 프로젝트를 만듭니다.

Xcode를 실행하고 「Create a new Xcode project」를 선택한 후, 「View-based Application」을 선택합니다.

[Next] 버튼을 클릭한 후 「Project Name」과 「Company Identifier」를 설정하고 다시 [Next]를 클릭하여 저장합니다. 여기서는 프로젝트명을 「paraparaAnime」으로, 회사 식별자를 「com.myname」으로 지정했습니다.

2 Xcode에 그림을 등록합니다.

「Supporting Files」를 오른쪽 버튼으로 클릭하면 나타나는 메뉴에서 [Add Files to "프로젝트명"…]을 선택합니다. 다이얼로그가 표시되면 「Copy items into destination group's folder (if needed)」를 체크하고, [Add] 버튼을 눌러서 그림을 등록합니다. 여기서는 walk01.png, walk02.png, walk03.png, walk04.png 파일을 등록했습니다.

walk01.png∼walk04.png 파일

---

3 새 프로젝트를 작성하면 여러 기본 파일이 생성되어 있는데, 그 중에서 「paraparaAnimeViewController.xib」를 클릭하여 인터페이스 빌더를 표시한 후, 메뉴에서 [View] - [Utilities] - [Object Library]를 선택합니다.

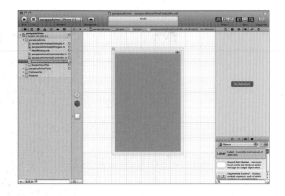

4 인터페이스 빌더에서 이미지 뷰와 버튼을 만듭니다.
인터페이스 빌더의 [Object Library]에서 「Image View」와 「Round Rect Button」을 「View」로 드래그합니다.

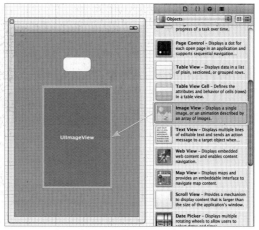

Image View, Round Rect Button을 View로 드래그

- -

5 소스 에디터에서 이미지명과 버튼을 탭했을 때 실행할 메소드명을 만듭니다.
.h 파일(paraparaAnimeViewController.h)을 선택합니다.
@interface … { ~ } 사이의 행과 } 다음 행에 각각 다음과 같은 코드를 추가합니다. 추가한 후에는 파일을 저장합니다.

```
01  IBOutlet UIImageView *myImageView;
```

```
01  - (IBAction) tapBtn;
```

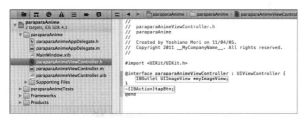

paraparaAnimeViewController.h

6 「이미지 뷰명과 인터페이스 빌더에서 만
든 이미지 뷰를 연결」합니다.
「parapараAnimeViewController.xib」
를 클릭해서 인터페이스 빌더를 표시
하고, Dock의 「File's Owner」를 오른
쪽 버튼으로 클릭합니다. 앞에서 만든
「myImageView」 오른쪽에 있는 「○」를 드
래그해서 선을 잡아늘려 이미지 뷰로 드
래그합니다. 이렇게 하면 「Xcode에서 만
든 이미지 뷰명과 인터페이스 빌더에서
만든 이미지 뷰가 연결」됩니다.

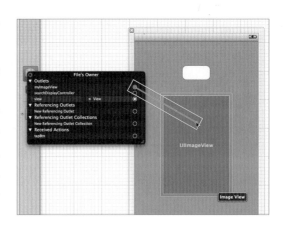

---

7 「메소드명과 인터페이스 빌더에서 작성한 버튼을 연결합니다.
계속해서 Dock의 「File's Owner」를 오른쪽 버튼으로 클릭합니다.
「Received Action」 항목에서 「tapBtn」이라는 메소드명 오른쪽에 있는 「○」를 드래그해서 선을 잡아
늘려 버튼에 연결합니다. 이때 표시되는 액션 리스트에서 「Touch Up Inside」를 선택합니다.
이렇게 하면 「Xcode에서 만든 메소드명과 인터페이스 빌더에서 만든 버튼이 연결」됩니다.

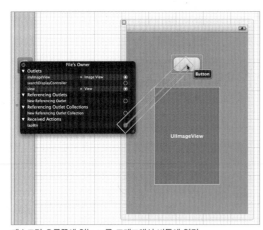

메소드명 오른쪽에 있는 ○를 드래그해서 버튼에 연결

8 소스 에디터에서 이미지 뷰에 그림을 설정하는 프로그램을 만듭니다.
.m 파일(paraparaAnimeViewController.m)을 선택합니다. .m 파일에는 이미 여러 가지 소스 코드
가 작성되어 있습니다. @implementation 다음 행에 다음과 같은 코드를 추가합니다.

```
01  -(void)tapBtn {
02    NSArray *imageArray = [NSArray arrayWithObject:
03      [UIImage imageNamed:@"walk01.png"],
04      [UIImage imageNamed:@"walk01.png"],
05      [UIImage imageNamed:@"walk01.png"],
06      [UIImage imageNamed:@"walk01.png"],
07      nil];
08    myImageView.animationImages = imageArray;
09    myImageView.animationDuration = 1.0;
10    myImageView.animationRepeatCount = 3;
11    [myImageView startAnimating];
12  }
```

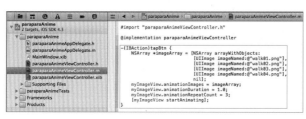

paraparaAnimeViewController.m

---

9 시뮬레이터에서 실행합니다.
[Scheme]의 풀다운 메뉴
에서 「Simulator」를 선택
하고, [Run] 버튼을 눌러
서 실행합니다.
iOS 시뮬레이터가 시작되
고 프로그램이 실행됩니다.
버튼을 탭하면 책갈피 애니
메이션이 3회 재생됩니다.

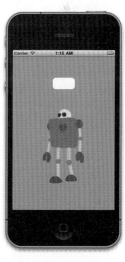

그림과 애니메이션 처리 **195**

간이 애니메이션 : UIView의 기능을 이용한 애니메이션

레이블이나 버튼 또는 이미지 뷰 같은 컨트롤을 배치하는 무대가 되는 뷰UIView는 배치한 오브젝트의 위치와 크기, 회전 각도, 투명도 등을 부드러운 애니메이션을 사용해서 변경할 수 있는 기능을 제공합니다.

「최초 상태」로부터 「최종 상태」로 단순한 변화만 시킬 수 있지만, 간단한 애니메이션을 만들 때 편리합니다.

Lecture **간이 애니메이션을 만드는 방법**

UIView를 이용한 간이 애니메이션은 프로그램에서 설정하여 만듭니다.

▶▶ 애니메이션 작성 개요

애니메이션은 다음과 같은 순서로 만듭니다.

1 컨트롤의 초기 상태 설정
2 애니메이션 설정
3 컨트롤의 결과 상태 설정
4 애니메이션 시작

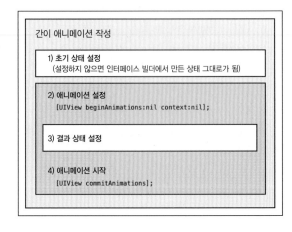

간이 애니메이션 작성

1) 초기 상태 설정
(설정하지 않으면 인터페이스 빌더에서 만든 상태 그대로가 됨)

2) 애니메이션 설정
`[UIView beginAnimations:nil context:nil];`

3) 결과 상태 설정

4) 애니메이션 시작
`[UIView commitAnimations];`

레이블이나 버튼, 이미지 뷰와 같은 컨트롤은 화면에 표시되는 것이므로, UIView의 특성을 갖추고 있습니다(UIView 클래스를 상속하고 있다고 말합니다).
따라서 모두 UIView와 같은 특성을 갖추고 있으므로 위치나 크기, 회전 속도, 투명도 등의 설정을 할 수 있습니다.

◉ 위치 설정

위치를 설정하려면 center 속성을 사용합니다.
CGPoint 형식으로 컨트롤의 중심점 x, y 좌표를 설정합니다.

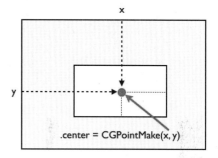

```
컨트롤.center = CGPointMake(x, y);
```

🄰 이미지 뷰의 위치를 100, 200으로 설정합니다.

```
01  myImageView.center = CGPointMake(100, 200);
```

◉ 크기 설정

크기를 설정하려면 frame 속성을 사용합니다.
CGRect 형식으로 컨트롤의 상하 x, y 좌표와 폭, 높이를 설정합니다.

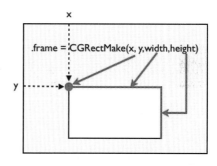

```
컨트롤.frame = CGRectMake(x, y, width, height);
```

🄰 이미지 뷰의 위치를 100, 200, 크기를 300, 400으로 설정합니다.

```
01  myImageView.center = CGRectMake(100, 200, 300, 400);
```

◉ 회전 각도 설정

회전 각도를 설정하려면 transform 속성을 사용합니다.
CGAffineTransform 형식으로「어떤 식으로 변형할 것인지」지정합니다.

CGAffineTransformMakeRotation(라디안 각도)로 회전시킬 수 있고, CGAffineTransformMakeTranslation(x, y)로 위치를, CGAffineTransformMakeScale(x배율, y배율)로 크기를 변경할 수 있습니다.

```
컨트롤.transform = CGAffineTransformMakeRotation(radian);
```

ⓐ 이미지 뷰의 회전 각도를 45도로 설정합니다.

```
01  myImageView.transform = CGAffineTransformMakeRotation(45.0 * M_PI / 180.0);
```

● 투명도 설정

투명도를 설정하려면 alpha 속성을 사용합니다.
완전히 투명하게 만들려면 0.0을, 완전히 불투명하게 만들려면 1.0을 설정합니다.

```
컨트롤.alpha = 투명도;
```

ⓐ 이미지 뷰의 투명도를 50%로 설정합니다.

```
01  myImageView.alpha = 0.5;
```

- -

▶▶ 2 애니메이션 설정

애니메이션 설정을 시작하려면 beginAnimations 메소드를 실행합니다.
beginAnimations와 commitAnimations 메소드 사이에 설정된 상태를 사용해서 애니메이션을 실행합니다.

```
[UIView beginAnimations:nil context:nil];
```

ⓐ 애니메이션 설정을 시작합니다.

```
01  [UIView beginAnimations:nil context:nil];
```

◉ 애니메이션 속도 설정

애니메이션의 속도는 setAnimationDuration 메소드를 이용해 초 단위로 설정합니다.

```
[UIView setAnimationDuration: 초];
```

예 애니메이션의 속도를 2초로 설정합니다.

```
01 [UIView setAnimationDuration: 2];
```

◉ 애니메이션 재생 횟수 설정

애니메이션의 재생 횟수는 setAnimationRepeatCount 메소드를 사용해서 설정합니다.

```
[UIView setAnimationRepeatCount: 애니메이션 재생 횟수];
```

예 애니메이션의 재생 횟수를 3회로 설정합니다.

```
01 [UIView setAnimationRepeatCount: 3];
```

◉ 애니메이션 시작 시까지의 지연 시간 설정

애니메이션 시작 시까지의 지연 시간은 setAnimationDelay 메소드를 사용해서 초 단위로 설정합니다.

```
[UIView setAnimationDelay: 초];
```

예 애니메이션을 시작할 때까지 2초 기다립니다.

```
01 [UIView setAnimationDelay: 2];
```

◉ 애니메이션의 가속, 감속 설정

애니메이션의 가속, 감속은 setAnimationCurve 메소드로 설정합니다. 기본값은 UIView AnimationCurveEaseInOut(가속하면서 시작하고 감속하면서 종료)입니다.

```
[UIView setAnimationCurve: 가속, 감속 설정];
```

가속, 감속 방법

UIViewAnimationCurveEaseInOut	가속하면서 시작하고 감속하면서 종료
UIViewAnimationCurveEaseIn	가속하면서 시작
UIViewAnimationCurveEaseOut	감속하면서 종료
UIViewAnimationCurveLinear	등속

예 애니메이션을 등속으로 실행하도록 설정합니다.

```
01 [UIView setAnimationCurve: UIViewAnimationCurveLinear];
```

▶▶ 4 애니메이션 시작

설정한 애니메이션을 재생하려면 UIView의 commitAnimations 메소드를 실행합니다.
이 메소드를 실행하면 beginAnimations 이전에 설정된 상태에서 이후에 설정된 상태로 부드
러운 간이 애니메이션으로 변하게 할 수 있습니다.

```
[UIView commitAnimations];
```

예 애니메이션 재생을 시작합니다.

```
01 [UIView commitAnimations];
```

「버튼을 탭하면 애니메이션을 재생합니다」

인터페이스 빌더에서 버튼과 레이블을 배치하고, 소스 에디터에서 「버튼을 탭하면 레이블을 이동시키는 프로그램」을 만듭니다.

【개요】

먼저 인터페이스 빌더에서 「레이블」을 만듭니다.

다음으로, 이 레이블을 프로그램에서 처리할 수 있게 준비합니다. 「레이블명(변수)」을 헤더 파일(.h)에 만들고, 인터페이스 빌더에서 만든 레이블과 「연결」합니다.

마지막으로, 프로그램 부분을 구현 파일(.m)에 작성합니다. 앱 화면이 준비되었을 때(viewDidLoad) 레이블에 문자열을 설정하면 앱의 레이블에 문자열을 표시할 수 있습니다.

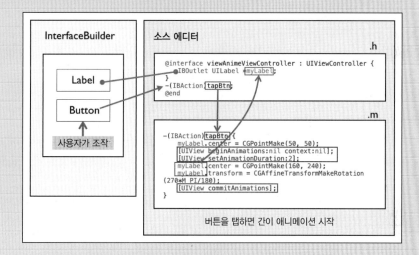

무슨 의미인가요?

「버튼이 탭되어 tapBtn이 호출되면 myLabel을 50, 50 위치로부터 160, 240 위치까지 270도 회전시키면서 2초 사이에 이동시키는 애니메이션을 재생합니다.」

1 새 프로젝트를 만듭니다.

Xcode를 실행하고 「Create a new Xcode project」를 선택한 후, 「View-based Application」을 선택합니다.

[Next] 버튼을 클릭한 후 「Project Name」과 「Company Identifier」를 설정하고 다시 [Next]를 클릭하여 저장합니다. 여기서는 프로젝트명을 「viewAnime」으로, 회사 식별자를 「com.myname」으로 지정했습니다.

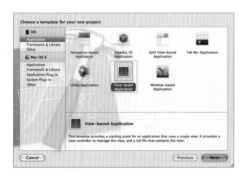 

2 인터페이스 빌더를 표시합니다.

새 프로젝트를 만들면 여러 기본 파일이 생성되는데, 그 중에서 「viewAnimeViewController.xib」를 클릭하여 인터페이스 빌더를 표시한 후, 메뉴에서 [View] – [Utilities] – [Object Library]를 선택합니다.

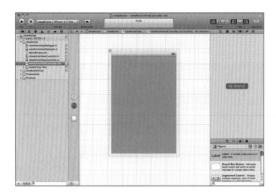

3 인터페이스 빌더에서 레이블을 만듭니다.

인터페이스 빌더의 [Object Library]에서 「Round Rect Button」과 「Label」을 「View」로 드래그합니다. 레이블은 문자열을 표시할 수 있을 정도로 크기를 설정해둡니다.

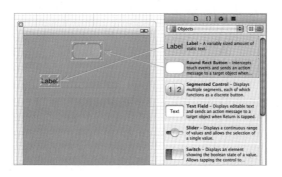

---

4 소스 에디터로 레이블명과 버튼을 탭했을 때 실행할 메소드명을 만듭니다.

.h 파일(viewAnimeViewController.h)을 선택합니다. .h 파일에는 이미 여러 가지 소스 코드가 입력되어 있습니다. @interface…{ ~ } 사이의 행과 } 다음 행에 다음과 같은 코드를 추가합니다. 추가한 후에는 파일을 저장합니다.

```
01  IBOutlet UILabel *myLabel;
```

```
01  -(IBAction) tapBtn;
```

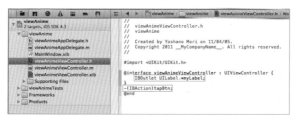

viewAnimeViewController.h

5 「레이블명과 인터페이스 빌더에서 만든 레이블을 연결」합니다.

「viewAnimeViewController.xib」를 클릭해서 인터페이스 빌더를 표시하고, Dock의 「File's Owner」를 오른쪽 버튼으로 클릭합니다. 앞에서 만든 「myLabel」이라는 레이블명 오른쪽에 있는 「○」를 드래그해서 선을 잡아늘려 「레이블」로 드래그합니다. 이렇게 하면 「Xcode에서 만든 레이블명과 인터페이스 빌더에서 만든 레이블이 연결」됩니다.

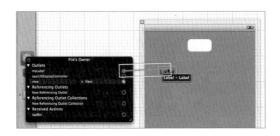

---

6 「메소드명과 인터페이스 빌더에서 만든 버튼을 연결」합니다.

Dock의 「File's Owner」를 오른쪽 버튼으로 클릭합니다. 「Received Action」 항목에서 「tapBtn」 오른쪽에 있는 「○」를 드래그해서 선을 잡아늘려 버튼에 연결합니다. 이때 표시되는 액션 리스트에서 「Touch Up Inside」를 선택합니다.

이렇게 하면 「Xcode에서 만든 메소드명과 인터페이스 빌더에서 만든 버튼이 연결」됩니다. 연결을 완료하면 파일을 저장합니다.

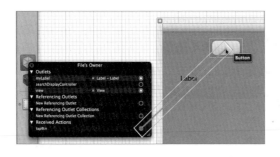

---

7 소스 에디터로 버튼을 탭하면 애니메이션을 실행하는 프로그램을 만듭니다.

.m 파일(viewAnimeViewController.m)을 선택합니다.

@implementation 다음 행에 다음과 같은 코드를 추가합니다. 레이블을 좌상단에서 중앙으로 회전시키면서 이동시키는 프로그램입니다.

```
01  - (IBAction) tapBtn {
02      myLabel.center = CGPointMake(50, 100);
03      [UIView beginAnimations:nil context:nil];
04      [UIView setAnimationDuration:2];
05      myLabel.center = CGPointMake(160, 240);
06      myLabel.transform = CGAffineTransformMakeRotation(270 * M_PI / 180);
07      [UIView commitAnimations];
08  }
```

viewAnimeViewController.m

---

8 시뮬레이터에서 실행합니다.

[Scheme]의 풀다운 메뉴에서 「Simulator」를 선택하고, [Run] 버튼을 눌러서 실행합니다.

iOS 시뮬레이터가 시작되고 프로그램이 실행됩니다.

버튼을 탭하면 레이블이 화면 좌상단에서 중앙으로 회전하면서 이동합니다.

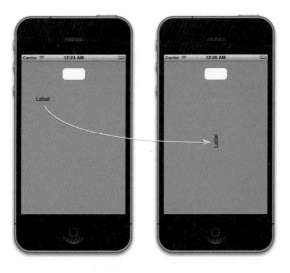

타이머 애니메이션 :
NSTimer를 이용한 애니메이션

NSTimer를 이용하면 「일정 시간이 경과하면 작업을 수행」하
는 스톱워치 기능이나, 「일정 시간마다 작업을 수행」하는 인
터벌 타이머와 같은 기능을 만들 수 있습니다.
이 「일정 시간마다 작업을 수행」하는 기능을 사용해서 컨트롤
을 조금씩 변하게 하면 애니메이션을 만들 수 있습니다.
UIView를 사용한 간이 애니메이션에서는 「초기 상태로부터
결과 상태로의 변화」만 애니메이션으로 만들 수 있었지만,
NSTimer를 사용하면 좀 더 복잡한 애니메이션을 만들 수 있
습니다.

타이머를 사용하여
조금씩 움직이는
애니메이션

UIView

Lecture NSTimer로 애니메이션을 만드는 방법

NSTimer를 사용할 때는 프로그램에서 설정하여 애니메이션으로 만듭니다.

▶▶ 애니메이션 작성 개요

NSTimer를 이용한 애니메이션은 다음과 같은 순서로 만듭니다.

1 타이머 설정
2 타이머에서 호출할 메소드 작성

NSTimer를 만들 때는 타이머의 카운트 단위, 끝났을 때 호출할 메소드가 있는 장소, 호출할 메소드, 타이머를 반복할지 여부 등의 초기 설정을 해야 합니다.

scheduledTimerWithTimeInterval에 타이머의 카운트 단위를 설정합니다.

호출할 메소드는 직접 만듭니다. 이 메소드를 타이머에 설정하려면 우선 target으로 self를 설정합니다. 다시 말해 target으로 self를 지정하면, 타이머가 완료되었을 때 타이머가 보내는 완료 통지가 self(즉, 지금 프로그램을 작성하고 있는 장소 = 함수 = 메소드)로 전달됩니다. 이 상태에서 selector:@selector()에 메소드명을 설정하면, 타이머가 움직일 때마다 지정한 메소드가 호출됩니다.

반복해서 타이머가 동작하게 하고 싶을 때는 repeat에 YES를 설정합니다. NO를 설정하면 한 번만 재생하므로, 애니메이션이 되지 않습니다.

```
NSTimer *타이머 = [NSTimer
    scheduledTimerWithTimeInterval:초
    target:self
    selector:@selector(메소드명:)
    userinfo:nil
    repeats:YES];
```

예 0.1초마다 myAnime 메소드를 호출합니다.

```
01  NSTimer *타이머 = [NSTimer
02      scheduledTimerWithTimeInterval:0.1
03      target:self
04      selector:@selector(myAnime:)
05      userinfo:nil
06      repeats:YES];
```

타이머에서 사용할 메소드를 만듭니다.

먼저, 헤더 파일(.h)에 메소드명을 선언해둡니다. 타이머가 호출하는 메소드이므로 타이머의 정보를 인수로 받게 해두는 것이 좋습니다.

◑ myAnime이라는 메소드명을 작성합니다.

```
01  -(void) myAnime: (NSTimer *)timer;
```

계속해서 구현 파일(.m)에 실제 메소드를 작성합니다.

◑ myAnime이라는 메소드를 작성합니다(.m).

```
01  -(void) myAnime: (NSTimer *)timer {
02      // 타이머에서 실행할 처리
03  }
```

「레이블이 계속 움직이는 애니메이션」

난이도 : ★★☆☆☆
제작 시간 : 5분

인터페이스 빌더에서 레이블을 배치하고, 소스 에디터로 「타이머로 레이블을 계속 움직이게 하는 프로그램」을 만듭니다.

【개요】

먼저, 인터페이스 빌더에서 레이블을 만듭니다.

다음으로, 이 레이블을 프로그램에서 처리할 수 있게 준비합니다. 「레이블명(변수)」과 「타이머가 호출할 기능명 (메소드명)」을 헤더 파일(.h)에 만들고, 인터페이스 빌더에서 만든 레이블과 「연결」합니다.

마지막으로, 프로그램 부분을 구현 파일(.m)에 작성합니다. 앱 화면이 준비되면(viewDidLoad) 타이머를 실행 해서 메소드를 호출하게 합니다. 메소드는 쉬지 않고 레이블을 움직이게 합니다.

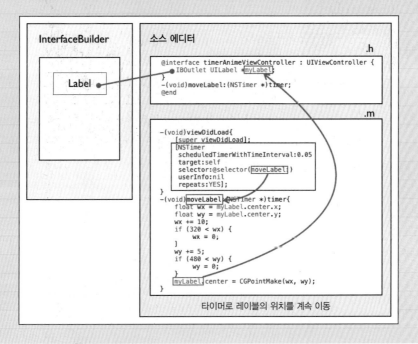

InterfaceBuilder

Label

소스 에디터

```
@interface timerAnimeViewController : UIViewController {
    IBOutlet UILabel *myLabel;
}
-(void)moveLabel:(NSTimer *)timer;
@end
```
.h

```
-(void)viewDidLoad{
    [super viewDidLoad];
    [NSTimer
    scheduledTimerWithTimeInterval:0.05
    target:self
    selector:@selector(moveLabel:)
    userInfo:nil
    repeats:YES];
}
-(void)moveLabel:(NSTimer *)timer{
    float wx = myLabel.center.x;
    float wy = myLabel.center.y;
    wx += 10;
    if (320 < wx) {
        wx = 0;
    }
    wy += 5;
    if (480 < wy) {
        wy = 0;
    }
    myLabel.center = CGPointMake(wx, wy);
}
```
.m

타이머로 레이블의 위치를 계속 이동

그림과 애니메이션 처리 **209**

1 새 프로젝트를 만듭니다.

Xcode를 실행하고 「Create a new Xcode project」를 선택한 후, 「View-based Application」을 선택합니다.

[Next] 버튼을 클릭한 후 「Project Name」과 「Company Identifier」를 설정하고 다시 [Next]를 클릭하여 저장합니다. 여기서는 프로젝트명을 「timerAnime」으로, 회사 식별자를 「com.myname」으로 지정했습니다.

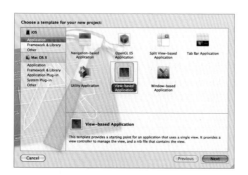 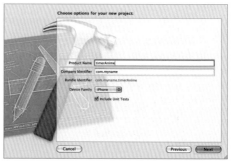

---

2 인터페이스 빌더를 표시합니다.

새 프로젝트를 만들면 여러 기본 파일이 생성되는데, 그 중에서 「timerAnime ViewController.xib」를 클릭하여 인터페이스 빌더를 표시한 후, 메뉴에서 [View] – [Utilities] – [Object Library]를 선택합니다.

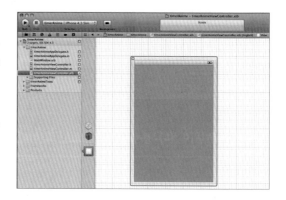

---

3 인터페이스 빌더에서 레이블을 만듭니다.

인터페이스 빌더의 [Object Library]에서 「Label」을 「View」로 드래그합니다.

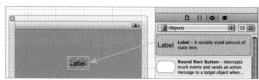

Label을 View로 드래그

4 소스 에디터로 레이블명과 타이머가 호출할 기능명(메소드명)을 만듭니다.

.h 파일(timerAnimeViewController.h)을 선택합니다. .h 파일에는 이미 여러 가지 소스 코드가 입력되어 있습니다. @interface…{ ~ } 사이의 행에 레이블명을, } 다음 행에 메소드명을 추가합니다. 추가한 후에는 파일을 저장합니다.

```
01  IBOutlet UILabel  *myLabel;
```

```
01  -(void) moveLabel : (NSTimer *)timer;
```

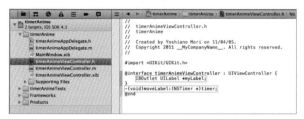

timerAnimeViewController.h

---

5 「레이블명과 인터페이스 빌더에서 만든 레이블을 연결」합니다.

「timerAnimeViewController.xib」를 클릭해서 인터페이스 빌더를 표시하고, Dock의 「File's Owner」를 오른쪽 버튼으로 클릭합니다. 그러면 앞에서 만든 「myLabel」이라는 레이블명이 표시되는데, 그 오른쪽에 있는 「○」를 드래그해서 선을 잡아늘려 레이블에 연결합니다. 이렇게 하면 「레이블명과 인터페이스 빌더에서 만든 레이블이 연결」됩니다.

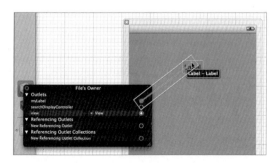

6 소스 에디터로, 타이머로 레이블을 계속 움직이게 하는 프로그램을 만듭니다.

.m 파일(timerAnimeViewController.m)을 선택합니다.

@implementation 다음 행에 다음과 같은 코드를 추가합니다. 타이머를 실행하는 부분과 타이머가 호출할 메소드입니다.

```
01  - (void)viewDidLoad {
02     [super viewDidLoad];
03     [NSTimer
04        scheduledTimerWithTimeInterval:0.05
05        target:self
06        selector:@selector(moveLabel:)
07        userInfo:nil
08        repeats:YES];
09  }
10  -(void)moveLabel:(NSTimer *)timer {
11     float wx = myLabel.center.x;
12     float wy = myLabel.center.y;
13     wx += 10;
14     if (320 < wx) {
15        wx = 0;
16     }
17     wy += 5;
18     if (480 < wy) {
19        wy = 0;
20     }
21     myLabel.center = CGPointMake(wx, wy);
22  }
```

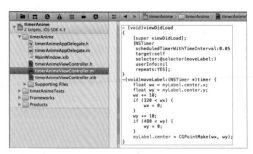

timerAnimeViewController.m

무슨 의미인가요?

「타이머를 이용해 0.05초 간격으로 moveLabel 이라는 메소드를 호출합니다. moveLabel에서는 레이블의 위치를 살펴서 조금 오른쪽 아래로 이동시키고, 화면을 벗어날 것 같으면 반대쪽으로 이동시킵니다.」

7 시뮬레이터에서 실행합니다.

[Scheme]의 풀다운 메뉴에서 「Simulator」를 선택하고, [Run] 버튼을 눌러서 실행합니다.

iOS 시뮬레이터가 시작되고 프로그램이 실행됩니다.

레이블이 화면 오른쪽 하단으로 움직입니다.

7장
아이폰에 걸맞은
기능 구현

아이폰 앱은 대부분 아이폰에 걸맞은, 아이폰다운 기능을 갖추고 있습니다. 지금은 너무나 대중화되어 아이폰만의 기능이라고 말하기는 어렵지만, 아이폰 앱이라면 당연히 갖추고 있을 것이라고 여기는 기능 중에서도 가장 아이폰에 어울리는 방법(아이폰을 회전시켰을 때 앱 화면을 같이 회전시키는 방법, 아이폰의 기울기를 조사하거나 현재 위치나 방향을 조사하는 방법, 지도를 표시하는 방법 등)에 대해 설명하겠습니다.

아이폰의 회전에 대응하기 :
아이폰을 옆으로 눕혔을 경우의 처리

아이폰을 눕히거나 세웠을 때 화면의 방향도 같이 회전하는 기능을 만들 수 있습니다.

「아이폰의 회전에 맞춰서 자동으로 화면을 회전시키는 기능」을 만들 때 사용할 수 있는 라이브러리가 아이폰에 이미 준비되어 있습니다. 바로 UIViewController 클래스(레이블이나 버튼 등의 컨트롤이 배치된 뷰를 제어하는 클래스)로, 이를 이용하면 쉽게 구현할 수 있습니다.

그러나 화면이 회전해서 가로나 세로로 길어지면, 가로/세로의 위치가 맞지 않아 배치된 컨트롤이 화면을 벗어나거나 아무것도 표시되지 않는 여백이 생길 수 있습니다. 그러므로 개발자가 미리 「방향을 바꿨을 때 어떻게 표시할 것인가」를 생각해서 화면의 레이아웃을 조정해야 합니다.

Lecture 아이폰의 회전에 대응하는 방법

▶▶ 화면의 회전에 대응한 레이아웃 만들기

인터페이스 빌더에서 배치한 컨트롤은 메뉴에서 [Editor] – [Simulate Document]를 선택했을 때 등장하는 iOS 시뮬레이터에서 확인해볼 수 있습니다.

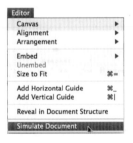

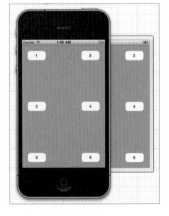

iOS 시뮬레이터의 메뉴에서 [Hardware] – [Rotate Left]나 [Hardware] – [Rotate Right]를 선택하면 가로 방향, 세로 방향을 전환할 수 있어서 레이아웃의 변화를 확인할 수 있습니다.

 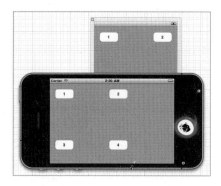

이번에는 텍스트 뷰를 배치해보겠습니다. 화면을 가득 채운 크기로 배치되어, 아이폰 본체를 옆으로 눕혀도 오른쪽에 여백이 생기지도 않고, 화면 가득 옆으로 늘어난 크기로 표시됩니다.

가로

세로

이와 같이 「방향이 바뀌었을 때 레이아웃을 어떻게 조정할 것인가」를 설정하는 것이 인터페이스 빌더의 「Size Inspector」입니다.

◉ Size Inspector 설정

[Size Inspector]는 메뉴에서 [View] – [Utilities] – [Size Inspector]를 선택하면 표시됩니다. [Size Inspector]에는 여러 가지 설정 항목이 있는데, 그 중에서 「Autosizing」을 사용해서 레이아웃을 조정합니다.

「Autosizing」의 바깥쪽 사각형(ㅁ)은 화면을 나타내고, 안쪽 사각형(ㅁ)은 컨트롤을 나타냅니다.

바깥쪽 사각형(ㅁ)과 안쪽 사각형(ㅁ) 사이에 있는 I형 선으로 위치를 조정합니다.

실선(ON)이면, 「위치 고정 ON」이 되고, 점선(OFF)이면, 「위치 고정 OFF: 지정 비율에 따라 레이아웃 변경」이 됩니다.

그리고 안쪽 사각형은 안에 있는 화살표로 크기를 조정합니다.

실선(ON)이면 「Expansion ON」이 되어 크기가 변경되고, 점선(OFF)이면, 「Expansion OFF: 고정 크기」가 됩니다.

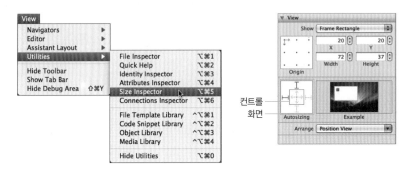

◉ 위치 고정 ON/OFF 전환

예를 들어, 버튼을 화면 중앙 부근에 배치합니다. 기본 상태에서는 아이폰을 옆으로 눕히면 좌측 정렬이 되어버립니다.

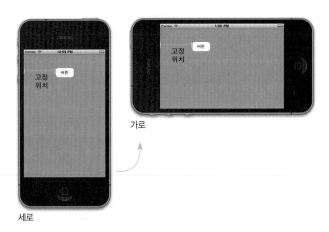

이는 버튼이 좌상단의 위치에서 「위치 고정 ON」으로 되어 있기 때문입니다. 이 상태에서 [Size Inspector]의 「Autosizing」에서 왼쪽 선을 클릭해서 점선으로(클릭할 때마다 ON/OFF 전환) 바꾸면, 왼쪽이 「위치 고정 OFF: 지정 비율에 따라 레이아웃 변경」이 됩니다.

이렇게 해두면 옆으로 눕혔을 때 세로 방향에서 설정했을 때와 마찬가지로 중앙에 표시됩니다.

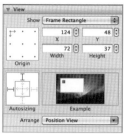
좌상단 위치 고정

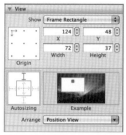
좌우의 비율에 맞춰 레이아웃 조정

옆으로 눕히면 버튼이 좌우의 중앙에 배치되게 합니다

● Expasion ON/OFF 전환

이번에는 이미지 뷰를 배치해보겠습니다. 기본 상태에서는 아이폰을 옆으로 눕히면 그림이 옆으로 늘어납니다.

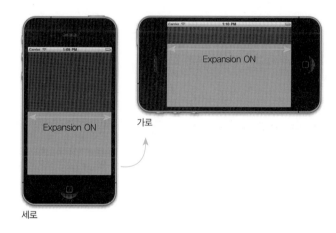

「Autosizing」의 안쪽 사각형(ㅁ) 안에 있는 화살표 선을 점선으로 바꾸면「Expansion OFF: 고정 크기」가 되어 옆으로 눕혀도 늘어나지 않고, 원래 크기로 표시됩니다.

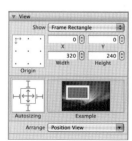
Expansion ON

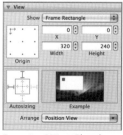
Expansion OFF : 고정 크기

옆으로 눕혀도 원래 크기로 표시

이와 같이 화면의 크기가 변경되었을 때, 「컨트롤의 위치를 고정하는 게 좋은지, 화면의 비율에 맞춰 조정하는 게 좋은지」, 「컨트롤의 크기를 변경하는 게 좋은지, 변경하지 않는 게 좋은지」 등을 잘 고려해서 방향을 바꿨을 때도 화면 표시가 이상해지는 경우가 없도록 레이아웃을 작성합니다.

▶▶ 아이폰의 회전에 맞춰 화면을 자동으로 옆으로 눕히기

아이폰의 회전에 맞춰 화면을 자동으로 눕히는 기능을 활성화하려면(화면을 회전시키는 기능은 이미 갖추어져 있습니다), shouldAutorotateToInterfaceOrientation이라는 델리게이트 메소드를 사용합니다.
구체적으로는 「xxxViewController.m」 파일에 다음과 같은 코드를 작성합니다.

```
- (BOOL) shouldAutorotateToInterfaceOrientation:
(UIInterfaceOrientation)interfaceOrientation {
    return YES;
}
```

다시 말해 아이폰을 회전시키면 실행 중인 앱에서 「아이폰을 회전시켰을 때 화면도 같이 회전시킬까요?」라는 질문이 발생하는데(델리게이트 메소드), 이 질문에 YES라고 답하면 「아이폰을 회전시켰을 때 화면을 같이 회전시키는 기능」이 활성화되어 작동합니다.
일반적으로는 이 메소드가 없는 상태(즉, 기본값은 질문에 대한 답이 NO)이므로, YES로 지정해주지 않으면 화면은 회전하지 않습니다.

🅒 아이폰의 회전에 맞춰 자동으로 화면이 회전하게 만듭니다.

```
01  - (BOOL) shouldAutorotateToInterfaceOrientation: (UIInterfaceOrientation) interfaceOrientation {
02      return YES;
03  }
```

회전 기능을 활성화시키고, 화면이 옆으로 회전했을 때의 레이아웃도 적절하게 조정하면 가로 방향에도 대응된 앱을 만들 수 있습니다.

「아이폰의 회전에 맞춰 화면 회전시키기」

난이도 : ★☆☆☆☆
제작 시간 : 3분

인터페이스 빌더에서 버튼과 텍스트 뷰를 만들고, 버튼은 좌우의 중앙에, 텍스트 필드는 화면 폭을 가득 채운 크기로 배치합니다. 다음으로, 소스 에디터에서 「아이폰의 회전에 맞춰 화면을 회전시키는 기능」을 활성화해서 작성합니다.
이 샘플은 방향을 바꾸는 것이 목적이므로 버튼은 동작하지 않습니다(표시 상태를 보여주려고 배치).

인터페이스 빌더에서 버튼과 텍스트 필드를 만듭니다.
다음으로, 버튼은 좌우 위치 고정을 OFF시키고, 텍스트 필드는 좌우 Expansion을 ON으로 해줍니다. 마지막으로, 프로그램 부분을 구현 파일(.m)에 작성합니다. 아이폰의 회전에 맞춰 자동으로 화면을 회전시키는 메소드를 추가하고 YES를 리턴합니다.

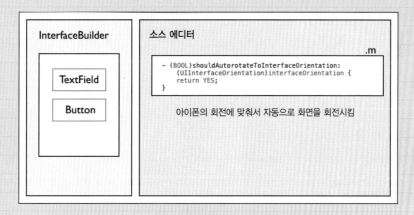

InterfaceBuilder

TextField

Button

소스 에디터

.m

```
- (BOOL)shouldAutorotateToInterfaceOrientation:
    (UIInterfaceOrientation)interfaceOrientation {
    return YES;
}
```

아이폰의 회전에 맞춰서 자동으로 화면을 회전시킴

무슨 의미인가요?

「아이폰을 회전시켰을 때 화면도 회전시킬까요?」「예, 회전시켜주세요.」

1 새 프로젝트를 만듭니다.

Xcode를 실행하고 「Create a new Xcode project」를 선택한 후, 「View-based Application」을 선택합니다.

[Next] 버튼을 클릭한 후 「Project Name」과 「Company Identifier」를 설정하고 다시 [Next]를 클릭하여 저장합니다. 여기서는 프로젝트명을 「autoRotate」로, 회사 식별자를 「com.myname」으로 지정했습니다.

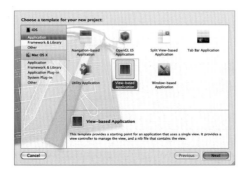 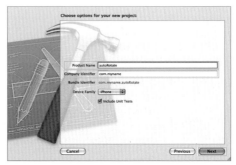

2 인터페이스 빌더를 표시합니다.

새 프로젝트를 생성하면 여러 기본 파일이 생성되는데, 그 중에서 「autoRotate ViewController.xib」를 클릭하여 인터페이스 빌더를 표시한 후, 메뉴에서 [View] – [Utilities] – [Object Library]를 선택합니다.

3 인터페이스 빌더의 [Object Library]에서 「Round Rect Button」과 「Text Field」를 「View」로 드래그합니다.

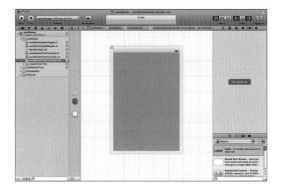

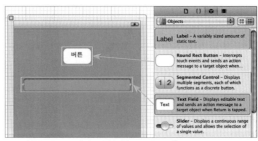

Round Rect Button과 Text Field를 View로 드래그

4 버튼을 중앙에 배치하고 [View] –
[Utilities] – [Size Inspector]를 선택한 다
음, 좌우 위치 고정을 OFF로 설정합니다.

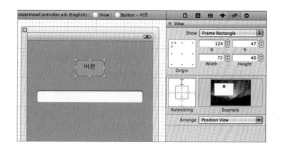

5 텍스트 필드를 좌우로 가득 차게 배치하고
[View] – [Utilities] – [Size Inspector]를
선택한 다음, 좌우 Expansion을 ON으로
설정합니다.

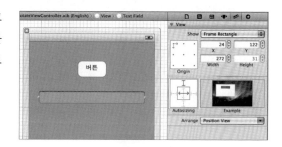

6 소스 에디터에서 회전을 활성화시키는 프로그램을 작성합니다.
.m 파일(autoRotateViewController.m)을 선택합니다.
.m 파일에는 이미 여러 가지 소스 코드가 작성되어 있습니다. @implementation 다음 행에 다음과
같은 코드를 추가합니다.

```
01  - (BOOL)shouldAutorotateToInterfaceOrientation:(UIInterfaceOrientation)interfaceOrientation {
02      return YES;
03  }
```

autoRotateViewController.m

7 시뮬레이터에서 실행합니다.

[Scheme]의 풀다운 메뉴에서 「Simulator」를 선택하고, [Run] 버튼을 눌러서 실행합니다.

iOS 시뮬레이터가 실행되고, 프로그램(앱)이 실행됩니다.

메뉴에서 [Hardware] - [Rotate Left]를 선택하면 시뮬레이터를 옆으로 눕힐 수 있습니다.

UIAccelerometer : 아이폰의 기울기 조사하기

가속도 센서_{UIAccelerometer}를 사용하면 아이폰이 기운 정도(기울기)를 알아낼 수 있습니다. 아이폰을 기울여서 뭔가를 조작할 때 사용합니다.

아이폰에 가속도가 걸렸을 때(기울였을 때)마다 아이폰에서 「기울었습니다」라고 통지하는데, 그때마다 가속도 센서의 「기울기 정도」를 조사하면 기울어진 상태를 알 수 있습니다.

Lecture 가속도 센서 사용법

가속도 센서를 사용할 때는 다음과 같은 순서로 프로그램을 작성합니다.

1 가속도 센서를 사용할 준비하기

2 가속도 센서 설정하기

3 가속도 센서의 상태를 수신하여 기울기 얻기

▶▶ **1** 가속도 센서를 사용할 준비하기

가속도 센서UIAccelerometer를 사용하려면 미리 헤더 파일(.h)에 가속도 센서를 사용할 것이라고 선언해두어야 합니다.
헤더 파일(.h)의 @interface 부분에서 { 앞에 「〈UIAccelerometerDelegate〉」를 추가합니다.

예 testViewController.h에서 가속도 센서를 사용할 준비를 합니다.

```
01  @interface testViewController : UIViewController <UIAccelerometerDelegate> {
```

- -

▶▶ **2** 가속도 센서 설정하기

우선 가속도 센서를 준비합니다.
가속도 센서는 아이폰에 내장되어 있으므로, 만드는 것이 아니고 사용하면 됩니다. 즉, 「가속도 센서를 공유하는 메소드」인 sharedAccelerometer를 사용하여 가속도 센서의 사용권을 얻어옵니다.

```
UIAccelerometer *accelerometer = [UIAccelerometer sharedAccelerometer];
```

그런 다음, 앞에서 얻은 가속도 센서가 기울기를 감지할 시간 간격을 설정하고, 값의 통지처를 self로 설정합니다.

```
accelerometer.updateInterval = 초;
accelerometer.delegate = self;
```

예 0.05초마다 기울기를 조사하도록 설정합니다.

```
01  UIAccelerometer *ac = [UIAccelerometer sharedAccelerometer];
02  ac.updateInterval = 0.05;
03  ac.delegate = self;
```

> **One Point!**
>
> 가속도 체크는 아이폰에 부하를 주는 동작입니다. 따라서 시간 간격을 너무 짧게 하면 더 많은 부하가 걸리므로, 필요한 최소 한도의 시간 간격으로 설정해야 합니다. 또 사용할 필요가 없어졌을 때는 delegate에 nil을 설정하여 가속도 센서를 리셋해놓아야(꺼두어야) 합니다. 불필요한 부하는 배터리 소모를 빠르게 하는 원인이 됩니다.

예 사용을 마치면, 가속도 센서를 꺼둡니다(자신이 사용한 부분만).

```
01  UIAccelerometer *ac = [UIAccelerometer sharedAccelerometer];
02  ac.delegate = nil;
```

▶▶ 3 가속도 센서의 상태를 수신하여 기울기 얻기

가속도 센서로 기울기를 얻을 때는 가속도 센서의 delegate에 self를 설정해놓고, 나중에 accelerometer의 「didAccelerate: acceleration」이라는 메소드를 사용해서 조사합니다.

다시 말해 delegate에 self를 설정해놓으면, 가속도 센서가 기울기를 감지했을 때(이벤트가 발생했을 때) 해당 사실을 통지받는 곳이 self(지금 프로그램을 작성하고 있는 장소)가 됩니다(이벤트를 받는 곳이 self). 이곳에 「didAccelerate: acceleration」이라는 메소드가 호출되도록 작성해놓으면, 「아이폰의 기울기를 감지했을 때」 self(지금 프로그램을 작성하고 있는 상소, 클래스 등)로 통지되어 (이벤트가 넘어오게 되므로) 이 메소드가 호출됩니다.

```
– (void) accelerometer : (UIAccelerometer *)accelerometer
didAccelerate : (UIAcceleration *)acceleration {
    // 아이폰의 기울기를 조사할 때 실행할 처리
}
```

이 메소드 안에서 인수 acceleration의 속성을 조사하면 기울기를 알 수 있습니다.

acceleration의 속성

acceleration.x	가로 방향 가속도(좌 : −1.0, 우 : 1.0)
acceleration.y	세로 방향 가속도(하 : −1.0, 상 : 1.0)
acceleration.z	전후 방향 가속도(뒤 : −1.0, 앞 : 1.0)

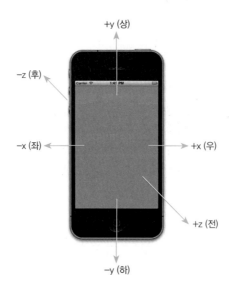

예 아이폰의 좌우/상하/전후 방향 가속도를 레이블에 표시합니다.

```
01  -(void)accelerometer:(UIAccelerometer *)accelerometer
    didAccelerate:(UIAcceleration *)acceleration {
02      xLabel.text = [NSString stringWithFormat:@"x=%f", acceleration.x];
03      yLabel.text = [NSString stringWithFormat:@"y=%f", acceleration.y];
04      zLabel.text = [NSString stringWithFormat:@"z=%f", acceleration.z];
05  }
```

가속도 센서는 문자 그대로 가속도를 감지하는 센서인데, 어떻게 해서 기울기를 알 수 있나요?

가속도 센서는 가속도를 감지하여 아이폰을 오른쪽으로 움직이면(화면을 정면으로 했을 때), acceleration.x가 플러스 방향으로 변하고(숫자가 변함), 왼쪽으로 움직이면 acceleration.x가 마이너스 방향으로 변합니다. 따라서 「힘이 작용한 방향」을 감지할 수 있습니다.

오른쪽 방향 가속도

그런데, 사실은 아이폰을 움직이지 않고 가만히 있어도 가속도 센서의 여러 측정 값 중에서 상당히 변하는 값이 있습니다. 왜 그럴까요? 이는 「지구에는 중력이 있어서 항상 밑으로 잡아당기는 힘이 작용」하기 때문입니다.

아이폰의 정면을 위쪽으로 해서 책상 위에 올려놓으면, 아이폰의 뒤쪽으로 중력이 작용하므로, acceleration.z가 마이너스 방향으로 변합니다(감소).

지구의 중력

이 상태에서 아이폰을 그림처럼 오른쪽으로 기울이면 아이폰의 오른쪽을 향해 중력이 작용하므로, acceleration.x가 플러스 방향으로 변합니다(증가).

오른쪽 방향 가속도

또 아이폰을 그림처럼 아래로 기울이면 아이폰의 아래쪽을 향해 중력이 작용하므로, acceleration.y가 마이너스 방향으로 변합니다(감소).

다시 말해 가속도 센서는 가속도를 감지하지만, 지구의 중력을 아래쪽으로 작용하는 가속도라고 생각하면 아이폰의 기울기도 알아낼 수 있습니다.

아래 방향 가속도

Practice

난이도 : ★☆☆☆☆
제작 시간 : 5분

「아이폰의 기울기를 수치로 표시합니다」

인터페이스 빌더에서 레이블을 배치하고, 소스 에디터에서 「가속도를 표시하는 프로그램」을 만듭니다. 시뮬레이터에서는 가속도를 감지할 수 없습니다. 따라서 이 샘플은 아이폰 본체에서 테스트해야 합니다.

【개요】

먼저, 인터페이스 빌더에서 레이블 3개를 만듭니다.

다음으로, 이 레이블들을 프로그램에서 처리할 수 있게 준비합니다. 「레이블명(변수)」을 헤더 파일(.h)에 만들고, 인터페이스 빌더에서 만든 레이블과 「연결」합니다.

마지막으로 프로그램 부분을 구현 파일(.m)에 작성합니다. 가속도를 감지하면 레이블에 가속도 정보를 표시합니다.

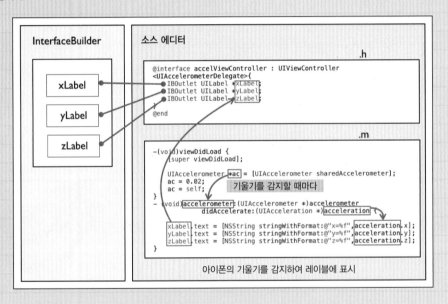

무슨 의미인가요?

「0.02초 간격으로 가속도를 감지하기 시작하고 가속도를 감지할 때마다 x, y, z 값을 세 레이블 각각에 표시합니다.」

1 새 프로젝트를 만듭니다.

Xcode를 실행하고 「Create a new Xcode project」를 선택한 후, 「View-based Application」을 선택합니다.

[Next] 버튼을 클릭한 후 「Project Name」과 「Company Identifier」를 설정하고 다시 [Next]를 클릭하여 저장합니다. 여기서는 프로젝트명을 「accelTest」로, 회사 식별자를 「com.myname」으로 지정했습니다.

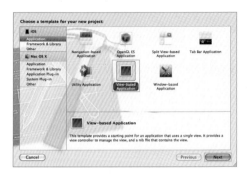 

2 인터페이스 빌더를 표시합니다.

새 프로젝트를 작성하면 여러 기본 파일이 생성되는데, 그 중에서 「accelTest ViewController.xib」를 클릭하여 인터페이스 빌더를 표시한 후, 메뉴에서 [View] - [Utilities] - [Object Library]를 선택합니다.

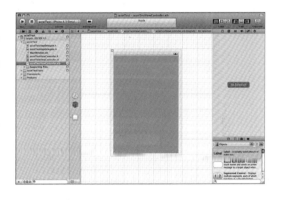

3 인터페이스 빌더에서 레이블을 만듭니다.

인터페이스 빌더의 [Object Library]에서 「Label」을 「View」로 3번 드래그해서 레이블 3개를 작성합니다.

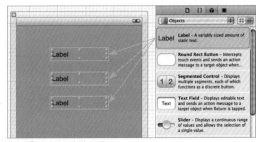

Label을 View로 세 번 드래그

4 소스 에디터에서 레이블명 3개를 만듭니다.

.h 파일(accelTestViewController.h)을 선택합니다. 가속도 센서를 이용하므로, 우선 @interface 행의 마지막을 수정합니다. 다음으로, @interface … { ~ } 사이의 행에 다음과 같은 코드를 추가합니다. 추가한 후에는 파일을 저장합니다.

```
01  @interface accelTestViewController : UIViewController <UIAccelerometerDelegate> {
02      IBOutlet UILabel *xLabel;
03      IBOutlet UILabel *yLabel;
04      IBOutlet UILabel *zLabel;
```

accelTestViewController.h

---

5 「레이블명과 인터페이스 빌더에서 만든 레이블을 연결」합니다.

「accelTestViewController.xib」를 클릭해서 인터페이스 빌더를 표시하고, Dock의 「File's Owner」를 오른쪽 버튼으로 클릭합니다. 그러면 앞에서 만든 「xLabel」, 「yLabel」, 「zLabel」이라는 레이블명이 표시됩니다. 각 레이블명 오른쪽에 있는 「○」를 드래그해서 선을 잡아늘려 각 레이블에 연결합니다. 이렇게 하면 「XCode에서 만든 레이블명과 인터페이스 빌더에서 만든 레이블이 연결」됩니다.

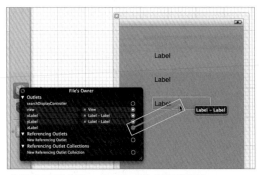

레이블명 오른쪽에 있는 ○를 드래그해서 레이블에 연결

6 소스 에디터에서 가속도를 조사하는 프로그램을 만듭니다.

.m 파일(accelTestViewController.m)을 선택합니다.

.m 파일에는 이미 여러 가지 소스 코드가 작성되어 있습니다. @implementation 다음 행에 다음과 같은 코드를 추가합니다.

```
01  - (void)viewDidLoad {
02      [super viewDidLoad];
03
04      UIAccelerometer *accelerometer = [UIAccelerometer sharedAccelerometer];
05      accelerometer.updateInterval = 0.02;
06      accelerometer.delegate = self;
07  }
08  - (void)accelerometer:(UIAccelerometer *)accelerometer didAccelerate:(UIAcceleration *)acceleration {
09      xLabel.text = [NSString stringWithFormat:@"x=%f", acceleration.x];
10      yLabel.text = [NSString stringWithFormat:@"y=%f", acceleration.y];
11      zLabel.text = [NSString stringWithFormat:@"z=%f", acceleration.z];
12  }
```

accelTestViewController.m

7 아이폰 본체에서 실행합니다(아이폰 본체에서의 실행에 관한 자세한 설명은 12장에서 다룹니다).
아이폰을 맥에 연결한 후 [Scheme]의 풀다운 메뉴에서 「iOS Device(아이폰을 연결하면 해당 아이폰의 명칭으로 변합니다)」를 선택하고 [Run] 버튼을 눌러서 실행합니다.

연결된 아이폰에서 프로그램(앱)이 실행됩니다.

아이폰의 정면이 위를 향하게 하여 책상 위에 놓으면, x와 y가 거의 0이 되고, z는 거의 −1이 됩니다(정면에서 뒤쪽으로 중력이 작용하기 때문입니다).

아이폰의 윗부분이 위를 향하게 세워놓으면, x와 z가 거의 0이 되고, y는 거의 −1이 됩니다(위쪽에서 아래쪽으로 중력이 작용하기 때문입니다).

아이폰의 정면이 위를 향하게 하여 책상 위에 놓은 상태

아이폰의 윗부분이 위를 향하게 세워놓은 상태

실제 기기에서 테스트하기 P424

「기울이면 볼이 굴러가는 장남감」

난이도 : ★★☆☆☆
제작 시간 : 10분

인터페이스 빌더에서 볼 이미지를 배치하고, 소스 에디터에서 「상하좌우 기울기를 감지하여, 해당 방향으로 볼을 굴러가게 하는 프로그램」을 만듭니다. 시뮬레이터에서는 (가속도 센서를 사용할 수 없으므로) 이 샘플을 정상적으로 작동시킬 수 없습니다. 따라서 아이폰 본체에서 테스트해야 합니다.

【개요】

먼저, 인터페이스 빌더에서 이미지 뷰를 만들고, 볼 그림을 준비해서 등록합니다.
다음으로, 앞에서 작성한 이미지 뷰를 프로그램에서 처리할 수 있게 준비합니다. 「이미지 뷰명(변수)」을 헤더 파일(.h)에 만들고, 인터페이스 빌더에서 등록한 이미지와 「연결」합니다. 마지막으로, 프로그램 부분을 구현 파일(.m)에 작성합니다. 기울기를 감지하면 화면을 벗어나지 않는 범위에서 볼을 움직입니다.

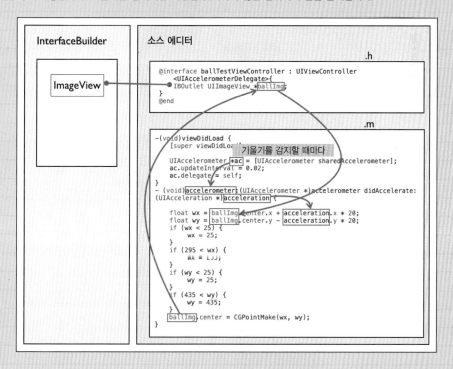

무슨 의미인가요?

「0.02초 간격으로 가속도를 감지하고, 가속도를 감지할 때마다 볼의 x, y 좌표에 상하좌우의 가속도 값을 각각 더해서 볼을 움직입니다. 그러나 화면을 벗어나려고 하면 벗어나지 않도록 화면 경계 값으로 고정시킵니다.」

1 새 프로젝트를 만듭니다.

Xcode를 실행하고 「Create a new Xcode project」를 선택한 후, 「View-based Application」을 선택합니다.

[Next] 버튼을 클릭한 후 「Project Name」과 「Company Identifier」를 설정하고 다시 [Next]를 클릭하여 저장합니다. 여기서는 프로젝트명을 「ballTest」로, 회사 식별자를 「com.myname」으로 지정했습니다.

 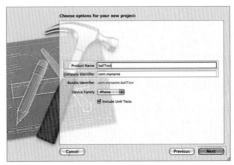

---

2 인터페이스 빌더를 실행합니다.

새 프로젝트를 작성하면 여러 기본 파일이 생성되는데, 그 중에서 「ballTestViewController.xib」를 클릭하여 인터페이스 빌더를 표시한 후, 메뉴에서 [View] - [Utilities] - [Object Library]를 선택합니다.

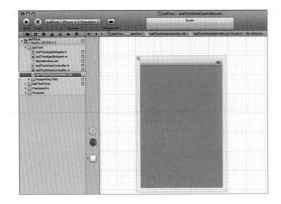

3 볼 그림(ball.png)을 마련한 후 「Groups & Files」의 「Resources」로 드래그해서 추가합니다 (「Resources」를 오른쪽 버튼으로 클릭하면 나타나는 다이얼로그에서 선택해도 됩니다).

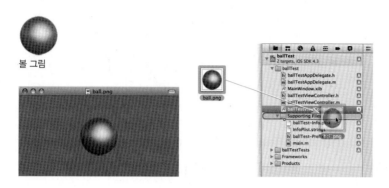

볼 그림

4 인터페이스 빌더에서 이미지 뷰를 만듭니다.

인터페이스 빌더의 [Object Library]에서 「ImageView」를 「View」로 드래그합니다. [Attributes Inspector] 패널의 풀다운 메뉴에서 「ball.png」를 선택하고, [Size Inspector] 패널에서 W, H를 각각 50으로 설정(폭과 높이를 50픽셀로 설정)합니다.

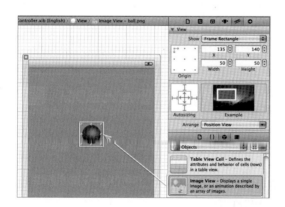

5 소스 에디터에서 가속도를 조사하는 프로그램을 만듭니다.

.h 파일(ballTestViewController.h)을 선택합니다. 가속도 센서를 사용하므로, 우선 @interface 행의 마지막을 수정합니다. 다음으로, @interface…{ ~ } 사이의 행에 다음과 같은 코드를 추가하고 파일을 저장합니다.

```
01  @interface ballTestViewController : UIViewController <UIAccelerometerDelegate> {
02      IBOutlet UIImageView *ballImg;
03  }
```

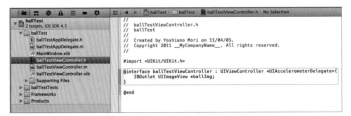

ballTestViewController.h

---

6 「이미지 뷰명과 인터페이스 빌더에서 만든 이미지 뷰를 연결」합니다.

「ballTestViewController.xib」를 클릭해서 인터페이스 빌더를 표시하고, Dock의 「File's Owner」를 오른쪽 버튼으로 클릭합니다. 그러면 앞에서 만든 「ballImg」라는 이미지 뷰명이 표시됩니다. 이미지 뷰명 오른쪽에 있는 「○」를 드래그해서 선을 잡아늘려 「이미지 뷰」에 연결합니다. 이렇게 하면 「이미지 뷰명과 인터페이스 빌더에서 만든 이미지 뷰가 연결」됩니다.

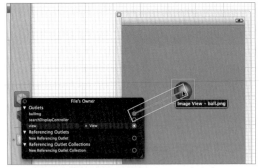

이미지 뷰명 오른쪽에 있는 ○를 드래그해서 이미지 뷰로 연결

7 소스 에디터에서 가속도로 볼을 움직이는 프로그램을 만듭니다.

.m 파일(ballTestViewController.m)을 선택합니다. .m 파일에는 이미 여러 가지 소스 코드가 작성되어 있습니다.

@implementation 다음 행에 다음과 같은 코드를 추가합니다(가속도 감지를 시작하는 코드와 가속도를 감지하면 볼을 움직이는 코드입니다). 가속도는 −1.0 ~ 1.0 사이에서 변하므로, 그대로 볼의 좌표에 더해도 위치가 거의 변하지 않습니다(소수점 이하 값을 더해도 인식하지 못하기 때문입니다). 따라서 그 값을 20배해서 볼의 좌표에 더해줍니다.

```
01  -(void)viewDidLoad {
02      [super viewDidLoad];
03
04      UIAccelerometer *accelerometer = [UIAccelerometer sharedAccelerometer];
05      accelerometer.updateInterval = 0.02;
06      accelerometer.delegate = self;
07  }
08  -(void)accelerometer:(UIAccelerometer *)accelerometer didAccelerate:(UIAcceleration *)acceleration {
09      float wx = ballImg.center.x + acceleration.x * 20;
10      float wy = ballImg.center.y - acceleration.y * 20;
11      if (wx < 25) {
12          wx = 25;
13      }
14      if (295 < wx) {
15          wx = 295;
16      }
17      if (wy < 25) {
18          wy = 25;
19      }
20      if (435 < wy) {
21          wy = 435;
22      }
23      ballImg.center = CGPointMake(wx, wy);
24  }
```

ballTestViewController.m

8 아이폰 본체에서 실행합니다(아이폰 본체에서 실행에 관한 자세한 설명은 12장에서 다룹니다).
아이폰을 맥에 연결한 다음, [Scheme]의 풀다운 메뉴에서 「iOS Device(아이폰을 연결하면 해당 아이폰의 명칭으로 변합니다)」를 선택하고 [Run] 버튼을 눌러서 실행합니다.
연결한 아이폰에서 프로그램(앱)이 실행됩니다.
아이폰을 기울이면 기울인 방향으로 볼이 굴러갑니다.

실제 기기에서 테스트하기 P424

CoreLocation.framework : 현재 위치와 방향 조사

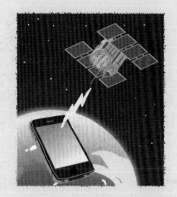

아이폰과 아이패드의 3G 모델은 GPS 기능을 탑재하고 있어 현재 위치를 알아낼 수 있습니다. 지도 정보와 함께 사용하면「지금 있는 장소(현재 위치)」를 이용하는 앱을 만들 수 있습니다. GPS라고 하면 인공 위성으로부터 전파를 수신해서 위치를 계산하거나 하지만, 아이폰 SDK에서는 어려운 계산을 하지 않아도 됩니다.

「CoreLocation 프레임워크」를 사용하면 금방 현재 위치를 파악할 수 있습니다. GPS와 와이파이wi-Fi 중 어느 것을 사용해서 조사해야 하는지도 자동으로 처리해주므로 아주 간편합니다.

> **One Point!**
>
> 와이파이 모델은 GPS를 탑재하고 있지 않지만, 와이파이의 위치 정보를 사용해 GPS만큼은 정확하지 않아도 현재 위치를 조사할 수 있습니다.

Lecture CoreLocation을 사용한 현재 위치와 방향 조사 방법

CoreLocation을 사용해서 현재 위치와 방향을 조사하려면 다음과 같은 순서로 프로그램을 작성합니다.

1 CoreLocation 프레임워크(도구상자) 추가

2 CLLocation Manager(도구) 사용 준비

3 CLLocation Manager(도구) 생성 및 설정

4 현재 위치와 방향 조사

▶▶ 1 CoreLocation 프레임워크(도구상자) 추가

「프레임워크」란 편리한 기능이 들어 있는「도구상자」와 같은 라이브러리의 일종입니다. 여기서 사용하는「CoreLocation 프레임워크」는「현재 위치를 조사하는 데 필요한 도구가 전부 들어 있는 도구상자」입니다.

프레임워크(도구상자)는 용도에 따라 여러 종류가 있지만, 편리하다고 해서 특수한 (즉, 평소에는 사용하지 않는) 도구상자까지 챙겨서 다니면 무거워서 금방 지쳐버리게 됩니다. 그래서 특수한 도구상자는 보통은 가방에 넣어두지 않고, 필요할 때만 벽장에서 꺼내어 가방에 넣어두고 사용합니다.

CoreLocation 프레임워크도 특수한 도구상자로 분류되므로, 기본으로 가방에 들어 있지 않습니다. 필요할 때 추가해서 사용합니다.

프로젝트의 [TARGETS]에서 프로젝트명을 선택하고, [Build Phases] 탭에서「Link Binary With Libraries」의 [▶] 버튼을 눌러서 연 후에, [+] 버튼을 클릭합니다. 그러면, 프레임워크의 리스트가 표시됩니다.

리스트에서「CoreLocation.framework」를 선택하고 [Add] 버튼을 누릅니다. 이렇게 하면 프로젝트에 CoreLocation 프레임워크가 추가됩니다.

▶▶ 2 CLLocationManager(도구) 사용 준비

CoreLocation 프레임워크는 도구상자이므로, 실제로 위치를 조사하는「도구」는 이 상자 안에 들어 있습니다. 위치 정보를 조사하려면 CoreLocation 프레임워크에 들어 있는 위치 정보 매니저CLLocationManager를 사용합니다.

따라서 헤더 파일(.h)에 미리 위치 정보 매니저를 사용한다는 사실을 선언해둡니다.

먼저, @interface의 앞에서 도구상자를 사용할 준비(임포트)를 합니다.

```
#import <CoreLocation/CoreLocation.h>
```

@interface의 { 앞에 「<CLLocationManagerDelegate>」를 추가합니다. 그리고 위치 정보 매니저를 처리할 변수도 추가합니다. 이것으로 준비가 완료되었습니다.

예 testViewController.h에 CoreLocation을 사용할 준비를 합니다.

```
01  #import  <CoreLocation/CoreLocation.h>
02  @interface testViewController: UIViewController
03                  <CLLocationManagerDelegate> {
04      CLLocationManager *lm;
05  }
06  @end
```

▶▶ **3** CLLocationManager(도구) 생성 및 설정

구현 파일(.m)에 위치 정보 매니저를 만들고, delegate에 self를 설정합니다. 이렇게 하면 위치 정보를 얻었을 때(이벤트가 발생했을 때)의 통지 대상(이벤트를 넘겨받는 곳)이 self(지금 프로그램을 작성하고 있는 곳, 메소드가 있는 곳)가 됩니다.

```
위치 정보 매니저 = [[CLLocationManager alloc] init];
위치 정보 매니저.delegate = self;
```

● 위치 정보의 정확도

위치 정보의 정확도는 desiredAccuracy 속성으로 설정합니다.
정확도를 높게 하면 아이폰에 걸리는 부하가 많아져서 배터리 소모가 빨라집니다. 높은 정확도가 필요없을 때는 될 수 있으면 정확도를 낮게 설정하여 아이폰에 주는 부하를 적게 하는 편이 좋습니다.

```
위치 정보 매니저.desiredAccuracy = 정확도;
```

정확도

kCLLocationAccuracyBest	최고 정확도
kCLLocationAccuracyNearestTenMeters	10m 정확도
kCLLocationAccuracyHundredMeters	100m 정확도
kCLLocationAccuracyKilometer	1km 정확도
kCLLocationAccuracyThreeKilometers	3km 정확도

위치 정보를 갱신하는 거리

위치 정보를 갱신하는 거리는 distanceFilter 속성으로 설정합니다. 「위치 정보를 갱신하는 거리」 란 아이폰을 가지고 이동할 때 어느 정도 이동하면 위치 정보를 갱신할지를 정하는 거리입니다. 조금이라도 움직였을 때 금방 갱신하도록 하려면 kCLDistanceFilterNone을 설정합니다.

```
위치 정보 매니저.distanceFilter = 갱신 거리(미터);
```

위치 정보 얻기

위치 정보 얻기를 시작하려면 startUpdatingLocation 메소드를 실행합니다.

```
[위치 정보 매니저 startUpdatingLocation];
```

방향 정보 얻기

방향 정보 얻기를 시작하려면 startUpdatingHeading 메소드를 실행합니다.

```
[위치 정보 매니저 startUpdatingHeading];
```

예 위치 정보 매니저를 생성하고 위치 정보(100m 정확도)와 방향 정보를 조사합니다.

```
01  lm = [[CLLocationManager alloc] init];
02    lm.delegate = self;
03    lm.desiredAccuracy = kCLLocationAccuracyHundredMeters;
04    lm.distanceFilter = kCLDistanceFilterNone;
05    [lm startUpdatingLocation];
06    [lm startUpdatingHeading];
```

「didUpdateToLocation: newLocation」이라는 델리게이트 메소드를 만들어두고, 그 안에서 위치 정보를 얻습니다.

startUpdatingLocation으로 위치 정보 얻기를 시작하면, 위치 정보의 통보가 시작됩니다(이벤트 발생 시작).

```
- (void) locationManager : (CLLocationManager *) manager
didUpdateToLocation : (CLLocation *) newLocation {
    // 위치 정보를 얻으면 실행할 처리
}
```

이 메소드 안에서 newLocation 속성을 살펴보면 위도와 경도를 알 수 있습니다.

newLocation 속성

newLocation.coordinate.latitude	위도
newLocation.coordinate.longitude	경도

예 위도와 경도를 레이블에 표시합니다.

```
01   -(void)locationManager:(CLLocationManager *) manager
02       didUpdateToLocation:(CLLocation *) newLocation
03       fromLocation:(CLLocation *) oldLocation {
04       latLabel.text = [NSString stringWithFormat : @"%g",
```

```
05          newLocation.coordinate.latitude];
06      lngLabel.text = [NSString stringWithFormat : @"%g",
07          newLocation.coordinate.longitude];
08 }
```

방향 정보는 「didUpdateHeading」이라는 델리게이트 메소드를 만들어두고, 그 안에서 얻습니다. startUpdatingHeading 메소드로 방향 정보 얻기를 시작하면, 방향 정보의 통지가 시작됩니다(이벤트 발생 시작).

```
– (void) locationManager : (CLLocationManager *) manager
didUpdateHeading : (CLHeading *) heading {
    // 방향 정보를 얻으면 실행할 처리
}
```

이 메소드 안에서 heading 속성을 살펴보면 「아이폰 화면의 위쪽이 가리키는 방향」을 알 수 있습니다(진북을 0도로 하는 방향).

heading 속성

heading.trueHeading	지도의 북
heading.magneticHeading	자력선의 북

예 아이폰 화면의 위쪽이 가리키는 방향을 레이블에 표시합니다.

```
01 -(void)locationManager : (CLLocationManager *) manager
02   didUpdateHeading : (CLHeading *) heading {
03   compassLabel.text = [NSString stringWithFormat : @"%g",
04       heading.magneticHeading];
05 }
```

「현재 위치의 위도와 경도, 방향을 알아냅니다」

난이도 : ★★☆☆☆
제작 시간 : 5분

인터페이스 빌더에서 레이블 2개와 「나침반 자침」 이미지를 배치하고, 소스 에디터에서 「현재 위치를 표시하고, 나침반을 회전시켜서 진북을 가리키게 하는 프로그램」을 만듭니다.
시뮬레이터에서는 (GPS를 사용할 수 없으므로) 이 샘플을 정상적으로 작동시킬 수 없습니다. 따라서 아이폰 본체에서 테스트해야 합니다.

【개요】

먼저, CoreLocation 프레임워크를 추가합니다. 다음으로, 인터페이스 빌더에서 레이블 2개와 이미지 뷰를 배치합니다. 이미지 뷰에는 나침반의 자침 이미지를 설정해놓습니다.
그 다음, 이 레이블과 이미지 뷰를 프로그램에서 처리할 수 있게 준비합니다. 「레이블명(변수)」과 「이미지 뷰명(변수)」을 헤더 파일(.h)에 만들고, 인터페이스 빌더에서 만든 레이블, 이미지 뷰와 「연결」합니다.
마지막으로, 프로그램 부분을 구현 파일(.m)에 작성합니다. 위치 정보를 레이블에 표시하고, 방향 정보를 참조하여 이미지 뷰를 회전시킵니다.

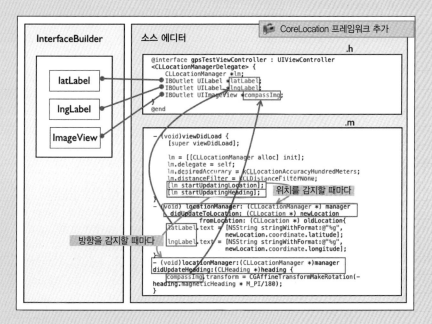

무슨 의미인가요?

「위치와 방향을 감지하기 시작합니다. 위치를 감지할 때마다 레이블에 표시하고, 방향을 감지할 때마다 이미지 뷰의 각을 회전시켜 바늘이 진북을 가리키게 합니다.」

1 새 프로젝트를 만듭니다.

Xcode를 실행하고 「Create a new Xcode project」를 선택한 후, 「View-based Application」을 선택합니다.

[Next] 버튼을 클릭한 후 「Project Name」과 「Company Identifier」를 설정하고 다시 [Next]를 클릭하여 저장합니다. 여기서는 프로젝트명을 「GPSTest」로, 회사 식별자를 「com.myname」으로 지정했습니다.

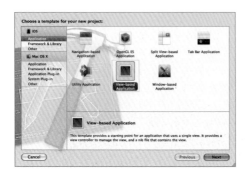 

---

2 CoreLocation 프레임워크를 추가합니다.

프로젝트의 [TARGETS]에서 프로젝트명을 선택하고, [Build Phases] 탭에서 「Link Binary With Libraries」의 [▶] 버튼을 눌러서 연후에, [+] 버튼을 클릭합니다. 그러면, 프레임워크의 리스트가 표시됩니다. 리스트에서 「CoreLocation.framework」를 선택하고 [Add] 버튼을 눌러서 추가합니다.

3 인터페이스 빌더를 표시합니다.

새 프로젝트를 만들면 여러 기본 파일이 생성되는데, 그 중에서 「GPSTestView Controller.xib」를 클릭하여 인터페이스 빌더를 표시한 후, 메뉴에서 [View] – [Utilities] – [Object Library]를 선택합니다.

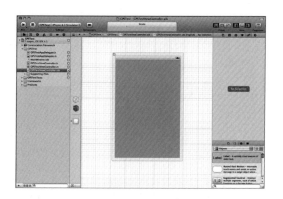

---

4 화살표 그림(arrow.png)을 준비하고, 「Supporting Files」로 드래그해서 추가합니다(「Supporting Files」를 오른쪽 버튼으로 클릭하면 나타나는 다이얼로그에서 선택해도 됩니다).

여기서 사용하는
화살표 그림

---

5 인터페이스 빌더에서 레이블과 이미지 뷰를 만듭니다.

인터페이스 빌더의 [Object Library]에서 「Label」과 「ImageView」를 「View」로 드래그합니다. 레이블은 문자열을 표시할 수 있을 정도로 크기를 설정해둡니다. 이미지 뷰에는 앞에서 추가한 「arrow.png」를 설정하고 크기를 조정해둡니다.

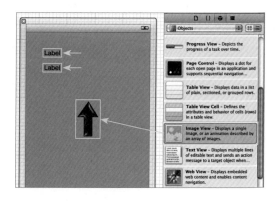

소스 에디터에서 CoreLocation 관련 코드를 추가하고 레이블명, 이미지 뷰명을 만듭니다.
.h 파일(GPSTestViewController.h)을 선택합니다. .h 파일에는 이미 여러 가지 소스 코드가 입력
되어 있습니다. @interface 앞 행에 import 문을 추가하고, @interface 다음과 { ~ } 사이의 행에
다음과 같이 코드를 추가합니다. 추가한 후에는 파일을 저장합니다.

```
01  #import <CoreLocation/CoreLocation.h>
02
03  @interface GPSTestViewController : UIViewController
04  <CLLocationManagerDelegate> {
05      CLLocationManager *lm;
06      IBOutlet UILabel *latLabel;
07      IBOutlet UILabel *lngLabel;
08      IBOutlet UIImageView *compassImg;
09  }
```

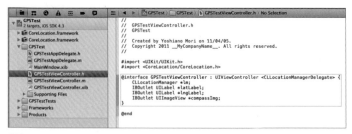

GPSTestViewController.h

「레이블명, 이미지 뷰명과 인터페이스 빌더에서 만든 레이블, 이미지 뷰를 연결」합니다.
「GPSTestViewController.xib」를 클릭해서 인터페이스 빌더를 표시하고, Dock의 「File's Owner」를
오른쪽 버튼으로 클릭합니다. 그러면 앞에서 만든 「latLabel」, 「lngLabel」이라는 레이블명이 표시
되는데, 이들 레이블명 오른쪽에 있는 「○」를 드래그해서 선을 잡아늘려 각 레이블에 연결합니다.
또, 「compassing」의 이미지명 오른쪽에 있는 「○」를 드래그해서 선을 잡아늘려 앞서 배치한 「이미
지 뷰」에 연결합니다. 이렇게 하면 「Xcode에서 만든 레이블, 이미지 뷰명과 인터페이스 빌더에서
만든 레이블, 이미지 뷰가 연결」됩니다.

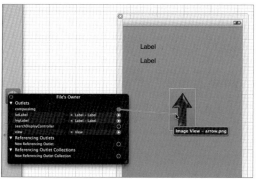

레이블명과 이미지명 오른쪽에 있는 ○를 드래그해서 레이블, 이미지 뷰에 연결

---

8 소스 에디터에서 현재 위치와 방향을 감지하는 프로그램을 만듭니다.

.m 파일(GPSTestViewController.m)을 선택합니다. @implementation의 다음 행에 다음과 같은 코드를 추가합니다.

위치 정보 매니저에서 위치 정보 측정을 시작하는 코드와 위치 정보를 얻으면 해당 정보를 레이블에 표시하고, 방향 정보를 얻으면 해당 정보를 이용해 이미지 뷰의 각도를 변경하는 코드입니다.

```
01  -(void)viewDidLoad {
02      [super viewDidLoad];
03
04      lm = [[CLLocationManager alloc] init];
05      lm.delegate = self;
06      lm.desiredAccuracy = kCLLocationAccuracyHundredMeters;
07      lm.distanceFilter = kCLDistanceFilterNone;
08      [lm startUpdatingLocation];
09      [lm startUpdatingHeading];
10  }
11
12  -(void)locationManager:(CLLocationManager *) manager
13    didUpdateToLocation:(CLLocation *)newLocation
14        fromLocation:(CLLocation *)oldLocation {
15    latLabel.text = [NSString stringWithFormat:@"위도=%g", newLocation.coordinate.latitude];
16    lngLabel.text = [NSString stringWithFormat:@"경도=%g", newLocation.coordinate.longitude];
17  }
18
19  -(void)locationManager:(CLLocationManager *) manager didUpdateHeading: (CLHeading *)heading {
20    compassImg.transform = CGAffineTransformMakeRotation
        (-heading.magneticHeading * M_PI/180);
21  }
```

```
// Implement viewDidLoad to do additional setup after loading the view, typically from a nib.
- (void)viewDidLoad
{
    [super viewDidLoad];

    lm = [[CLLocationManager alloc] init];
    lm.delegate = self;
    lm.desiredAccuracy = kCLLocationAccuracyHundredMeters;
    lm.distanceFilter = kCLDistanceFilterNone;
    [lm startUpdatingLocation];
    [lm startUpdatingHeading];
}
-(void)locationManager:(CLLocationManager *)manager
    didUpdateToLocation:(CLLocation *)newLocation
        fromLocation:(CLLocation *)oldLocation {
    latLabel.text = [NSString stringWithFormat:@"위도=%g",
                newLocation.coordinate.latitude];

    lngLabel.text = [NSString stringWithFormat:@"경도=%g",
                newLocation.coordinate.longitude];

}
-(void)locationManager:(CLLocationManager *)manager
    didUpdateHeading:(CLHeading *)newHeading {
    compassImg.transform = CGAffineTransformMakeRotation(-newHeading.magneticHeading * M_PI/180);
}
```

GPSTestViewController.m

---

9 아이폰 본체에서 실행합니다(아이폰 본체에서 실행에 관한 자세한 설명은 12장에서 다룹니다).
아이폰을 맥에 연결한 다음, [Scheme]의 풀다운 메뉴에서 「iOS Device(아이폰을 연결하면 해당 아이폰의 명칭으로 변합니다)」를 선택하고 [Run] 버튼을 눌러서 실행합니다.
연결한 아이폰에서 프로그램(앱)이 실행됩니다.
현재 위치의 위도와 경도가 표시되고, 화살표가 진북을 가리킵니다. 아이폰을 회전시켜도 화살표가 회전하면서 진북을 가리키게 됩니다.

실제 기기에서 테스트하기 P424

MapKit.framework : 지도 표시

MKMapView와 MapKit 프레임워크를 사용하면 지도를 표시할 수 있습니다. CoreLocation 프레임워크의 현재 위치 정보와 함께 사용하면 「지금 있는 장소의 지도」를 표시하는 앱을 만들 수 있습니다.

지도는 구글 맵Google Maps을 사용합니다. 위도와 경도를 지정해서 지도를 표시하거나, 표시 범위를 설정하거나, 일반 지도와 항공 사진 지도를 번갈아 표시할 수도 있습니다.

Lecture MKMapView를 이용한 지도 사용법

MKMapView를 이용해서 지도를 표시할 때는 주로 다음과 같은 순서로 처리합니다.

1 MapKit 프레임워크(도구상자) 추가

2 맵뷰(MKMapView) 작성

3 MapKit 사용 준비

4 지도 유형 설정

5 위도, 경도, 범위를 지정해서 표시

▶▶ 1 MapKit 프레임워크(도구상자) 추가

MapKit 프레임워크는「지도를 표시하는 데 필요한 도구를 갖춘 도구상자」입니다. 특수한 도구
상자이므로, 기본 상태에서는 사용할 수 없고 지도를 표시할 때 추가해서 사용합니다.

프로젝트의 [TARGETS]에서 프로젝트명을 선택하고, [Build Phases] 탭에서「Link Binary With
Libraries」의 [▶] 버튼을 눌러서 연 후에, [+] 버튼을 클릭합니다. 그러면, 프레임워크의 리스트
가 표시됩니다. 리스트에서「MapKit.framework」를 선택하고 [Add] 버튼을 눌러서 추가합니다.

이렇게 하면 프로젝트에 MapKit 프레임워크가 추가됩니다.

▶▶ 2 맵뷰(MKMapView) 작성

지도를 표시할 때는 맵뷰MKMapView를 사용합니다. 인터페이스 빌더에서「MapView」를
「View」로 드래그합니다. 이 상태에서도 [Run] 버튼을 누르면 지도가 표시됩니다.

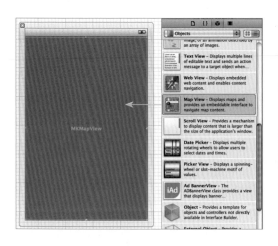 

MapKit에서 여러 가지 설정을 하려면 헤더 파일(.h)에 미리 MapKit 프레임워크를 사용한다는 사실을 선언해놓아야 합니다. 먼저, @interface 앞 행에서 MapKit 프레임워크를 import합니다.

```
#import 〈MapKit/MapKit.h〉
```

또, 맵뷰를 사용하므로 「맵뷰명(변수)」을 만들어 인터페이스 빌더에서 만든 맵뷰와 「연결」해야 합니다.

예 testViewController.h에 MapKit을 사용할 준비를 합니다.

```
01  #import <CoreLocation/CoreLocation.h>
02  @interface testViewController : UIViewController {
03      IBOutlet MKMapView *myMapView;
04  }
05  @end
```

▶▶ **4** 지도 유형 설정

맵뷰의 지도 유형(종류)은 mapType 속성(MKMapType)으로 설정합니다.
일반 지도, 항공 사진, 지도+항공 사진 하이브리드 형태로
전환해서 사용할 수 있습니다.

맵뷰.mapType = 지도 유형;

지도 유형

MKMapTypeStandard	MKMapTypeSatellite	MKMapTypeHybrid
일반 지도	항공 사진 지도	일반+항공 사진 지도(하이브리드)

맵뷰에 표시하는 지도의 표시 위치, 표시 범위는 region 속성(MKCoordinateRegion)으로 설정합니다. 위치나 범위를 넣어놓는 표시 영역(MKCoordinateRegion)을 만들어놓고, 이를 setRegion 메소드에서 설정합니다.

이 범위의 지도를 표시해주세요.

Map View

[맵뷰 setRegion : 표시 영역];

표시 영역에서 center.latitude, center.longitiude로 각각 위도와 경도를, span.latitudeDelta, span.longitudeDelta로 범위를 나타냅니다.

```
MKCoordinateRegion 표시 영역 = 맵뷰.region;
표시 영역.center.latitude = 위도;
표시 영역.center.longitude = 경도;
표시 영역.span.latitudeDelta = 범위(도);
표시 영역.span.longitudeDelta = 범위(도);
[맵뷰 setRegion: 표시 영역 animated: YES];
```

맵뷰에 설정하는 setRegion 메소드에서 animated를 YES로 해놓으면, 위치를 변경할 때 부드럽게 화면을 전환할 수 있습니다.

◐ 서울시청(위도: 37.335887, 경도: 126.584063)을 표시합니다.

```
01  MKCoordinateReion region = myMapView.region;
02  region.center.latitude = 37.335887;
03  region.center.longitude = 126.584063;
04  region.span.latitudeDelta = 0.005;
05  region.span.longitudeDelta = 0.005;
06  [myMapView setRegion : region animated : YES];
```

.span.latitudeDelta

.center.latitude
.center.longitude

.span.longitudeDelta

표시 범위를 설정하는 span.latitudeDelta와 span.longitudeDelta는 단위가 「각도」입니다. 이는 거리를 미터(m)나 킬로미터(km)가 아닌, 위도/경도의 각도로 표시한 것입니다. 예를 들면, longitudeDelta는 「화면 좌측 가장자리의 경도와 우측 가장자리의 경도 사이의 차이」를 나타내는 각도를 의미합니다. 이 범위가 전부 들어갈 정도의 배율로 표시됩니다(배율은 단계적으로 되어 있으므로 꼭 일치하리라는 보장은 없지만, 적절한 배율이 자동으로 선택됩니다).

그럼 사용법의 예로, 여의도 전체를 표시할 정도의 범위를 설정해보겠습니다. 위도/경도를 조사하려면 구글 맵을 이용합니다. 우선 구글 맵에서 여의도를 찾습니다.
이 구글맵에서 「표시 위치」, 「범위의 좌측 상단 위치」, 「범위 우측 하단 위치」 각각의 위도/경도를 조사합니다.

7장

위도/경도를 알아내려면 맵에서 위도/경도를 알고 싶은 위치를 오른쪽 버튼으로 클릭한 다음, 표시되는 메뉴에서 「지도 중앙으로 설정」을 선택하여 위치가 지도의 중앙으로 위치하게 합니다. 다음으로, 주소 창에 「javascript:void(prompt('', gApplication.getMap( ).getCenter( )));」를 입력하고 리턴 키를 누르면 팝업 창에 위도/경도가 표시됩니다.

「표시 위치」(여의도)를 검색하고 마크가 있는 부분을 중앙으로 하여 위도/경도를 조사한 결과, 좌표가 「37.524022, 126.927108」임을 알았습니다(소수점 이하 6자리까지 유효).

「범위의 좌측 상단으로 하고 싶은 위치」를 중앙으로 하여 위도/경도를 조사한 결과, 좌표가 「37.535049, 126.909599」임을 알았습니다(소수점 이하 6자리까지 유효).

「범위의 우측 하단으로 하고 싶은 위치」를 중앙으로 하여 위도/경도를 조사한 결과, 좌표가 「37.516397, 126.944961」임을 알았습니다(소수점 이하 6자리까지 유효).

span.latitudeDelta는 「위도의 차이」므로 「범위 상단의 위도-범위 하단의 위도」로 계산하면 다음과 같습니다.

$$37.535049 - 37.516397 = 0.018652$$

span.longitudeDelta는 「경도의 차이」므로 「범위 우측의 경도-범위 좌측의 경도」로 계산하면 다음과 같습니다.

$$126.944961 - 126.909599 = 0.035362$$

이 값을 사용해서 표시 범위를 설정하면 화면 안에 여의도 전체가 들어가는 크기로 표시됩니다.

예 여의도(위도: 37.524022, 경도: 126.927108)를 표시합니다.

```
01  MKCoordinateReion region = myMapView.region;
02  region.center.latitude = 37.524022;
03  region.center.longitude = 126.927108;
04  region.span.latitudeDelta = 0.018652;
05  region.span.longitudeDelta = 0.035362;
06  [myMapView setRegion: region animated: YES];
```

「현재 위치의 지도를 표시합니다」

난이도 : ★★☆☆☆
제작 시간 : 5분

인터페이스 빌더에서 맵뷰를 배치한 다음, 소스 에디터에서 「현재 위치를 조사하고, 지도에 표시하는 프로그램」을 만듭니다. 시뮬레이터에서는 위치 정보를 얻을 수 없으므로 아이폰 본체에서 테스트합니다.

【개요】

먼저, MapKit 프레임워크와 CoreLocation 프레임워크를 추가하고, 인터페이스 빌더에서 「맵뷰」를 만듭니다.
다음으로, 이 맵뷰를 프로그램에서 처리할 수 있게 준비합니다. 「맵뷰명(변수)」을 헤더 파일(.h)에 만들고, 인터페이스 빌더에서 만든 맵뷰와 「연결」합니다.
마지막으로, 프로그램 부분을 구현 파일(.m)에 작성합니다. 위치 정보 얻기를 시작하고, 위치 정보를 얻게 되면 지도의 위치 표시를 변경합니다.

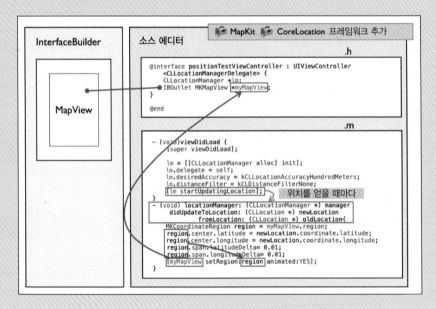

무슨 의미인가요?

「현재 위치를 조사하여 위치를 알아내면 지도에 해당 위치를 표시합니다.」

1 새 프로젝트를 만듭니다.

Xcode를 실행하고 「Create a new Xcode project」를 선택한 후, 「View-based Application」을 선택합니다. [Next] 버튼을 클릭한 후 「Project Name」과 「Company Identifier」를 설정하고 다시 [Next]를 클릭하여 저장합니다. 여기서는 프로젝트명을 「positionTest」로, 회사 식별자를 「com.myname」으로 지정했습니다.

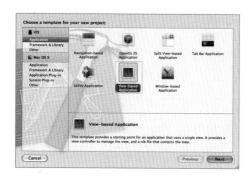 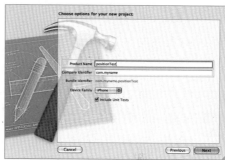

---

2 MapKit과 CoreLocation 프레임워크를 추가합니다.

프로젝트의 [TARGETS]에서 프로젝트명을 선택하고, [Build Phases] 탭에서 「Link Binary With Libraries」의 [▶] 버튼을 눌러서 연후에, [+] 버튼을 클릭합니다. 그러면, 프레임워크의 리스트가 표시됩니다. 리스트에서 「MapKit.framework」를 선택하고 [Add] 버튼을 눌러서 추가합니다.

3 인터페이스 빌더를 실행합니다.

새 프로젝트를 만들면 여러 기본 파일이 생성되는데, 그 중에서 「positionTestViewController.xib」를 클릭하여 인터페이스 빌더를 표시한 후, 메뉴에서 [View] – [Utilities] – [Object Library]를 선택합니다.

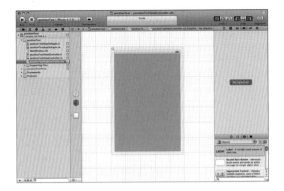

---

4 인터페이스 빌더에서 맵뷰를 만듭니다.

인터페이스 빌더의 [Object Library]에서 「MapView」를 「View」로 드래그합니다. 뷰 화면에 가득 차도록 크기와 위치를 조정합니다.

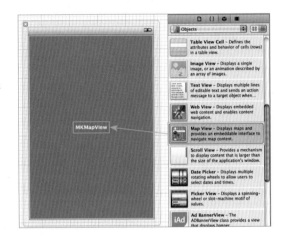

---

5 소스 에디터에서 MapKit과 CoreLocation 관련 코드를 추가한 후 「맵뷰명」을 만듭니다.

.h 파일(positionTestViewController.h)을 선택합니다. .h 파일에는 이미 여러 가지 소스 코드가 입력되어 있습니다. @interface 앞 행에 import 문 2행을 추가하고, @interface 행과 { ~ } 사이에 다음과 같이 추가합니다. 추가한 후에는 파일을 저장합니다.

```
01  #import <MapKit/MapKit.h>
02  #import <CoreLocation/CoreLocation.h>
03
04  @interface positionTestViewController : UIViewController
05    <CLLocationManagerDelegate> {
06        CLLocationManager *lm;
07        IBOutlet MKMapView *myMapView;
08  }
```

positionTestViewController.h

---

6 「맵뷰명과 인터페이스 빌더에서 만든 맵뷰를 연결」합니다.

「positionTestViewController.xib」를 클릭해서 인터페이스 빌더를 표시하고, Dock의 「File's Owner」를 오른쪽 버튼으로 클릭합니다. 그러면 앞에서 만든 「myMapView」라는 맵뷰명이 표시되는데, 이 레이블명 오른쪽에 있는 「○」를 드래그해서 선을 잡아늘려 맵뷰에 연결합니다. 이렇게 하면 「Xcode에서 만든 맵뷰명과 인터페이스 빌더에서 만든 맵뷰가 연결」됩니다.

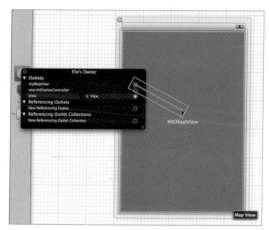

맵뷰명 오른쪽에 있는 ○를 드래그해서 맵뷰에 연결

7 소스 에디터에서 현재 위치를 얻는 프로그램을 만듭니다.

.m 파일(PositionTestViewController.m)을 선택합니다.

@implementation의 다음 행에 다음과 같은 코드를 추가합니다.

각각 위치 정보 매니저에서 위치 정보를 얻는 코드와 위치 정보를 얻으면 맵뷰에 위치를 설정하는
코드입니다.

```
01  -(void)viewDidLoad {
02    [super viewDidLoad];
03
04    lm = [[CLLocationManager alloc] init];
05    lm.delegate = self;
06    lm.desiredAccuracy = kCLLocationAccuracyHundredMeters;
07    lm.distanceFilter = kCLDistanceFilterNone;
08    [lm startUpdatingLocation];
09  }
10  -(void)locationManager:(CLLocationManager *) manager
11      didUpdateToLocation:(CLLocation *) newLocation
12        fromLocation:(CLLocation *) oldLocation {
13    MKCoordinateRegion region = myMapView.region;
14    region.center.latitude = newLocation.coordinate.latitude;
15    region.center.longitude = newLocation.coordinate.longitude;
16    region.span.latitudeDelta = 0.01;
17    region.span.longitudeDelta = 0.01;
18    [myMapView setRegion:region animated:YES];
19  }
```

positionTestViewController.m

8 아이폰 본체에서 실행합니다(아이폰 본체에서 실행에 관한 자세한 설명은 12장에서 다룹니다). 아이폰을 맥에 연결한 다음, [Scheme]의 풀다운 메뉴에서 「iOS Device(아이폰을 연결하면 해당 아이폰의 명칭으로 변합니다)」를 선택하고 [Run] 버튼을 눌러서 실행합니다.

연결한 아이폰에서 프로그램(앱)이 실행됩니다.

실행하면 「"positionTest"에서 현재 위치 정보를 사용하고자 합니다.」라는 다이얼로그가 표시되는데, 여기서 「승인」을 탭하면 현재 위치의 지도가 표시됩니다.

실제 기기에서 테스트하기 P424

8장
데이터 읽기와 쓰기

아이폰 앱에서 직접 웹 데이터에 액세스할 수 있습니다.
이 장에서는 웹 페이지 표시, 웹에 있는 그림 표시, XML 데이터를 읽어들이거
나 일시적으로 데이터를 보존하는 방법 등에 관해 설명합니다.

UIWebView : 웹 페이지 표시

웹뷰UIWebView는 앱 안에서 웹 페이지를 표시하고 싶을 때 사용합니다.

앱에서 사파리Safari를 호출하여 웹 페이지를 표시하는 방법도 있지만, 사파리를 실행하면 계속해서 앱을 실행할 수 없게 되므로(사파리가 실행되므로 앱은 정지 상태) 실행을 중지하지 않고 앱 안에서 웹 페이지를 표시해야 할 때 사용합니다.

Lecture **웹뷰를 이용한 웹 페이지 표시 방법**

웹뷰에 웹 페이지를 표시할 때는 URL을 문자열로 직접 설정하지 않고, URL 리퀘스트URL Request를 만들어서 설정합니다. 다음과 같은 순서로 프로그램을 작성합니다.

1 인터페이스 빌더에서 웹뷰 배치
2 URL 오브젝트 생성
3 URL 리퀘스트 생성
4 URL 리퀘스트 웹뷰에 설정

URL 문자열
(NSString)

↓

2) URL 오브젝트
(NSURL)

↓

3) URL 리퀘스트
(NSURLRequest)

1) 웹뷰 배치 ↓

4) [UIWebView loadRequest]

▶▶ **1** 인터페이스 빌더에서 웹뷰 배치

먼저 인터페이스 빌더에서 웹뷰를 만 듭니다. 인터페이스 빌더의 [Object Library]에서 「Web View」를 「View」로 드래그해서 배치합니다.

프로그램에서 처리할 수 있게 헤더 파일(.h)에 「웹뷰명」을 만들고, 「Web View」와 연결합니다.

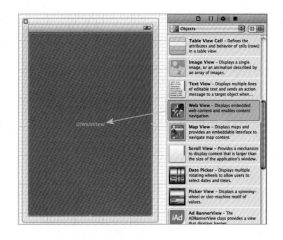

▶▶ **2** URL 오브젝트 생성

URL을 나타내는 문자열을 사용하여 URL 오브젝트(NSURL)를 만듭니다.

```
NSURL *URL 오브젝트 = [NSURL URLWithString: URL 문자열];
```

예 URL을 나타내는 문자열을 사용하여 URL 오브젝트를 만듭니다.

```
01  NSURL *myURL = [NSURL URLWithString: @"http://www.apple.com/"];
```

▶▶ **3** URL 리퀘스트 생성

URL 오브젝트를 사용하여 URL 리퀘스트(NSURLRequest)를 만듭니다.

```
NSURLRequest *URL 리퀘스트 = [NSURLRequest requestWithURL: URL 오브젝트];
```

예 URL 오브젝트를 사용하여 URL 리퀘스트(NSURLRequest)를 만듭니다.

```
01 NSURLRequest *myURLReq = [NSURLRequest requestWithURL: myURL];
```

앞에서 만든 URL 리퀘스트를 웹뷰의 loadRequest 메소드에 설정합니다. 이렇게 하면 웹뷰에 설정한 페이지가 표시됩니다.

[웹뷰 loadRequest: URL 리퀘스트];

예 URL 리퀘스트를 웹뷰에 설정합니다.

```
01  [myWebView loadRequest: myURLReq];
```

「앱 안에서 웹 페이지를 표시합니다」

난이도 : ★☆☆☆☆
제작 시간 : 5분

인터페이스 빌더에서 웹뷰를 배치한 후, 소스 에디터에서 「웹 페이지를 표시하는 프로그램」을 만듭니다.

【개요】

먼저, 인터페이스 빌더에서 「웹뷰」를 만듭니다.

다음으로, 이 웹뷰를 프로그램에서 처리할 수 있게 준비합니다. 「웹뷰명(변수)」을 헤더 파일(.h)에 추가하고, 인터페이스 빌더에서 만든 웹뷰와 「연결」합니다.

마지막으로, 구현 파일(.m)에 프로그램 부분을 작성합니다. 앱 화면이 준비되면(viewDidLoad) 웹뷰에 웹 페이지를 설정합니다.

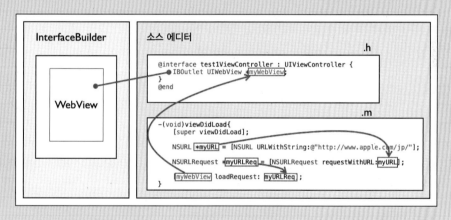

무슨 의미인가요?

「뷰 화면이 준비되면, 웹뷰에 지정한 웹 페이지를 표시합니다.」

1 새 프로젝트를 만듭니다.

Xcode를 실행하고 「Create a new Xcode project」를 선택한 후, 「View-based Application」을 선택합니다. [Next] 버튼을 클릭한 후 「Project Name」과 「Company Identifier」를 설정하고 다시 [Next]를 클릭하여 저장합니다. 여기서는 프로젝트명을 「webTest」로, 회사 식별자를 「com.myname」으로 지정했습니다.

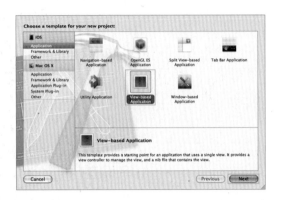

---

2 인터페이스 빌더를 표시합니다.

새 프로젝트를 생성하면 여러 기본 파일이 생성됩니다. 그 중에서 「webTestViewController.xib」를 클릭하여 인터페이스 빌더를 표시한 후, 메뉴에서 [View] - [Utilities] - [Object Library]를 선택합니다.

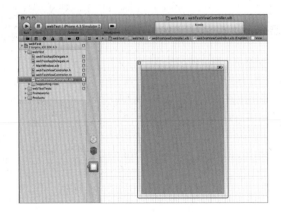

3 인터페이스 빌더에서 웹뷰를 만듭니다.

인터페이스 빌더의 [Object Library]에서 「Web View」를 「View」로 드래그합니다.

메뉴에서 [View] − [Utilities] − [Attributes Inspector]를 선택하여 [Attributes Inspector] 패널을 표시합니다. 「Scaling」의 「Scales Page To Fit」를 체크하면, 웹 페이지가 웹뷰의 화면에 딱맞는 크기로 축소되어 표시됩니다.

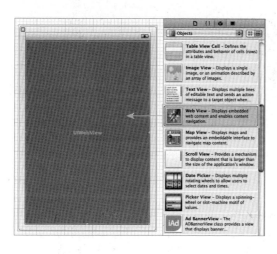

4 소스 에디터에서 「웹뷰명」을 만듭니다.

.h 파일(webTestViewController.h)을 선택합니다.

@interface…{ ~ } 사이의 행에 다음 내용(웹뷰명)을 추가합니다. 추가한 후에는 파일을 저장합니다.

```
01  IBOutlet UIWebView *myWebView;
```

webTestViewController.h

5 「웹뷰명과 인터페이스 빌더에서 만든 웹
뷰를 연결」합니다.

「webTestViewController.xib」를 클릭해
서 인터페이스 빌더를 표시하고, Dock의
「File's Owner」를 오른쪽 버튼으로 클릭합
니다. 그러면 앞에서 만든 「myWebView」
라는 웹뷰명이 표시됩니다. 이 레이블명
오른쪽에 있는 「○」를 선택하고 선을 잡
아늘려 앞에서 배치한 웹뷰로 드래그합니
다. 이렇게 하면 「Xcode에서 만든 웹뷰명
과 인터페이스 빌더에서 만든 웹뷰가 연
결」됩니다.

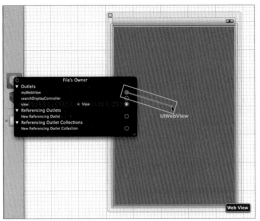

웹뷰명 오른쪽에 있는 ○를 드래그해서 웹뷰에 연결

---

6 소스 에디터에서 웹 페이지를 표시하는 프로그램을 작성합니다.

.m 파일(webTestViewController.m)을 선택합니다.

.m 파일에는 이미 여러 가지 소스 코드가 작성되어 있습니다. @implementation 다음 행에 다음과
같은 코드를 추가합니다. 웹뷰에 사이트를 표시하는 코드입니다. 여기서는 애플 사이트를 지정해
보겠습니다.

```
01  -(void)viewDidLoad {
02      [super viewDidLoad];
03
04      NSURL *myURL = [NSURL URLWithString:@"http://www.apple.com/kr/"];
05      NSURLRequest *myURLReq = [NSURLRequest requestWithURL:myURL];
06      [myWebView loadRequest:myURLReq];
07  }
```

webTestViewController.m

7 시뮬레이터에서 실행합니다.

[Scheme]의 풀다운 메뉴에서 「Simulator」를 선택하고, [Run] 버튼을 눌러 실행합니다.

iOS 시뮬레이터가 시작되고, 프로그램이 실행됩니다. 이제 화면에 웹 페이지가 표시됩니다.

UIImage : 웹 그림 표시

UIImage와 이미지 뷰UIImageView를 사용하면 웹에서 그림을
읽어와서 표시할 수 있습니다. 앱 안에 웹에서 읽어들인 그림
을 표시하고 싶을 때 사용합니다.

UIImage를 이용하면 미리 「Supporting Files」 폴더 안에 넣어
놓은 그림을 표시할 수도 있으며, URL을 지정해 웹에서 그림
을 읽어올 수도 있습니다. 웹에 있는 그림을 UIImage에 읽어들
여 이미지 뷰에 설정하면 그림을 표시할 수 있습니다.

Lecture 이미지 뷰를 이용해 웹에 있는 그림을 표시하는 방법

주로 다음과 같은 순서로 프로그램을 작성합니다.

1 인터페이스 빌더에서 이미지 뷰 배치

2 URL 오브젝트 생성

3 파일 데이터 생성

4 이미지 데이터 생성

5 이미지 데이터를 이미지 뷰에 설정

URL 문자열
(NSString)
↓
2) URL 오브젝트
(NSURL)
↓
3) URL 파일 데이터
(NSData)
↓
4) URL 이미지 데이터
(UIImage)

1) 이미지 뷰 배치 ↓

5) UIImageView.image

▶▶ **1** 인터페이스 빌더에서 이미지 뷰 배치

우선 인터페이스 빌더에서 이미지 뷰를 만듭니다. [Object Library]에서 「Image View」를 「View」로 드래그해서 배치합니다.
프로그램에서 처리할 수 있게 헤더 파일(.h)에 이미지 뷰명을 만들고 「Image View」와 연결합니다.

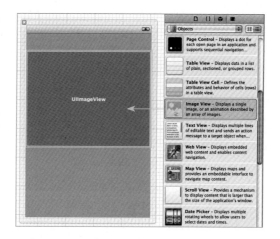

▶▶ **2** URL 오브젝트 생성

URL을 나타내는 문자열을 사용하여 URL 오브젝트(NSURL)를 만듭니다.

> NSURL *URL 오브젝트 = [NSURL URLWithString: URL 문자열];

예 URL을 나타내는 문자열을 사용하여 URL 오브젝트(NSURL)를 만듭니다.

> 01 NSURL *myURL = [NSURL URLWithString: @"http://www.ymori.com/itest/test.jpg"];

▶▶ **3** 파일 데이터 생성

지정한 URL 오브젝트에서 데이터를 읽어들여 이미지 파일의 데이터(NSData)를 만듭니다.

> NSData *파일 데이터 = [NSData dataWithContentsOfURL: URL 오브젝트];

예 URL 오브젝트로부터 파일 데이터(NSData)를 만듭니다.

> 01 NSData *myData = [NSData dataWithContentsOfURL: myURL];

▶▶ **4** 이미지 데이터 생성

파일 데이터 상태로는 그림이 아니므로, 이 데이터를 이미지 데이터(UIImage)로 변환합니다.

> UIImage *이미지 데이터 = [UIImage imageWithData: 파일 데이터];

예 파일 데이터로부터 이미지 데이터를 작성합니다.

```
01 UIImage *myImage = [UIImage imageWithData: myData];
```

- -

▶▶ **5** 이미지 데이터를 이미지 뷰에 설정

작성한 이미지 데이터를 이미지 뷰에 설정하면 웹에 있는 그림이 표시됩니다.

> 이미지 뷰.image = 이미지 데이터;

예 이미지 데이터를 이미지 뷰에 설정합니다.

```
01 myImageView.image = myImage;
```

「웹에 있는 그림을 표시합니다」

난이도 : ★☆☆☆☆
제작 시간 : 5분

인터페이스 빌더에서 이미지 뷰를 배치하고, 소스 에디터에서 「웹에 있는 그림을 읽어들여 표시하는 프로그램」을 만듭니다.

【개요】

먼저, 인터페이스 빌더에서 「이미지 뷰」를 만듭니다.

다음으로, 이 이미지 뷰를 프로그램에서 처리할 수 있게 준비합니다. 「이미지 뷰명(변수)」을 헤더 파일(.h)에 만들고, 인터페이스 빌더에서 만든 이미지 뷰와 「연결」합니다.

마지막으로, 프로그램 부분을 구현 파일(.m)에 작성합니다. 앱 화면이 준비되면(viewDidLoad) 웹에서 그림을 읽어들여 이미지 뷰에 표시합니다.

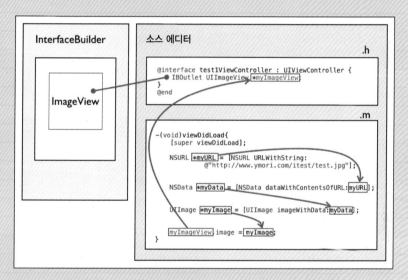

무슨 의미인가요?

「뷰 화면이 준비되면, 지정한 웹 그림을 읽어와서 이미지 뷰에 표시합니다.」

1 새 프로젝트를 만듭니다.

Xcode를 실행하고 「Create a new Xcode project」를 선택한 후, 「View-based Application」을 선택합니다.

[Next] 버튼을 클릭한 후 「Project Name」과 「Company Identifier」를 설정하고 다시 [Next]를 클릭하여 저장합니다. 여기서는 프로젝트명을 「webImage」로, 회사 식별자를 「com.myname」으로 지정했습니다.

2 인터페이스 빌더를 표시합니다.

새 프로젝트를 생성하면 여러 기본 파일이 생성되는데, 그 중에서 「webImage ViewController.xib」를 클릭하여 인터페이스 빌더를 표시한 후, 메뉴에서 [View] - [Utilities] - [Object Library]를 선택합니다.

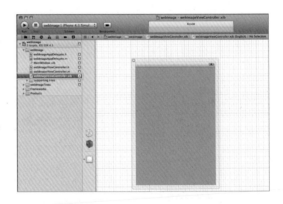

3 인터페이스 빌더에서 이미지 뷰를 만듭니다.

인터페이스 빌더의 [Object Library]에서 「ImageView」를 「View」로 드래그합니다.

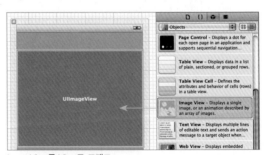

ImageView를 View로 드래그

4 소스 에디터에서 이미지 뷰명을 만듭니다.

.h 파일(webImageViewController.h)을 선택합니다.

다음으로 @interface … { ~ } 사이의 행에 다음과 같은 코드(이미지 뷰명)를 추가합니다. 추가한 후에는 파일을 저장합니다.

```
01  IBOutlet UIImageView *myImageView;
```

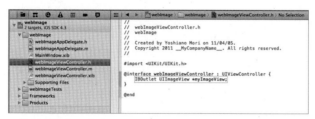

webImageViewController.h

---

5 「이미지 뷰명과 인터페이스 빌더에서 만든 이미지 뷰를 연결」합니다.

「webImageViewController.xib」를 클릭해서 인터페이스 빌더를 표시합니다. Dock의 「File's Owner」를 오른쪽 버튼으로 클릭하면 앞에서 만든 이미지 뷰명인 「myImageView」가 표시됩니다. 「myImageView」 오른쪽에 있는 「○」를 드래그해서 선을 잡아늘려 앞에서 배치한 「이미지 뷰」에 연결합니다. 이렇게 하면 「Xcode에서 만든 이미지 뷰명과 인터페이스 빌더에서 만든 이미지 뷰가 연결」됩니다.

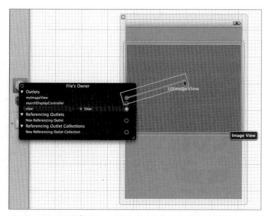

이미지 뷰명 오른쪽에 있는 ○를 드래그해서 이미지 뷰에 연결

6 소스 에디터에서 웹에 있는 그림을 읽어들이고 표시하는 프로그램을 만듭니다.
.m 파일(webImageViewController.m)을 선택합니다.
.m 파일에는 이미 여러 가지 소스 코드가 작성되어 있습니다. @implementation 다음 행에 다음과 같은 코드를 추가합니다.
이미지 뷰에 웹에서 읽어들인 그림을 표시하는 코드입니다.

```
01  -(void)viewDidLoad {
02      [super viewDidLoad];
03
04      NSURL *myURL = [NSURL URLWithString:
05                        @"http://www.ymori.com/itest/test.jpg"];
06      NSData *myData = [NSData dataWithContentsOfURL:myURL];
07      UIImage *myImage = [UIImage imageWithData:myData];
08      myImageView.image = myImage;
09  }
```

webImageViewController.m

- -

7 시뮬레이터에서 실행합니다.
[Scheme]의 풀다운 메뉴에서「Simulator」를 선택하고, [Run] 버튼을 눌러서 실행합니다.
iOS 시뮬레이터가 시작되고, 프로그램(앱)이 실행됩니다. 웹에서 읽어들인 그림이 화면에 표시됩니다.

NSXMLParser :
웹에 있는 XML 읽어들이기

XML 파서(NSXMLParser)를 사용하면, XML을 읽어들여 해석_{parse}할 수 있습니다.

```
1  <?xml version = "1.0" encoding = "UTF-8"?>
2  <data>
3     <sweets price = "150">Roll Cake</sweets>
4     <sweets price = "175">Cream Puff</sweets>
5     <sweets price = "210">Mont Blanc</sweets>
6  </data>
```
XML 파일의 예

XML 파서가 XML 파일을 완벽하게 해석해주지는 않습니다.

XML 파서는 XML 파일을 읽어들이면, 앞에서부터 순서대로 분석하기 시작합니다. 그러다가 「태그」나 「텍스트」가 발견될 때마다 잘라내서 「이런 것이 발견되었습니다. 어떻게 처리할까요?」라고 물어오므로, 그때마다 처리할 방법을 프로그램에서 지정해주어야 합니다(이를 델리게이트 메소드라고 말합니다).

다시 말해, 「XML 파일을 읽고, 태그나 텍스트를 만나면 자르기」 처리까지만 해주기 때문에 「태그나 텍스트를 처리할 방법」을 프로그램으로 만들어야 합니다.

One Point!

일반적으로 프로그램에서는 XML을 읽어들이면 자동으로 계층 구조까지 해석해주지만, NSXMLParser를 이용할 때는 내용을 직접 해석해야 합니다. 일반적인 전자동 해석 방법은 편리하기는 하지만 메모리 사용량이 많아지거나, 처리 내용이 많아져서 속도가 느려지는 등 하드웨어에 부담을 줍니다. 이 때문에 아이폰에서 NSXMLParser를 사용한다고 생각합니다.

XML 해석 방법

XML 파서 자체는 인터페이스 빌더에서 만들 수 없으므로, 프로그램에서 작성합니다.

XML을 읽어들여 해석할 때는 다음 순서로 프로그램을 작성합니다.

● XML을 읽어들입니다.

1 URL 오브젝트 생성

2 URL 오브젝트를 사용해 XML 파서 생성

3 delegate를 self로 지정

4 해석 시작

● 해석 방법

5 해석을 시작하면 무엇을 할 것인가? :

parserDidStartDocument

6 시작 태그를 발견하면 무엇을 할 것인가? :

didStartElement

7 텍스트 요소를 발견하면 무엇을 할 것인가? :

foundCharacters

8 종료 태그를 발견하면 무엇을 할 것인가? :

didEndElement

9 해석을 종료하면 무엇을 할 것인가? : parserDidEndDocument

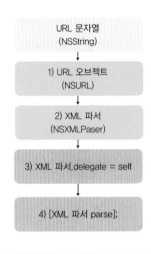

URL 문자열
(NSString)

1) URL 오브젝트
(NSURL)

2) XML 파서
(NSXMLPaser)

3) XML 파서.delegate = self

4) [XML 파서 parse];

5) parserDidStartDocument   6) didStartElement   7) foundCharacters   8) didEndElement

```
1  <?xml version = "1.0" encoding = "UTF-8"?>
2  <data>
3    <sweets price = "150">롤 케이크</sweets>
4    <sweets price = "175">슈크림</sweets>
5    <sweets price = "210">몽블랑</sweets>
6  </data>
```

9) parserDidEndDocument

XML 파일을 의미하는 URL 문자열로부터 URL 오브젝트(NSURL)를 만듭니다.

```
NSURL *URL 오브젝트 = [NSURL URLWithString: URL 문자열];
```

예 XML 파일을 의미하는 URL 문자열로부터 URL 오브젝트(NSURL)를 만듭니다.

```
01  NSURL *myURL = [NSURL URLWithString: @"http://www.hoge.com/test.xml"];
```

XML 파서를 만들 때 initWithContentsOfURL에서 읽어들일 XML 파일의 URL 오브젝트를
설정합니다.

```
NSXMLParser *XML 파서 =
    [[NSXMLParser alloc] initWithContentsOfURL : URL 오브젝트];
```

예 URL 오브젝트를 사용해 XML 파서를 만듭니다.

```
01  NSXMLParser *myParser = [NSXMLParser alloc] initWithContentsOfURL : myURL];
```

---

delegate를 self로 지정하면 XML 파서에서 해석할 때 통지 대상이 self(현재 프로그램을 작성
하고 있는 곳)가 됩니다. 「태그」나 「텍스트」를 발견할 때마다 현재 프로그램을 작성하고 있는
곳에 마련된 델리게이트가 호출되어 분석할 수 있게 됩니다.

```
XML 파서.delegate = self;
```

예 delegate를 self로 지정합니다.

```
01  myParser.delegate = self;
```

8장

▶▶ **4** 해석 시작

해석을 시작하려면 XML 파서의 parse 메소드를 실행해야 합니다. 이 메소드를 실행하면 XML 파일을 읽어들여 해석을 시작합니다.

```
[XML 파서 parse];
```

예 해석을 시작합니다.

```
01  [myParser parse];
```

▶▶ **5** 해석을 시작하면 무엇을 할 것인가? : parserDidStartDocument

해석을 시작했을 때 호출되는 델리게이트 메소드는 parserDidStartDocument입니다.
주로 데이터 초기화나 해석 준비를 행합니다. 해석 중에 「지금 조사하고 있는 태그」를 알아야 하므로, 이를 기억해둘 변수 등을 준비하기도 합니다.

```
- (void)parserDidStartDocument : (NSXMLParser *)parser {
    // 해석을 시작했을 때 실행할 처리
}
```

예 해석을 시작했을 때 태그를 준비해둡니다.

```
01  - (void)parserDidStartDocument : (NSXMLParser *)parser {
02      nowTagStr = [NSString stringWithString: @""];
03  }
```

시작 태그를 발견했을 때 호출되는 델리게이트 메소드는 didStartElement입니다.

태그의 이름은 elementName에 문자열 형태로 들어옵니다.

태그에 붙은 속성은 attributeDict에 사전 형식으로 설정되므로, 키워드를 사용해 꺼냅니다. 시작 태그를 발견한 다음에는 텍스트 요소를 읽어들이므로, 해당 텍스트를 넣어둘 텍스트 버퍼 변수를 준비해둬야 합니다.

```
- (void)parser : (NSXMLParser *)parser
    didStartElement : (NSString *)elementName
    namespaceURI : (NSString *)namespaceURI
    qualifiedName : (NSString *)qName
    attributes : (NSDictionary *)attributeDict {
    // 시작 태그를 발견했을 때 실행할 처리
}
```

예 시작 태그에서 "sweets"를 발견하면 해석 중인 태그로 저장하고, 텍스트 버퍼를 초기화합니다.

```
01  - (void)parser : (NSXMLParser *)parser
02      didStartElement : (NSString *)elementName
03      namespaceURI : (NSString *)namespaceURI
04      qualifiedName : (NSString *)qName
05      attributes : (NSDictionary *)attributeDict {
06      if ([elementName isEqualToString : @"sweets"]) {
07          nowTagStr = [NSString stringWithString : elementName];
08          txtBuffer = [NSString stringWithString : @""];
09      }
10  }
```

▶▶▶ **7** 텍스트 요소를 발견하면 무엇을 할 것인가? : foundCharacters

텍스트 요소를 발견했을 때 호출되는 델리게이트 메소드는 foundCharacters입니다.

텍스트 요소는 string에 문자열 형태로 들어옵니다.

하지만 텍스트 요소는 반드시 한 번에 전부 읽힌다는 보장이 없고, 몇 번으로 나뉘어 읽히기도 합니다. 이 때문에 연속해서 텍스트 요소를 발견하면 그때마다 문자열을 이어야 합니다.

```
– (void)parser : (NSXMLParser *)parser foundCharacters : (NSString *)string {
    // 텍스트 요소를 발견했을 때 실행할 처리
}
```

예 해석 중인 태그가 "sweets"면 텍스트 요소를 텍스트 버퍼 변수에 추가합니다(다른 태그면 무시합니다).

```
01  - (void)parser : (NSXMLParser *)parser foundCharacters : (NSString *)string {
02      if([nowTagStr isEqualToString : @"sweets"]) {
03          txtBuffer = [txtBuffer stringByAppendingString : string];
04      }
05  }
```

종료 태그를 발견했을 때 호출되는 델리게이트 메소드는 didEndElement입니다.
종료 태그를 발견하면 지금까지 읽어들인 텍스트 요소가 확정되었다는 의미가 됩니다.

```
– (void)parser : (NSXMLParser *)parser
    didEndElement : (NSString *)elementName
    namespaceURI : (NSString *)namespaceURI
    qualifiedName : (NSString *)qName {
    // 종료 태그가 발견되었을 때 실행할 처리
}
```

🄲 해석 중인 태그가 "sweets"면 텍스트 버퍼를 표시합니다(다른 태그면 무시합니다).

```
01  - (void)parser : (NSXMLParser *)parser
02      didEndElement : (NSString *)elementName
03      namespaceURI : (NSString *)namespaceURI
04      qualifiedName : (NSString *)qName {
05      if ([elementName isEqualToString : @"sweets"]) {
06          NSLog(@"----<%@>---", txtBuffer);
07      }
08  }
```

▶▶▶ **9** 해석을 종료하면 무엇을 할 것인가? : parserDidEndDocument

해석이 종료되었을 때 호출되는 델리게이트 메소드는 parserDidEndDocument입니다.
해석 종료 시에 처리가 필요하면 여기서 실행합니다.

```
- (void) parserDidEndDocument : (NSXMLParser *)parser {
    // 해석이 종료되었을 때 실행할 처리
}
```

예 해석이 종료되면 해석 종료를 표시합니다.

```
01  - (void) parserDidEndDocument : (NSXMLParser *)parser {
02      NSLog(@"해석 종료");
03  }
```

> **One Point!**
>
> 계층화된 XML도 같은 방법으로 해석합니다. 다만, XML 파서는 「태그가 발견되었습니다」, 「요소가 발견되었습니다」라고만 알려주므로 「조사하고 있는 태그의 계층」은 직접 알아내야 합니다.
> 예를 들어, 「시작 태그」 다음에 계속해서 「시작 태그」가 오면, 2번째 계층의 태그임을 알 수 있습니다. 그 다음에 「종료 태그」가 오면 한 단계 위로 올라가서 첫 번째 계층의 태그로 돌아온 것이므로, 아직 완전하게 태그가 종료된 것은 아닙니다. 한 번 더 「종료 태그」가 발견되면 비로소 모든 태그가 종료됩니다. 이와 같이 계층 구조까지 고려해서 프로그램을 작성해야 합니다.

「XML을 읽어들이고 표시합니다」

난이도 : ★★☆☆☆
제작 시간 : 15분

인터페이스 빌더에서 텍스트 뷰를 배치하고, 소스 에디터에서 「XML 파일을 읽어들여 값을 표시하는 프로그램」을 만듭니다.

【개요】

먼저, XML을 웹에 준비해둡니다. 인터페이스 빌더에서 XML을 표시할 「텍스트 뷰」를 만듭니다.

다음으로, 이 텍스트 뷰를 프로그램에서 처리할 수 있게 준비합니다. 「텍스트 뷰명(변수)」을 헤더 파일(.h)에 만들고, 인터페이스 빌더에서 만든 텍스트 뷰와 「연결」합니다.

마지막으로, 프로그램 부분을 구현 파일(.m)에 작성합니다. 앱 화면이 준비되면(viewDidLoad) XML 해석을 시작합니다. 시작 태그, 요소, 종료 태그를 찾아내서 텍스트 뷰에 그 값을 표시합니다.

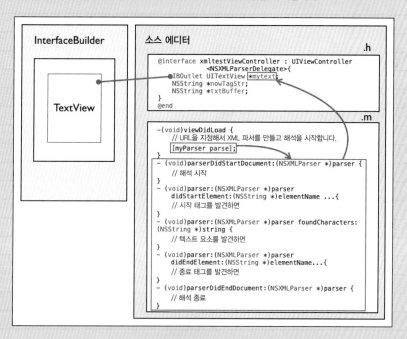

무슨 의미인가요?

「뷰 화면이 준비되면 지정한 XML의 해석을 시작합니다. 시작 태그, 요소, 종료 태그를 발견할 때마다 조사하고, XML 데이터를 텍스트 필드에 표시합니다.」

1 XML 파일을 준비합니다. 여기서는 〈sweets〉 태그 3개를 작성합니다. 〈sweets〉 태그에는 "price"라는 속성을 추가합니다.

다음은 각 〈sweets〉 태그의 「텍스트 요소」와 「price 속성」을 보여줍니다.

```
1  <?xml version = "1.0" encoding = "UTF-8"?>
2  <data>
3    <sweets price = "150">Roll Cake</sweets>
4    <sweets price = "175">Cream Puff</sweets>
5    <sweets price = "210">Mont Blanc</sweets>
6  </data>
```

---

2 새 프로젝트를 만듭니다.

Xcode를 실행하고 「Create a new Xcode project」를 선택한 후, 「View-based Application」을 선택합니다.

[Next] 버튼을 클릭한 후 「Project Name」과 「Company Identifier」를 설정하고 다시 [Next]를 클릭하여 저장합니다. 여기서는 프로젝트명을 「xmlTest」로, 회사 식별자를 「com.myname」으로 지정했습니다.

---

3 인터페이스 빌더를 표시합니다.

새 프로젝트를 만들면 여러 기본 파일이 생성되는데, 그 중에서 「xmlTestViewController.xib」를 클릭하여 인터페이스 빌더를 표시한 후, 메뉴에서 [View] - [Utilities] - [Object Library]를 선택합니다.

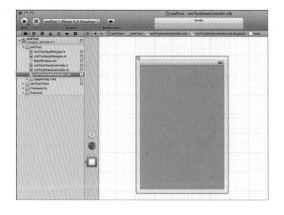

4 인터페이스 빌더에서 텍스트 뷰를 만듭니다.

인터페이스 빌더의 [Object Library]에서「Text View」를「View」로 드래그합니다.

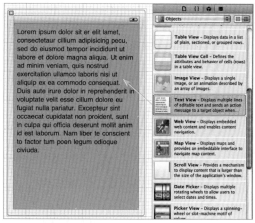

Text View를 View로 드래그

---

5 소스 에디터에서「텍스트 뷰명」과「해석 중인 태그용 변수」,「텍스트 버퍼 변수」를 만듭니다.

.h 파일(xmlTestViewController.h)을 선택합니다.

먼저, NSXMLParser를 사용해서 데이터를 해석하므로, @interface 부분에「〈NSXMLParser Delegate〉」를 추가합니다.

@interface…{ ~ } 사이의 행에「텍스트 뷰명」과「변수」를 추가합니다. 추가한 후에는 파일을 저장합니다.

```
01 @interface xmlTestViewController : UIViewController
02      · <NSXMLParserDelegate> {
03      IBOutlet UITextView *myTextView;
04      NSString *nowTagStr;
05      NSString *txtBuffer;
06 }
07 @end
```

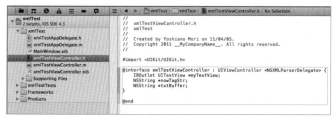

xmlTestViewController.h

6 「텍스트 뷰명과 인터페이스 빌더에서 만든 텍스트 뷰를 연결」합니다.

「xmlTestViewController.xib」를 클릭해서 인터페이스 빌더를 표시하고, Dock의 「File's Owner」를 오른쪽 버튼으로 클릭합니다. 앞에서 만든 「myTextView」라는 텍스트 뷰명 오른쪽에 있는 「○」를 드래그해서 선을 잡아늘려 「텍스트 뷰」에 연결합니다. 이렇게 하면 「텍스트 뷰명과 인터페이스 빌더에서 만든 텍스트 뷰가 연결」됩니다. 연결을 마치면 파일을 저장합니다.

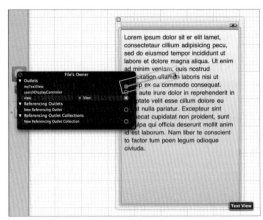

텍스트 뷰명 오른쪽에 있는 ○를 드래그해서 텍스트 뷰에 연결

---

7 소스 에디터에서 XML 파일을 읽어들이고 그 값을 표시하는 프로그램 만듭니다.

.m 파일(xmlTestViewController.m)을 선택합니다.

@implementation 다음 행에 다음과 같은 코드를 추가합니다. XML 파서로 XML 해석을 시작하고 시작 태그, 요소, 종료 태그를 검출해 텍스트 뷰에 표시하는 프로그램입니다.

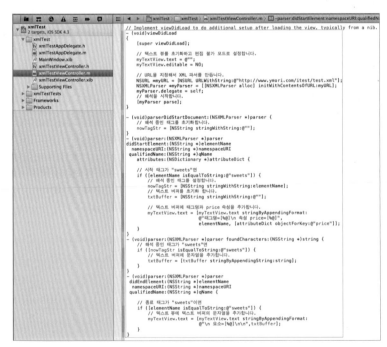

xmlTestViewController.m

```
01  -(void)viewDidLoad {
02      [super viewDidLoad];
03
04      // 텍스트 뷰를 초기화하고, 편집 불가 모드로 설정합니다.
05      myTextView.text = @"";
06      myTextView.editable = NO;
07
08      // URL을 지정해서 XML 파서를 만듭니다.
09      NSURL *myURL = [NSURL URLWithString:@"http://www.ymori.com/itest/test.xml"];
10      NSXMLParser *myParser = [[NSXMLParser alloc] initWithContentsOfURL:myURL];
11      myParser.delegate = self;
12      // 해석을 시작합니다.
13      [myParser parse];
14  }
15
16  - (void)parserDidStartDocument:(NSXMLParser *)parser {
17      // 해석 중인 태그를 초기화합니다.
18      nowTagStr = [NSString stringWithString:@""];
19  }
20  - (void)parser:(NSXMLParser *)parser
21      didStartElement:(NSString *)elementName
22      namespaceURI:(NSString *)namespaceURI
23      qualifiedName:(NSString *)qName
24      attributes:(NSDictionary *)attributeDict {
25      // 시작 태그가 "sweets"면
26      if ([elementName isEqualToString:@"sweets"]) {
27          // 해석 중인 태그를 설정합니다.
28          nowTagStr = [NSString stringWithString:elementName];
29          // 텍스트 버퍼 초기화
30          txtBuffer = [NSString stringWithString:@""];
31
32          // 텍스트 버퍼에 태그명과 price 속성을 추가합니다.
33          myTextView.text = [myTextView.text stringByAppendingFormat:
34                  @"태그명=[%@]\n 속성 price=[%@]",
35                  elementName, [attributeDict objectForKey:@"price"]];
36      }
37  }
38  - (void)parser:(NSXMLParser *)parser foundCharacters:(NSString *)string {
39      // 해석 중인 태그가 "sweets"면
40      if ([nowTagStr isEqualToString:@"sweets"]) {
41          // 텍스트 버퍼에 문자열을 추가합니다.
42          txtBuffer = [txtBuffer stringByAppendingString:string];
43      }
44  }
```

```
45  - (void)parser:(NSXMLParser *)parser
46     didEndElement:(NSString *)elementName
47     namespaceURI:(NSString *)namespaceURI
48     qualifiedName:(NSString *)qName {
49
50        // 종료 태그가 "sweets"면
51        if ([elementName isEqualToString:@"sweets"]) {
52            // 텍스트 뷰에 텍스트 버퍼의 문자열을 추가합니다.
53            myTextView.text = [myTextView.text stringByAppendingFormat:
54                            @"\n 요소=[%@]\n\n",txtBuffer];
55        }
56  }
```

- -

8 시뮬레이터에서 실행합니다.

[Scheme]의 풀다운 메뉴에서 「Simulator」를 선택하고, [Run] 버튼을 눌러서 실행합니다.

iOS 시뮬레이터가 시작되고, 프로그램이 실행됩니다.

XML을 읽어들여 화면에 값을 표시합니다.

NSUserDefault : 일시적으로 데이터 저장

유저 디폴트(NSUserDefault)는 일시적으로 데이터를 저장하거나 읽고 싶을 때 사용합니다.

큰 데이터나 다수의 데이터를 저장할 수는 없지만, 웹사이트의 쿠키나 플래시Flash의 SharedObject 등과 같이 「현재 상태를 저장해두고, 다음에 실행할 때 저장된 상태를 불러와서 해당 상태로부터 계속」과 같은 적은 정보를 저장하는 데 사용합니다.

일시적으로 데이터를 저장합니다.

Lecture 유저 디폴트를 사용한 데이터 읽기/쓰기 방법

유저 디폴트 자체는 인터페이스 빌더에서 만들 수 없고, 프로그램에서 작성합니다. 유저 디폴트를 사용해서 데이터를 읽고 쓰려면 다음과 같은 순서로 처리합니다.

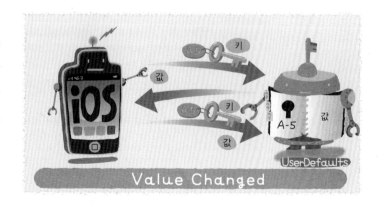

1 유저 디폴트 얻기

2 데이터 읽기

3 데이터 저장하기

▶▶ 1 유저 디폴트 얻기

유저 디폴트(NSUserDefault)를 얻을 때는 standardUserDefaults 메소드를 사용합니다.
이렇게 얻은 유저 디폴트는 메모지와 같은 것으로, 이 메모지에 데이터를 쓰거나 읽습니다.
사전(NSDictionary)과 같이 「키」라는 명칭을 붙여서 저장하거나 읽습니다.

```
NSUserDefaults *유저 디폴트 = [NSUserDefaults standardUserDefaults];
```

🔘 유저 디폴트(NSUserDefault)를 얻습니다.

```
01  NSUserDefaults *defaults = [NSUserDefaults standardUserDefaults];
```

▶▶ 2 데이터 읽기

얻어낸 유저 디폴트로부터 데이터를 읽을 때는 「키」를 지정합니다.

이 키로 저장되어 있는 문자열이 필요합니다.

여기 있습니다.

키

값

A-5

값

UserDefaults

변수 = [유저 디폴트 stringForKey: @"키"];

문자열을 읽어낼 때는 stringForKey, 정수를 읽어낼 때는 integerForKey를 사용합니다.

```
[유저 디폴트 stringForKey: @"키"];
```

키

stringForKey	문자열 읽기
objectForKey	오브젝트 읽기
arrayForKey	배열 읽기
integerForKey	정수 읽기
floatForKey	실수 읽기

예 "MEMO" 키로 문자열 데이터를 읽어냅니다.

```
01  NSString *memoStr = [defaults stringForKey: @"MEMO"];
```

▶▶ **3** 데이터 저장하기

데이터를 저장할 때는 얻어낸 유저 디폴트에 「써넣을 값」과 「키」를 묶음으로 지정해서 써넣습니다.

문자열을 써넣을 때는 setString이 아닌 setObject를 사용합니다. 정수를 써넣을 때는 setInteger를 사용합니다.

[유저 디폴트 setObjecct: @"써넣을 값" forKey: @"키"];

써넣을 값

setObjecct	오브젝트나 문자열 또는 배열 쓰기
setInteger	정수 쓰기
setFloat	실수 쓰기

값을 설정하면 일정 시간 후에 저장이 실행됩니다. 설정하고 난 직후에 저장하고 싶을 때는 synchronize 메소드를 실행합니다.

```
[유저 디폴트 synchronize];
```

예 "MEMO"를 키로 문자열 데이터를 써넣습니다.

```
01  [defaults setObject: @"문자열" forKey: @"MEMO"]
02  [defaults synchronize];
```

Practice

「문자열을 입력하고, 다음 번 실행 시에 표시합니다」

난이도 : ★☆☆☆☆
제작 시간 : 10분

인터페이스 빌더에서 텍스트 필드를 배치하고, 소스 에디터에서 「텍스트 필드에 문자열을 입력하면 저장한 후 다음 번 실행 시에 표시하는 프로그램」을 만듭니다.

【개요】

먼저, 인터페이스 빌더에서 텍스트 필드를 만듭니다.

다음으로, 이 텍스트 필드를 프로그램에서 처리할 수 있게 준비합니다. 「텍스트 필드명(변수)」과 「텍스트를 입력하면 실행할 기능명(메소드명)」을 헤더 파일(.h)에 만들고, 인터페이스 빌더에서 만든 텍스트 필드와 「연결」합니다.

마지막으로, 프로그램 부분을 구현 파일(.m)에 작성합니다. 앱 화면이 준비되면(viewDidLoad) 유저 디폴트로부터 문자열을 읽어들여 표시합니다. 텍스트 필드에 문자열을 입력하면, 유저 디폴트에 써넣습니다.

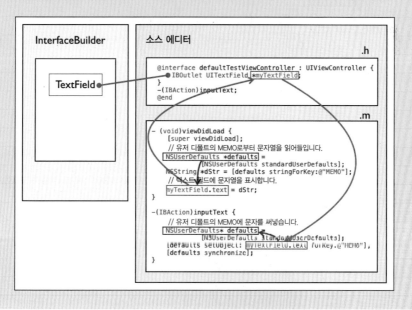

1 새 프로젝트를 만듭니다.

Xcode를 실행하고 「Create a new Xcode project」를 선택한 후, 「View-based Application」을 선택합니다.

[Next] 버튼을 클릭한 후 「Project Name」과 「Company Identifier」를 설정하고 다시 [Next]를 클릭하여 저장합니다. 여기서는 프로젝트명을 「defaultTest」로, 회사 식별자를 「com.myname」으로 지정했습니다.

2 인터페이스 빌더를 표시합니다.

새 프로젝트를 만들면 여러 기본 파일이 생성되는데, 그 중에서 「defaultTestViewController.xib」를 클릭하여 인터페이스 빌더를 표시한 후, 메뉴에서 [View] - [Utilities] - [Object Library]를 선택합니다.

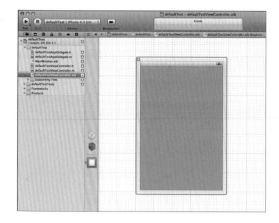

3 인터페이스 빌더에서 텍스트 필드를 만듭니다.

인터페이스 빌더의 [Object Library]에서 「Text Field」를 「View」로 드래그합니다.

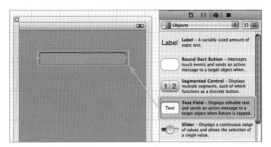

Text Field를 View로 드래그

---

4 소스 에디터에서 「텍스트 필드명」과 「텍스트가 입력되면 실행할 기능명(메소드명)」을 만듭니다.

.h 파일(defaultTestViewController.h)을 선택합니다.

@interface…{ ~ } 사이의 행에 텍스트 필드명을, } 다음 행에 메소드명을 추가합니다.

추가한 후에는 파일을 저장합니다.

```
01  IBOutlet UITextField *myTextField;
```

```
01  -(IBAction) inputText;
```

defaultTestViewController.h

5　「텍스트 필드명과 인터페이스 빌더에서
만든 텍스트 필드를 연결」합니다.
「defaultTestViewController.xib」를 클릭
해서 인터페이스 빌더를 표시하고, Dock
의 「File's Owner」를 오른쪽 버튼으로 클
릭합니다. 앞에서 만든 「myTextField」라
는 텍스트 필드명 오른쪽에 있는 「○」를
드래그해서 선을 잡아늘려 텍스트 필드에
연결합니다.

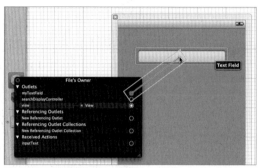

텍스트 필드명 오른쪽에 있는 ○를 드래그해서 텍스트 필드에 연결

「inputText」 오른쪽에 있는 「○」를 드래그
해서 선을 잡아늘려 텍스트 필드에 연결
한 후 「Did End On Exit(입력 완료)」를
선택합니다.
이렇게 하면 「Xcode에서 만든 텍스트 필
드명, 메소드명과 인터페이스 빌더에서
만든 텍스트 필드가 연결」됩니다.

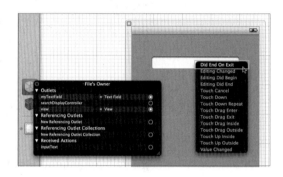

6　소스 에디터에서 유저 디폴트로부터 문자열을 읽고 쓰는 프로그램을 만듭니다.
.m 파일(defaultTestViewController.m)을 선택합니다.
@implementation 다음 행에 다음과 같은 코드를 추가합니다. 앱 화면이 준비되면 유저 디폴트로
부터 "MEMO" 키로 문자열을 읽어 표시하고, 텍스트가 입력되면 유저 디폴트에 "MEMO"를 키로
해서 문자열을 써넣는 프로그램입니다.

```
01  - (void)viewDidLoad {
02      [super viewDidLoad];
03
04      // 유저 디폴트에서 "MEMO"를 키로 해서 문자열을 읽어들입니다.
05      NSUserDefaults *defaults = [NSUserDefaults standardUserDefaults];
06      NSString *dStr = [defaults stringForKey:@"MEMO"];
07      // 텍스트 필드에 문자열을 표시합니다.
08      myTextField.text = dStr;
09  }
10
```

```
11   -(IBAction)inputText {
12       // 유저 디폴트에 "MEMO"를 키로 해서 문자열을 써넣습니다.
13       NSUserDefaults* defaults = [NSUserDefaults standardUserDefaults];
14       [defaults setObject: myTextField.text forKey:@"MEMO"];
15       [defaults synchronize];
16   }
```

defaultTestViewController.m

---

7 시뮬레이터에서 실행합니다.

[Scheme]의 풀다운 메뉴에서 「Simulator」를 선택하고, [Run] 버튼을 눌러서 실행합니다.

iOS 시뮬레이터가 시작되고 프로그램이 실행됩니다. 처음 실행할 때는 아무것도 표시되지 않습니다.

텍스트 필드에 문자열을 입력하고 return 키를 탭한 다음, 멀티 태스킹으로 실행되고 있는 앱을 종료합니다(먼저 Xcode의 [Run] 버튼 옆에 있는 [Stop] 버튼(■)을 눌러서 Xcode에서 앱을 종료시킵니다. 그러고나서 시뮬레이터(아이폰)의 홈 버튼(ㅁ)을 더블 탭해서 멀티 태스킹 리스트를 표시한 후 「defaultTest 아이콘」을 롱탭하면 나타나는 [-] 버튼을 눌러서 완전히 종료시킵니다). 그 후에 defaultTest 아이콘을 눌러서 다시 실행하면 앞에서 입력한 문자열이 표시됩니다.

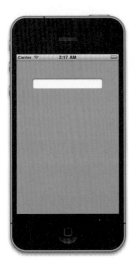  

텍스트 입력   다음 번 실행 시

9장
멀티 뷰 앱 만들기

지금까지는 될 수 있으면 단순하게 설명하려고 화면이 하나밖에 없는 「View-based Application」 템플릿을 사용해 설명했습니다. 이 장에서는 여러 뷰를 전환하면서 사용하는 멀티 뷰 앱 작성법을 설명합니다.

Utility Application :
앞뒤가 전환되는 앱

Utility Application

「Utility Application」 템플릿을 사용해서 새 프로젝트를 작성하면 「앞뒤 화면이 전환되는 앱」을 만들 수 있습니다. *i* 마크 버튼을 탭하면 화면이 회전하면서 뒤쪽에 있던 화면이 표시됩니다. 앞쪽 화면이 기본으로 사용하는 화면이 되고, 뒤쪽 화면은 설정 화면이 됩니다.

유틸리티 애플리케이션Utility Application은 날씨 정보를 알려주는 앱(Weather)처럼 기능이 복잡하지 않은 앱을 만드는 데 적합한 템플릿입니다. 따라서 「기능이 복잡하지 않으면서 설정이 필요한 앱」에 사용합니다.

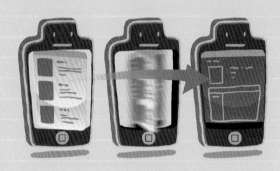

Lecture 유틸리티 애플리케이션 작성 방법

유틸리티 애플리케이션을 만들 때는 주로 다음과 같은 순서로 프로그램을 작성합니다.

1 「Utility Application」 템플릿으로 프로젝트 작성
2 앞쪽 화면 만들기
3 뒤쪽 화면 만들기
4 앞쪽 화면의 데이터를 뒤쪽 화면으로 전달

    1) 뒤쪽 화면(FlipsideViewController)에서 속성 만들기
    2) 앞쪽 화면을 전환할 때 속성에 데이터 써넣기
    3) 뒤쪽 화면에서 속성을 조사하여 데이터 얻기

5 뒤쪽 화면에서 돌아왔을 때 속성 데이터 얻기

Xcode를 실행하고 「Create a new Xcode project」를 선택한 후, 「Utility Application」을 선택합니다.

이 작업만으로도 벌써 「앞뒤 화면이 전환되는 앱」은 만들어졌습니다. 아무것도 추가하지 않고 그대로 [Run]을 클릭해보면 유틸리티 앱이 빌드되어 실행됩니다.

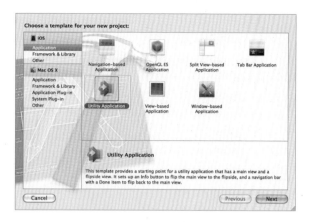

ⓘ 마크 버튼을 탭하면 뒤쪽 화면이 표시되고, [Done] 버튼을 누르면 앞쪽 화면으로 돌아옵니다.

▶▶▶ **2** 앞쪽 화면 만들기

앞쪽 화면의 레이아웃은 MainView.xib에서 만듭니다.
앞쪽 화면의 프로그램 부분은 MainViewController 클래스 (MainViewController.h, MainViewController.m)에서 작성합니다.

▶▶ 3 뒤쪽 화면 만들기

뒤쪽 화면의 레이아웃은 FlipsideView.xib에서 만듭니다.
뒤쪽 화면의 프로그램 부분은 FlipsideViewController 클래스
(FlipsideViewController.h, FlipsideViewController.m)에서 작성
합니다.

- -

▶▶ 4 앞쪽 화면의 데이터를 뒤쪽 화면으로 전달

한 가지 기능만 실행하지만 앞쪽 화면(MainViewController)과 뒤쪽 화면(FlipsideView
Controller), 두 화면으로 구성되어 있는 앱입니다.
앞쪽에서 뒤쪽으로 전환할 때는 「앞쪽 화면의 데이터를 뒤쪽 화면으로 전달」해야 하고, 뒤쪽
에서 앞쪽으로 돌아올 때도 「뒤쪽 화면에서 설정한 데이터를 앞쪽 화면으로 전달」해야 합니
다. 여러 가지 전달 방법이 있지만, 여기서는 「뒤쪽 화면에서 속성 변수를 만들고 이를 이용해
서 전달」하는 방법을 사용해보겠습니다.

● 뒤쪽 화면(FlipsideViewController)에서 속성 만들기

속성이란 다른 클래스도 읽고 쓰기가 가능한 특별한 변수를 의미합니다. 속성을 만들어서 앞
쪽 화면에서 데이터를 써넣는 구조를 만들어보겠습니다.
속성은 3단계 설정으로 만듭니다.
먼저, 헤더 파일(FlipsideViewController.h)의 @interface … { ~ } 사이의 행에 다음과 같이 일
반 변수를 작성합니다.

```
변수형 변수;
```

그 바로 다음 행에 「@property」행을 추가합니다.

```
@property (nonatomic, retain) 변수형 변수;
```

예 myStr이라는 속성을 작성합니다.

```
01  @interface FlipsideViewController : UIViewController {
02    id <FlipsideViewControllerDelegate> delegate;
03    NSString *myStr;
04  }
05  @property (nonatomic, retain) NSString *myStr;
```

구현 파일(FlipsideViewController.m)에서 @implementation 다음 행에 「@synthesize」행을
추가합니다.

```
@synthesize 변수;
```

예 myStr이라는 속성을 작성합니다.

```
01  @implementation FlipsideViewController
02  @synthesize myStr;
```

│ One Point!

속성은 다른 클래스도 읽기, 쓰기가 가능한 특별한 변수입니다. 일반 변수는 해당 코드가 작성된 장소(클래스
내부)에서는 읽기, 쓰기가 가능하지만 외부에서는 불가능합니다.
이러한 제약 사항은 클래스를 사용하기 어렵게 만든다고 생각할 수도 있지만, 오히려 외부와 접속하는 창구
를 단순하게 만드는 메커니즘이라고 할 수 있습니다(외부에 공개된 속성 변수만 신경 쓰고, 그 외의 많은 변
수에 대해서는 신경 쓰지 않아도 됩니다).
이런 클래스 내부의 메커니즘을 잘 모르고 접근하지 말아야 할 변수들을 변경해버리면 정상적인 동작을 하
지 못하고 결함이 발생할 가능성이 커집니다. 외부에서 읽거나 변경해도 괜찮은 변수들을 선별해 속성으로
지정해서 공개하고, 다른 변수들은 접근하지 못하게 규칙을 정해놓으면 이러한 결함이 발생하기 어렵고 클래
스를 한 부품처럼 다루기도 쉽게 됩니다.

● 앞쪽 화면을 전환할 때 속성에 데이터 써넣기

「앞쪽 화면을 전환할 때」란 *i* 마크의 버튼을 탭했을 때를 가리키는 말입니다.

이때 앞쪽 화면(MainViewController.m)의 「showinfo: sender」 메소드가 호출됩니다.

이 메소드는 유틸리티 애플리케이션 템플릿으로 프로젝트를 작성하면 자동으로 만들어지는데, controller라는 뒤쪽 화면(FlipsideViewController)을 만들어서 presentModalViewController 메소드로 화면을 뒤집어서 표시합니다.

```
– (IBAction)showInfo: (id)sender {
    // i 마크 버튼을 탭했을 때 실행할 처리
}
```

```
01  - (IBAction)showInfo:(id)sender {
02      FlipsideViewController *controller = [[FlipsideViewController alloc]
          initWithNibName:@"FlipsideView" bundle:nil];
03      controller.delegate = self;
04      controller.modalTransitionStyle = UIModalTransitionStyleFlipHorizontal;
05      [self presentModalViewController:controller animated:YES];
06
07      [controller release];
08  }
```

뒤쪽 화면으로 전환하는 처리를 실행하기 전에 뒤쪽 화면에 있는 controller에 데이터를 넘겨줍니다. 조금 전에 뒤쪽 화면에서 만들어둔 속성 변수에 값을 써넣음으로써 데이터를 넘겨줍니다.

예 뒤쪽 화면의 myStr 속성에 값을 설정합니다.

```
01  - (IBAction)showInfo:(id)sender {
02      FlipsideViewController *controller = [[FlipsideViewController alloc]
        initWithNibName:@"FlipsideView" bundle:nil];
03      controller.myStr = @"YES";
```

● 뒤쪽 화면에서 속성을 조사하여 데이터 얻기

뒤쪽 화면에서는 「뒤쪽 화면이 만들어지고 표시할 준비가 되었을 때」 데이터를 얻게 됩니다. 그 타이밍은 FlipsideViewController.m의 「viewDidLoad」가 호출되었을 때입니다. viewDidLoad 메소드 안에서 속성을 조사하면 앞쪽 화면에서 보내온 데이터를 얻을 수 있습니다. 설정 화면의 초기화(스위치의 ON/OFF 전환) 등에 사용합니다.

```
- (void)viewDidLoad {
    // 뒤쪽 화면이 만들어지고, 표시할 준비가 되었을 때 실행할 처리
}
```

예 앞쪽 화면에서 얻은 데이터를 콘솔에 표시합니다.

```
01  - (void)viewDidLoad {
02      [super viewDidLoad];
03      NSLog(@"<%@>", myStr);
04      self.view.backgroundColor = [UIColor viewFlipsideBackgroundColor];
05  }
```

뒤쪽 화면에서 [Done] 버튼을 탭하면 앞쪽 화면으로 돌아갑니다. 이때 MainViewController.
m의 「flipsideViewControllerDidFinish: controller」 메소드가 호출됩니다. 이 메소드 안에서
뒤쪽 화면의 속성을 조사하면 뒤쪽 화면에서 설정한 데이터를 얻을 수 있습니다. 뒤쪽 화면에
서 설정한 값으로 표시를 바꾸거나 하는 데 사용합니다.

```
- (void) flipsideViewControllerDidFinish : (FlipsideViewController *) controller {
    // 뒤쪽 화면에서 돌아왔을 때 실행할 처리
}
```

예 뒤쪽 화면에서 얻은 데이터를 콘솔에 표시합니다.

```
01  - (void) flipsideViewControllerDidFinish : (FlipsideViewController *) controller {
02      NSLog(@"<<%@>>", controller.myStr);
03      [self dismissModalViewControllerAnimated : YES];
04  }
```

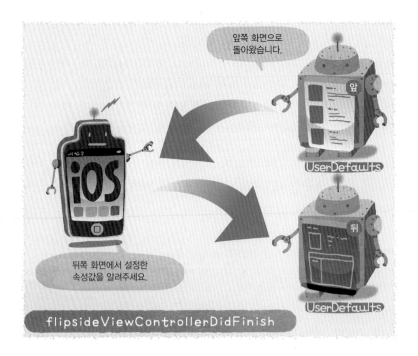

「뒤쪽 화면에서 스위치를 ON/OFF하면 앞쪽 화면이 변하는 앱」

난이도 : ★★★☆☆
제작 시간 : 15분

유틸리티 애플리케이션(Utility Application) 템플릿으로 앱을 만들고, 인터페이스 빌더에서 앞쪽 화면에는 레이블을, 뒤쪽 화면에는 스위치를 배치한 후 소스 에디터에서 「뒤쪽 화면의 스위치를 ON/OFF하면 앞쪽 화면의 표시를 변경하는 프로그램」을 만듭니다.

【개요】

먼저, 유틸리티 애플리케이션으로 앱을 만듭니다.
앞쪽 화면에는 「레이블」을 배치하고(인터페이스 빌더), 「레이블명(변수)」을 헤더 파일(.h)에 추가한 후, 인터페이스 빌더에서 만든 레이블과 헤더 파일에 추가한 레이블명을 「연결」합니다.
뒤쪽 화면에는 스위치를 배치하고(인터페이스 빌더), 「스위치명(변수)」과 「스위치를 변경했을 때 호출할 메소드」를 헤더 파일(.h)에 추가한 후, 인터페이스 빌더에서 만든 스위치와 헤더 파일에 추가한 스위치명을 「연결」합니다.
뒤쪽 화면에서 속성을 만들고, 표시할 준비가 되었을 때 스위치를 전환합니다. 앞쪽 화면에서 표시용 데이터 변수를 만들고 레이블에 표시합니다. 뒤쪽 화면으로 전환할 때 속성을 사용해서 뒤쪽 화면으로 데이터를 보냅니다. 뒤쪽 화면에서 돌아왔을 때 속성을 조사하여 레이블에 표시합니다.

무슨 의미인가요?

「뒤쪽 화면으로 전환될 때 뒤쪽 화면의 속성에 값을 써넣고, 뒤쪽 화면에서 표시합니다. 뒤쪽 화면에서 스위치를 전환하면 값을 변경합니다. 앞쪽 화면으로 돌아오면 그 값(속성)을 보고 앞쪽 화면의 표시를 변경합니다.」

---

1 새 프로젝트를 만듭니다.

Xcode를 실행하고 「Create a new Xcode project」를 선택한 후, 「Utility Application」을 선택합니다(「Use Core Data for Storage」는 체크하시 않습니다). [Next] 버튼을 클릭한 후 「Project Name」과 「Company Identifier」를 설정하고 다시 [Next]를 클릭하여 저장합니다. 여기서는 프로젝트명을 「utilityTest」로, 회사 식별자를 「com.myname」으로 지정했습니다.

멀티 뷰 앱 만들기 **315**

2 앞쪽 화면을 만듭니다.

「MainView.xib」를 클릭하여 앞쪽 화면을 편집하는 인터페이스 빌더를 표시합니다.

---

3 인터페이스 빌더에서 레이블을 만듭니다.
인터페이스 빌더의 [Object Library]에서
「Label」을 「View」로 드래그합니다. 배경
이 어두운 색이므로 레이블의 색을 흰색
으로 설정해놓습니다.

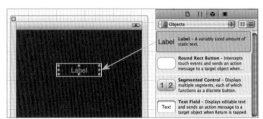

Label을 View로 드래그

---

4 소스 에디터에서 레이블명과 문자열 변수를 만듭니다.

MainViewController.h 파일을 선택합니다.

@interface…{ ~ } 사이의 행에 레이블명과 문자열 변수를 추가합니다. 추가한 후에는 파일을 저
장합니다.

```
01  @interface MainViewController : UIViewController <FlipsideViewControllerDelegate> {
02      IBOutlet UILabel *myLabel;
03      NSString *dispStr;
04  }
```

MainViewController.h

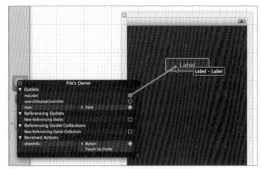

5 「레이블명과 인터페이스 빌더에서 만든 레이블을 연결」합니다.

「MainView.xib」를 클릭해서 인터페이스 빌더를 표시하고, Dock의 「File's Owner」를 오른쪽 버튼으로 클릭합니다. 그러면 앞에서 만든 「myLabel」이라는 레이블명이 표시됩니다. 레이블명 오른쪽에 있는 「○」를 드래그해서 선을 잡아늘려 레이블에 연결합니다. 이렇게 하면 「레이블명과 인터페이스 빌더에서 만든 레이블이 연결」됩니다.

레이블명 오른쪽에 있는 ○를 드래그해서 레이블명에 연결

---

6 뒤쪽 화면을 만듭니다.

「FlipsideView.xib」를 클릭하여 뒤쪽 화면을 편집하는 인터페이스 빌더를 표시합니다.

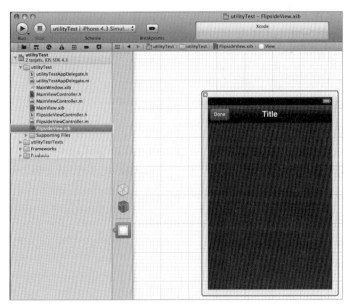

FlipsideView.xib를 클릭

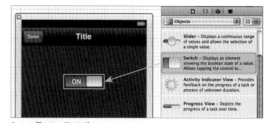

7 인터페이스 빌더에서 스위치를 만듭니다.
인터페이스 빌더의 [Object Library]에서
「Switch」를 「View」로 드래그합니다.

Switch를 View로 드래그

---

8 소스 에디터에서 스위치명과 스위치를 변경했을 때 호출할 메소드, 속성을 만듭니다.
「FlipsideViewController.h」파일을 선택합니다.

@interface … { ~ } 사이의 행에 스위치명과 문자열 변수를 추가합니다. } 다음 행에 「스위치를 변
경했을 때 호출할 메소드」와 「속성」을 추가합니다. 추가한 후에는 파일을 저장합니다.

```
01  @interface FlipsideViewController : UIViewController {
02      id <FlipsideViewControllerDelegate> delegate;
03      IBOutlet UISwitch *mySw;
04      NSString *myStr;
05  }
06  -(IBAction)changeSW;
07  @property (nonatomic, retain) NSString *myStr;
```

FlipsideViewController.h

9 FlipsideViewController.m 파일을 선택하고 @implementation 다음 행에 @synthesize를 사용하여 속성을 추가합니다. 추가한 후에는 파일을 저장합니다.

```
01  @implementation FlipsideViewController
02  @synthesize myStr;
```

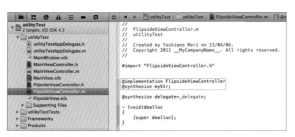

FlipsideViewController.m

One Point!

「@implementation」의 앞에 ⟨!⟩ 마크가 표시되는데, 이는 「필요한 메소드가 아직 작성되지 않았습니다」라는 주의 표시입니다. 이 다음에 「changeSW」 메소드를 작성해나가면 이 주의 표시는 자동으로 사라집니다.

10 「스위치명과 메소드를 인터페이스 빌더에서 만든 스위치와 연결」합니다.
「FlipsideView.xib」를 클릭해서 인터페이스 빌더를 표시하고, Dock의 「File's Owner」를 오른쪽 버튼으로 클릭합니다. 그러면 앞에서 만든 「mySw」라는 스위치명이 표시됩니다. 이 스위치명 오른쪽에 있는 「○」를 드래그해서 선을 잡아늘려 스위치에 연결합니다.
또, 「changeSW」 오른쪽에 있는 「○」를 스위치로 드래그한 후 「Value Changed」를 선택합니다.

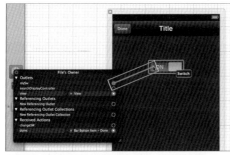

스위치명 오른쪽에 있는 ○를 드래그해서 스위치에 연결

changeSW 오른쪽에 있는 ○를 스위치로 드래그한 후 Value Changed 선택

소스 에디터에서 앞쪽 화면에서의 처리를 실행하는 프로그램을 작성합니다.

.m 파일(MainViewController.m)을 선택합니다.

.m 파일에는 이미 여러 가지 소스 코드가 작성되어 있습니다. @implementation 다음 행에 다음과
같은 코드를 추가합니다. 실행 시에 문자열 변수를 초기화해서 레이블에 표시합니다.

```
01  - (void)viewDidLoad {
02      [super viewDidLoad];
03      dispStr = @"YES";
04      myLabel.text = dispStr;
05  }
```

앞쪽 화면으로 돌아오면 속성값을 얻어서 레이블에 표시합니다.

```
01  - (void)flipsideViewControllerDidFinish:(FlipsideViewController *)controller {
02      dispStr = controller.myStr;
03      myLabel.text = dispStr;
04      [self dismissModalViewControllerAnimated:YES];
05  }
```

뒤쪽 화면으로 전환하면 문자열 변수를 속성에 설정합니다.

```
01  - (IBAction)showInfo:(id)sender {
02      FlipsideViewController *controller = [[FlipsideViewController alloc]
          initWithNibName:@"FlipsideView" bundle:nil];
03      controller.myStr = dispStr;
04      controller.delegate = self;
05
06      controller.modalTransitionStyle = UIModalTransitionStyleFlipHorizontal;
07      [self presentModalViewController:controller animated:YES];
08      [controller release];
09  }
```

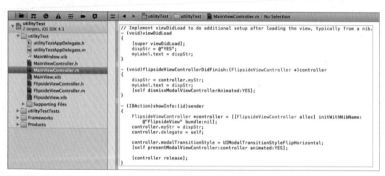

MainViewController.m

12 소스 에디터에서 뒤쪽 화면에서의 처리를 실행하는 프로그램을 작성합니다.

.m 파일(FlipsideViewController.m)을 선택합니다.

.m 파일에는 이미 여러 가지 소스 코드가 작성되어 있습니다. @implementation 다음 행에 다음과 같은 코드를 추가합니다. 실행 시에 속성을 조사하여 그 값에 따라 스위치를 전환합니다.

```
01  - (void)viewDidLoad {
02      [super viewDidLoad];
03      self.view.backgroundColor = [UIColor viewFlipsideBackgroundColor];
04      if (myStr == @"YES") {
05          mySw.on = YES;
06      } else {
07          mySw.on = NO;
08      }
09  }
```

스위치 값이 변경되면 속성을 변경합니다.

```
01  -(IBAction)changeSW{
02      if (mySw.on) {
03          myStr = @"YES";
04      } else {
05          myStr = @"NO";
06      }
07  }
```

FlipsideViewController.m

13 시뮬레이터에서 실행합니다.

[Scheme]의 풀다운 메뉴에서 「Simulator」를 선택하고, [Run] 버튼을 눌러서 실행합니다.

iOS 시뮬레이터가 실행되면 "YES"가 표시됩니다.

ⓘ 마크 버튼을 탭하면 뒤쪽 화면으로 전환됩니다.

뒤쪽 화면에서 스위치를 OFF로 설정하고 [Done] 버튼을 탭해서 앞쪽 화면으로 돌아오면 "NO"가 표시됩니다.

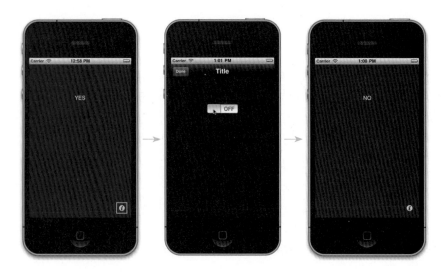

Tab Bar Application : 여러 화면이 전환되는 앱

Tab Bar Application

새로운 프로젝트를 작성할 때 탭바 애플리케이션Tab Bar Application 템플릿을 선택하면, 「탭바를 사용해서 여러 화면을 전환하는 앱」을 만들 수 있습니다.

화면 하단에 있는 탭바를 탭하면 화면이 전환되어 다른 뷰 화면이 나타납니다.

탭바 애플리케이션은 시계 앱(Clock)처럼 앱 전체적으로 보면 전부 「시계 기능」이지만, 그 안에서 「세계 시계, 알람, 스톱워치, 타이머」 등 다른 모드의 화면으로 전환할 수 있는 앱입니다. 「여러 화면을 갖추고 있어서 모드(화면)를 전환하면서 사용하는 앱」에 사용합니다.

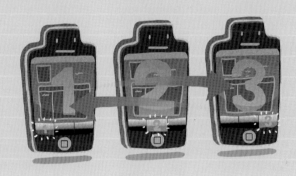

Lecture **탭바 애플리케이션 작성 방법**

탭바 애플리케이션을 만들 때는 주로 다음과 같은 순서로 프로그램을 작성합니다.

1 「Tab Bar Application」 템플릿을 사용하여 작성

  1) 탭 표시 방법 설정

2 첫 번째 화면 작성

  1) FirstView.xib를 FirstViewController 클래스에 연결

3 두 번째 화면 작성

    1) SecondController 클래스 작성

    2) SecondView.xib를 SecondViewController 클래스에 연결

    3) 두 번째 탭의 클래스를 SecondViewController로 지정

4 각 화면 사이에서 데이터 전달

    1) 애플리케이션 델리게이트에 속성 작성

    2) 첫 번째 화면에서 속성 데이터에 대해 읽고 쓰기

    3) 두 번째 화면에서 속성 데이터에 대해 읽고 쓰기

5 세 번째 화면 추가(3번째 화면이 필요한 경우에만)

    1) 세 번째 화면을 ViewController 클래스와 함께 작성

    2) 세 번째 탭 추가

    3) 세 번째 탭의 클래스 설정

▶▶**1** 「Tab Bar Application」 템플릿을 사용하여 작성

Xcode를 실행하고 「Create a new Xcode project」를 선택한 후, 「Tab Bar Application」을 선택합니다.

새로운 프로젝트를 만든 것만으로도 벌써 「두 화면 간 전환용 앱」이 만들어졌습니다.

[Run] 버튼을 눌러서 정말 만들어졌는지 확인합니다.

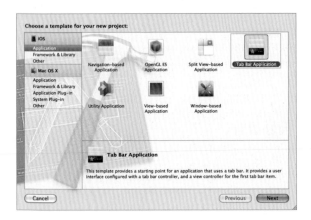

화면 제일 아래에 있는 탭바를 탭하면 각 화면으로 전환됩니다.

◉ 탭 표시 방법 설정

「MainWindow.xib」를 클릭해서 인터페이스 빌더를 표시하고, Dock의 탭바 컨트롤러Tab Bar
Controller 아이콘을 더블클릭하면 탭바 컨트롤러의 화면이 표시됩니다.

> **One Point!**
>
> 만약 탭바 컨트롤러가 표시되지 않으면, MainWindow.xib 안에서 탭바 컨트롤러
> 아이콘을 조금 이동시킨 후, 더블클릭해보세요. 이유는 잘 알 수 없지만, 이렇게
> 하면 표시되는 경우가 있습니다.

탭을 클릭해서 선택하고 한
번 더 탭을 클릭합니다. 이
렇게 하면 「탭바 아이템(아
이콘과 문자열 부분)」을 선
택할 수 있습니다(더블클릭
으로는 선택할 수 없고, 파
일 이름을 변경할 때처럼 클
릭 간 시간 간격을 두고 2번
클릭합니다).

이 상태에서 [View] – [Utilities] –
[Attributes Inspector]를 선택하면
[Attributes Inspector] 패널이 표시됩
니다.

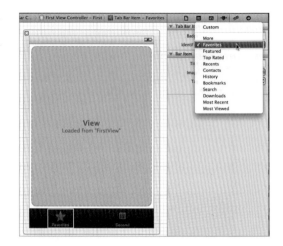

「Identifier」의 풀다운 메뉴를 사용하여,
설정된 아이템의 종류를 변경할 수 있습
니다.
또, 「Title」에서는 밑줄에 표시되는 문자
열을 변경할 수 있지만 이를 변경하면
아이콘이 물음표(?)가 됩니다. 따라서
수동으로 그림을 「Support Files」 폴더에
넣어놓고, 「Image」 풀다운 메뉴에서 선
택하여 설정합니다.

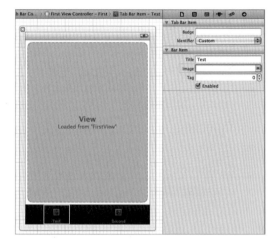

One Point!

이 그림은 30×30픽셀 알파 채널(투명도 결정)을 가지고 있는 그림
(xxx.png)으로 준비하고, 고해상도(Retina)용은 60×60픽셀 그림
(xxx@2x.png)으로 준비합니다. 그림의 색은 관계없이 알파 채널(투
명도)만 사용해서(주위의 필요없는 부분을 투명으로 만듦) 잘라낸 형
태가 아이콘의 모양이 됩니다.

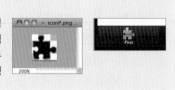

▶▶ 2 첫 번째 화면 작성

첫 번째 화면의 레이아웃은 FirstView.xib에서 만듭니다.

▶▶ 3 두 번째 화면 작성

두 번째 화면의 레이아웃은 SecondView.xib에서 만듭니다.

▶▶ 4 각 화면 사이에서 데이터 전달

한 앱이지만 첫 번째 화면(FirstViewController)과 두 번째 화면(SecondViewController)은 서로 다른 클래스로 작성되어 있습니다. 따라서 이대로는 각 화면 사이에서 데이터의 연관성이 없는 상태입니다. 만약 화면을 서로 연결하여 연관성이 있게 하고 싶을 때는 해당 메커니즘을 추가로 작성해주어야 합니다.

여러 가지 방법이 있지만 그 중 한 가지는 「애플리케이션 델리게이트에 속성 변수를 만들어놓고 서로 전달하는 방법」입니다.

◉ 애플리케이션 델리게이트(AppDelegate)에 속성 작성

속성이란 다른 클래스로부터도 읽어내거나 써넣을 수 있는 특별한 변수를 의미합니다. 이 속성을 애플리케이션 델리게이트 클래스에 작성하여 어느 화면에서나 데이터를 읽고 쓸 수 있는 구조를 만듭니다.

> **One Point!**
>
> 애플리케이션 델리게이트(AppDelegate) 클래스는 앱이 실행될 때나 종료될 때와 같이 앱의 전체적인 움직임을 제어하는 클래스입니다.
> 이 애플리케이션 델리게이트 클래스가 주춧돌이 되어 그 위에 각 화면의 클래스가 만들어져 있는 구조이므로, 애플리케이션 델리게이트 클래스에 속성을 만들면 그 위에 만든 각 화면의 클래스에서 액세스하기 쉽습니다.

9장

애플리케이션 델리게이트(AppDelegate)에 속성으로 데이터를 교환합니다.

속성은 다음과 같이 4단계로 설정합니다.

---

1 우선 헤더 파일(xxxAppDelegate.h)의 @interface…{ ~ } 사이의 행에 일반적인 변수를 작성합니다.

변수형 변수;

---

2 } 다음 행에 「@property」 행을 추가합니다.

@property (nonatomic, assign) 변수형 변수:

예 myCount라는 속성을 작성합니다.

```
01  @interface tbAppDelegate : NSObject
        <UIApplicationDelegate, UITabBarControllerDelegate> {
02    NSInteger myCount;
03  }
04  @property (nonatomic, assign) NSInteger myCount;
```

3 메소드 파일(xxxAppDelegate.m)의 @implementation 다음 행에「@synthesize」행을 추가합니다.

> @synthesize 변수:

예 myCount라는 속성을 작성합니다.

```
01  @implementation tbAppDelegate
02  @synthesize myCount;
```

- -

4 속성을 초기화합니다.

앱이 실행되면「didFinishLaunchingWithOptions」라는 델리게이트 메소드가 호출되는데, 이 메소드에서 속성을 초기화합니다.

```
- (BOOL)application:(UIApplication *)application
  didFinishLaunchingWithOptions:(NSDictionary *)launchOptions {
     // 앱이 실행되었을 때 처리
}
```

예 myCount라는 프로퍼티를 초기화합니다.

```
01  - (BOOL)application:(UIApplication *)application
        didFinishLaunchingWithOptions:(NSDictionary *)launchOptions {
02      myCount = 3;
03
04      [window addSubview:tabBarController.view];
05      [window makeKeyAndVisible];
06
07      return YES;
08  }
```

● 첫 번째 화면에서 속성 데이터에 대해 읽고 쓰기

탭바 애플리케이션에서는 뷰 화면이 한 번 만들어지면 이후에는 이를 전환해가면서 표시합니다. 따라서 「화면이 준비되었을 때」 호출되는 「viewDidLoad」는 한 번만 호출됩니다.

그래서 탭을 통해 화면이 전환되었을 때 화면을 갱신하려면 「화면이 표시되기 직전」에 호출되는 「viewWillAppear」를 사용합니다.

이렇게 하면 탭을 통해 화면이 전환되었을 때 화면이 표시되기 때문에 「viewWillAppear」가 호출됩니다.

```
- (void)viewWillAppear:(BOOL)animated
        // 화면이 표시되기 직전에 실행할 처리
}
```

여기서 애플리케이션 델리게이트 클래스의 속성을 조사하여 화면을 표시하면 속성값을 반영할 수 있습니다.

이렇게 하려면 먼저 FirstViewController.m에 xxxAppDelegate.h를 임포트해서 속성을 사용할 준비를 합니다.

```
#import "xxxAppDelegate.h"
```

이제 「viewWillAppear」 안에서 「sharedApplication」 메소드를 사용하여 애플리케이션 델리게이트(AppDelegate)를 작성합니다.

```
xxxAppDelegate *애플리케이션 델리게이트 =
(xxxAppDelegate *)[[UIApplication sharedApplication] delegate];
```

이 애플리케이션 델리게이트를 처리함으로써, AppDelegate 클래스의 속성을 읽고 쓸 수 있습니다.

```
변수 = 애플리케이션 델리게이트.속성;
```

예 첫 번째 화면이 표시되면 속성값을 레이블에 표시합니다.

```
01  #import "tbAppDelegate.h"
02
03  @implementation FirstViewController
04
05  -(void)viewWillAppear:(BOOL)animated {
06      tbAppDelegate *appDelegate =
07          (tbAppDelegate *) [[UIApplication sharedApplication] delegate];
08      myLabel.text =
09          [NSString stringWithFormat:@"<%d>", appDelegate.myCount];
10  }
```

● 두 번째 화면에서 속성 데이터에 대해 읽고 쓰기

두 번째 화면도 마찬가지입니다.

일단 FirstViewController.m에 「AppDelegate.
h」를 임포트하여 속성을 사용할 준비를 합니다.
그리고 「viewWillAppear」 안에서 「sharedAppli
cation」 메소드를 사용하여 애플리케이션 델리게
이트(AppDelegate)를 작성하고, 그 속성을 사용
하여 읽고 쓰기를 합니다.

예 두 번째 화면이 표시되면 속성값을 레이블에 표시합니다.

```
01  #import "tbAppDelegate.h"
02
03  @implementation SecondViewController
04
05  -(void)viewWillAppear:(BOOL)animated {
06      tbAppDelegate *appDelegate =
07          (tbAppDelegate *) [[UIApplication sharedApplication] delegate];
08      myLabel.text =
09          [NSString stringWithFormat:@"<%d>", appDelegate.myCount];
10  }
```

기본 상태에서는 탭이 2개지만, 탭을 3개 이상으
로 늘릴 수도 있습니다.

● 세 번째 화면을 ViewController 클래스와 함께 작성

「프로젝트명의 폴더」를 오른쪽 버
튼으로 클릭하고 [New File...]
을 선택합니다.
템플릿 선택 다이얼로그가 표시
되면, 「Cocoa Touch」의 「UIView
Controller subclass」를 선택하고
[Next] 버튼을 클릭합니다.

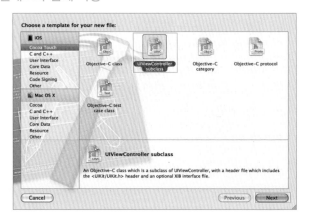

「with XIB for user interface」를
체크(체크하면 XIB 파일이 만들
어지고 연결된 상태가 됩니다)한
다음 [Next] 버튼을 누릅니다.

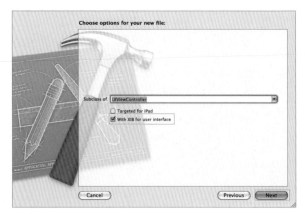

[Save As]에 파일명을 「뷰명 + ViewController. m」으로 입력한 후, [Save] 버튼을 누릅니다.

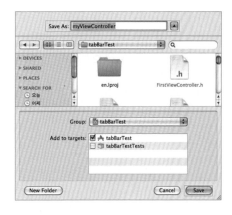

이것으로 다음 세 파일이 작성되었습니다.

• 「뷰명 + ViewController.h」
• 「뷰명 + ViewController.m」
• 「뷰명 + ViewController.xib」

◈ 세 번째 탭 추가

「MainWindow.xib」를 클릭하고 「Tab Bar Item」을 탭에 드래그해서 추가합니다.

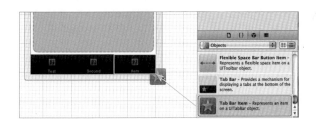

◈ 세 번째 탭의 클래스 설정

세 번째 탭을 클릭해서 선택 상태로 만듭니다.
이 상태에서 [View] – [Utilities] – [Identity Inspector]를 선택하면 「Identity Inspector」 패널이 표시됩니다.
「Class」의 풀다운 메뉴에서 앞서 만든 클래스의 「뷰명 + ViewController」를 선택합니다. 이것으로 이 탭을 클릭했을 때 표시할 클래스가 결정됩니다.

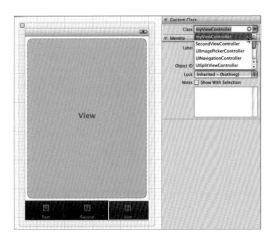

6장

「두 개의 탭으로 화면을 전환할 때마다 카운트를 증가시킵니다」

난이도 : ★★★☆☆
제작 시간 : 20분

탭바 애플리케이션으로 앱을 만든 후, 인터페이스 빌더에서 첫 번째와 두 번째 화면에 레이블을 배치하고, 소스 에디터에서 「탭으로 화면을 전환할 때마다 카운트를 증가시키는 프로그램」을 만듭니다.

【개요】

먼저, 탭바 애플리케이션으로 앱을 만듭니다.

다음으로, 인터페이스 빌더에서 첫 번째 화면용 레이블을 만들고, 「레이블명(변수)」을 헤더 파일(.h)에 만들어서 레이블명과 인터페이스 빌더에서 만든 레이블을 「연결」합니다.

또한 인터페이스 빌더에서 두 번째 화면용 레이블을 만들고, 「레이블명(변수)」을 헤더 파일(.h)에 만들어서 레이블명과 인터페이스 빌더에서 만든 레이블을 「연결」합니다.

애플리케이션 델리게이트(AppDelegate) 클래스에 정수 속성을 만들고, 앱을 실행하면 속성을 0으로 초기화합니다. 첫 번째와 두 번째 화면 각각에서 화면이 표시되기 직전에 속성값에 1을 더해서 레이블에 표시합니다.

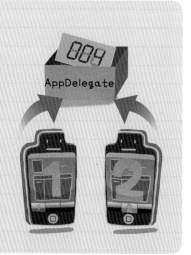

---

1 새 프로젝트를 만듭니다.

Xcode를 실행하고 「Create a new Xcode project」를 선택한 후, 「Tab Bar Application」을 선택합니다. [Next] 버튼을 클릭한 후 「Project Name」과 「Company Identifier」를 설정하고 다시 [Next]를 클릭하여 저장합니다. 여기서는 프로젝트명을 「tabBarTest」로, 회사 식별자를 「com.myname」으로 지정했습니다.

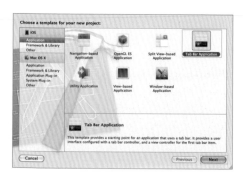

2 첫 번째 화면을 작성합니다.

「FirstView.xib」를 클릭해서 인터페이스 빌더를 표시하고 [Object Library]에서 「Label」을 「View」로 드래그합니다.

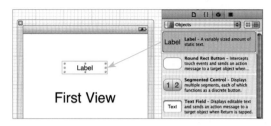

---

3 소스 에디터에서 첫 번째 화면의 「레이블명」을 만듭니다.

「FirstViewController.h」를 선택합니다. @interface…{ ~ } 사이의 행에 「레이블명」을 추가하고 파일을 저장합니다.

```
01  IBOutlet UILabel *myLabel;
```

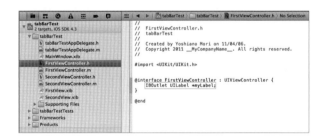

---

4 「myLabel」 오른쪽에 있는 「○」를 드래그 해서 선을 잡아늘려 「레이블」에 연결합니다.

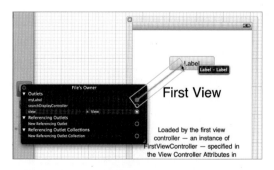

5 두 번째 화면을 작성합니다.

「SecondView.xib」를 클릭해서 인터페이스 빌더를 표시하고 [Object Library]에서 「Label」을 「View」로 드래그합니다.

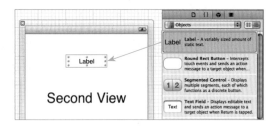

---

6 소스 에디터에서 두 번째 화면의 「레이블명」을 작성합니다.

「SecondViewController.h」 파일을 선택합니다. @interface … { ~ } 사이의 행에 「레이블명」을 추가하고 파일을 저장합니다.

```
01  IBOutlet UILabel *myLabel;
```

---

7 「myLabel」 오른쪽에 있는 「○」를 드래그해서 선을 잡아늘려 레이블에 연결합니다.

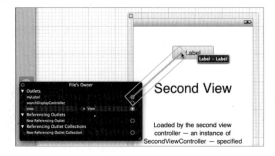

8 애플리케이션 델리게이트(AppDelegate)에 프로퍼티를 만듭니다.

헤더 파일(tabBarTestAppDelegate.h)에 myCount라는 정수 속성을 작성합니다.

```
01  @interface tabBarTestAppDelegate : NSObject <UIApplicationDelegate,
        UITabBarControllerDelegate> {
02      NSInteger myCount;
03  }
04  @property (nonatomic, assign) NSInteger myCount;
```

- -

9 메소드 파일(tabBarTestAppDelegate.m)에 「@synthesize myCount;」를 추가하고, 속성을 초기화합니다.

```
01  @implementation tabBarTestAppDelegate
02  @synthesize myCount;
03
04  - (BOOL)application:(UIApplication *)application didFinishLaunchingWithOptions:
    (NSDictionary *)launchOptions {
05      myCount = 0;
06
07      [window addSubview:tabBarController.view];
08      [window makeKeyAndVisible];
09
10      return YES;
11  }
```

10 첫 번째 화면을 표시할 때 속성값에 1을 더해서 레이블에 표시합니다.

먼저 FirstViewController.m에서 「tabBarTestAppDelegate.h」를 임포트합니다. 애플리케이션 델리게이트를 얻고, 속성값에 1을 더한 후 레이블에 표시합니다.

```
01 #import "tabBarTestAppDelegate.h"
02
03 @implementation FirstViewController
04
05 -(void)viewWillAppear:(BOOL)animated {
06     tabBarTestAppDelegate *appDelegate = (tabBarTestAppDelegate *)
07     [[UIApplication sharedApplication] delegate];
08     appDelegate.myCount++;
09     myLabel.text =
10     [NSString stringWithFormat:@"<%d>", appDelegate.myCount];
11 }
```

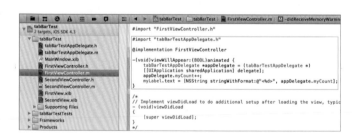

11 두 번째 화면을 표시할 때 속성값에 1을 더해서 레이블에 표시합니다.

먼저 SecondViewController.m에서 「tabBarTestAppDelegate.h」를 임포트합니다.
애플리케이션 델리게이트를 얻고, 속성값에 1을 더한 후 레이블에 표시합니다.

```
01  #import "tabBarTestAppDelegate.h"
02
03  @implementation SecondViewController
04
05  -(void)viewWillAppear:(BOOL)animated {
06      tabBarTestAppDelegate *appDelegate = (tabBarTestAppDelegate *)
07      [[UIApplication sharedApplication] delegate];
08      appDelegate.myCount++;
09      myLabel.text =
10      [NSString stringWithFormat:@"<%d>", appDelegate.myCount];
11  }
```

 시뮬레이터에서 실행합니다.

[Scheme]의 풀다운 메뉴에서 「Simulator」를 선택하고, [Run] 버튼을 눌러서 실행합니다.

처음에는 「⟨1⟩」이라고 표시되어 있습니다. 두 탭을 전환할 때마다 「⟨2⟩」, 「⟨3⟩」, 「⟨4⟩」, ...으로 카운트가 증가합니다.

「세 개의 탭으로 화면을 전환할 때마다 카운트를 증가시킵니다」

난이도 : ★★★☆☆
제작 시간 : 5분

「두 개의 탭으로 화면을 전환할 때마다 카운트를 증가시킵니다」 프로젝트에 화면을 추가합니다.

【개요】

먼저, 「두 개의 탭으로 화면을 전환할 때마다 카운트를 증가시킵니다」 프로젝트와 같은 앱을 작성합니다(프로젝트 시작). 다음으로, 세 번째 화면의 ViewController 클래스를 작성합니다.

그런 다음 인터페이스 빌더에서 첫 번째 화면용 레이블을 만들고, 「레이블명(변수)」을 헤더 파일(.h)에 만들어서 레이블명과 인터페이스 빌더에서 만든 레이블을 「연결」합니다.

또한 인터페이스 빌더에서 두 번째 화면용 레이블을 만들고, 「레이블명(변수)」을 헤더 파일(.h)에 만들어서 레이블명과 인터페이스 빌더에서 만든 레이블을 「연결」합니다.

애플리케이션 델리게이트(AppDelegate) 클래스에 정수 속성을 만들고, 이 속성을 0으로 초기화합니다. 첫 번째와 두 번째 화면 각각에서 화면이 표시되기 직전에 속성값에 1을 더해서 레이블에 표시합니다.

---

1 세 번째 화면을 ViewController 클래스와 함께 만들기

「프로젝트명의 폴더」(여기서는 「tabBarTest」 폴더)를 오른쪽 버튼으로 클릭한 후 나타나는 메뉴에서 [New File...]을 선택합니다.

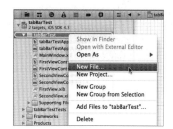

이렇게 하면 「Choose a template for your new file:」 다이얼로그가 표시되는데, 「Cocoa Touch Class」에서 「UIViewController subclass」를 선택하고 하단 옵션에서 「with XIB for user interface」를 체크한 후(체크하면 XIB 파일이 만들어지고 연결된 상태가 됩니다) [Next] 버튼을 누릅니다.

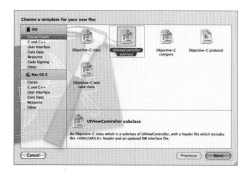
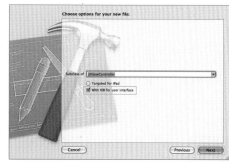

[Save As]에 파일명으로 「myViewController.m」을
입력한 후 [Save] 버튼을 누릅니다.

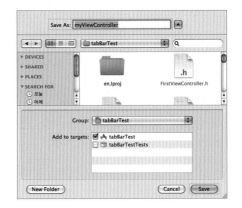

---

2 세 번째 화면을 작성합니다.
「myViewController.xib」를 더블클릭해
서 인터페이스 빌더를 실행하고, [Object
Library]에서 「Label」을 「View」로 드래그
합니다.

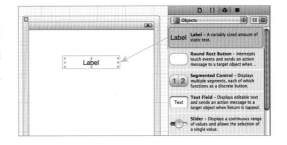

---

3 소스 에디터에서 「레이블명」과 「문자열 변수」를 만듭니다.
「myViewController.h」 파일을 선택합니다. @interface…{ ~ } 사이의 행에 「레이블명」을 추가하고
파일을 저장합니다.

```
01  IBOutlet UILabel *myLabel;
```

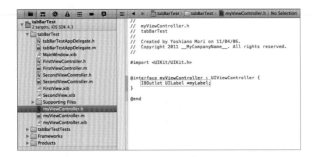

4 「레이블명과 인터페이스 빌더에서 만든 레이블」을 연결합니다. 「myViewController.xib」를 클릭해서 인터페이스 빌더를 표시하고, Dock의 「File's Owner」를 오른쪽 버튼으로 클릭해서 선택합니다. 그러면 앞에서 작성한 「myLabel」이 표시되는데, 이 레이블명 오른쪽에 있는 「ㅇ」를 드래그해서 선을 잡아늘려 레이블에 연결합니다.

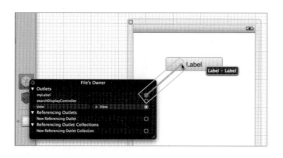

5 세 번째 탭을 추가합니다.
「MainWindow.xib」를 클릭해서 인터페이스 빌더를 표시하고, [Object Library]에서 「Tab Bar Item」을 「Tab Bar Controller」로 드래그해서 추가합니다.

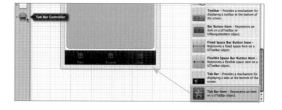

6 세 번째 탭의 클래스를 설정합니다.
세 번째 탭을 클릭해서 선택 상태로 만듭니다. 이 상태에서 [View] – [Utilities] – [Identity Inspector]를 선택하면 「Identity Inspector」 패널이 표시되는데, 「Class」의 풀다운 메뉴에서 앞에서 만든 「myViewController」를 선택합니다. 이는 세 번째 탭을 클릭했을 때 표시할 화면의 클래스가 됩니다.

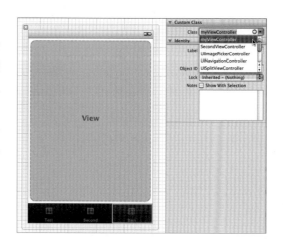

7 세 번째 화면을 표시할 때 속성값에 1을 더해서 레이블에 표시합니다.

먼저, myViewController.m에 「tabBarTestAppDelegate.h」를 임포트합니다. 애플리케이션 델리게이트를 얻어서 그 속성값에 1을 더한 후 레이블에 표시합니다.

```
01  #import "tabBarTestAppDelegate.h"
02
03  @implementation myViewController
04
05  -(void)viewWillAppear:(BOOL)animated {
06      tabBarTestAppDelegate *appDelegate = (tabBarTestAppDelegate *)
07      [[UIApplication sharedApplication] delegate];
08      appDelegate.myCount++;
09      myLabel.text =
10      [NSString stringWithFormat:@"<%d>", appDelegate.myCount];
11  }
```

8 시뮬레이터에서 실행합니다.

[Scheme]의 풀다운 메뉴에서 「Simulator」를 선택하고, [Run] 버튼을 눌러서 실행합니다.

처음에는 「〈1〉」이라고 표시되고, 세 탭을 전환할 때마다 「〈2〉」, 「〈3〉」, 「〈4〉」, ...으로 카운트가 증가합니다.

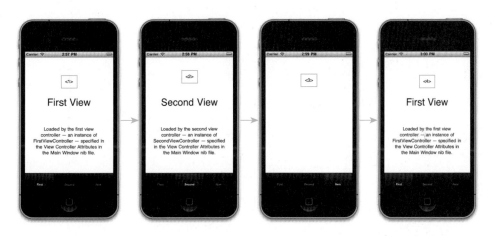

10장
테이블 표시

아이폰 앱에서 한꺼번에 많은 데이터를 표시할 때는 테이블 뷰를 사용합니다.
이 장에서는 테이블 뷰에 데이터를 표시하는 방법과 여러 화면을 계층 구조로
표시하는 방법, 셀을 자유롭게 배치하는 방법 등에 관해 설명합니다.

UITableView : 복수의 데이터를 리스트로 표시하기

테이블 뷰UITableView는 복수의 데이터를 리스트 형식으로 표시하거나, 표시된 리스트 중에서 한 데이터를 선택하도록 만들고 싶을 때 사용합니다.

많은 데이터가 표시되어 있을 때는 화면을 상하로 플릭킹하면 데이터 리스트가 스크롤됩니다.

단순히 화면 가득 데이터를 표시하는 방법도 있고, 설정용 앱처럼 모서리가 둥근 상자에 표시하는 방법도 있습니다.

Lecture 테이블 뷰의 구조

테이블 뷰는 구조를 알아야 잘 사용할 수 있습니다. 테이블 뷰의 내부는 몇 개의 섹션Section으로 구별되어 있고, 각 섹션은 다시 여러 행Row으로 구성되는 2중 구조로 되어 있습니다.

각 행은 셀Cell이라고도 하는데, 여기에 문자열이나 아이콘을 표시하기도 하고, 경우에 따라서는 스위치 등의 컨트롤을 배치하여 표시하기도 합니다.

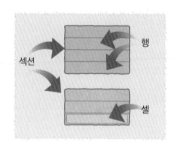

테이블 표시 형식은 일반 형식Plain과 모서리가 둥근 상자로 둘러쌓인 그룹 형식Grouped, 두 종류 중에서 선택합니다(작성할 때 선택하므로 작성 후에는 바꿀 수 없습니다).

일반 형식(Plain)(왼쪽)과 그룹 형식(Grouped)(오른쪽)

여러 가지 표시를 가능하게 하다 보니 조금 복잡한 구조가 되었지만, 섹션을 기본으로 해서 헤더Header와 풋터Footer를 없애고 「행Row만 있는」 상태로 만들면 가장 단순한 구조가 되어 리스트만 표시됩니다. 이는 기본 상태로, 가장 흔히 사용되는 형태입니다.

Lecture 테이블 뷰 사용 방법

테이블 뷰는 주로 다음과 같은 순서로 사용합니다.

1 인터페이스 빌더에서 테이블 뷰를 배치하여 사용 가능하게 만들기
   또는 내비게이션 기반 애플리케이션으로 새로 작성하기
2 테이블 표시하기
   1) 섹션 수 입력
   2) 행 수 입력
   3) 행에 표시할 데이터 입력

필요에 따라 다음 순서도 추가합니다.

③ 섹션에 설명 붙이기
   1) 섹션에 헤더 붙이기
   2) 섹션에 풋터 붙이기

▶▶▶ **1** 인터페이스 빌더에서 테이블 뷰를 배치하여 사용 가능하게 만들기

지금까지와 마찬가지로 뷰 기반 애플리케이션View-Based Application으로 만든 앱에 테이블 뷰를 추가하는 방법을 살펴봅니다.

인터페이스 빌더에서 테이블 뷰를 배치합니다. [Object Library]에서 「Table View」를 「View」로 드래그합니다.

표시 형식을 변경하고 싶을 때는 [View] – [Utilities] – [Attributes Inspector]를 선택하여 [Attributes Inspector]가 표시되면, 「Style」의 풀다운 메뉴를 사용하여 「Grouped(그룹으로 표시)」를 선택합니다. 「Plain」을 선택하면 일반 표시가 됩니다.

프로그램에서 처리할 수 있게 헤더 파일(.h)에 「〈UITableViewDelegate, UITableView DataSource〉」를 추가하고, 「테이블 뷰명」을 만들어 인터페이스 빌더에서 만든 테이블 뷰와 연결합니다.

그리고 2가지를 더 설정합니다.

「테이블에 무엇을 표시할 것인지 어디에 물어보면 되는가(dataSource)」와 「테이블이 선택되었을 때 어디에 알려주면 되는가(delegate)」 두 가지를 메소드 파일(.m)에 설정합니다.

그리고 일반적으로 이 두 가지 모두 같은 구현 파일(.m)에 작성하므로 「self」를 지정합니다.

◉ 테이블에 무엇을 표시할 것인지 어디에 물어보면 되는가? (dataSource)

```
myTable.dataSource = self;
```

● 테이블이 선택되었을 때 어디에 알려주면 되는가? (delegate)

```
myTable.delegate = self;
```

예 표시할 데이터는 물론, 선택되었을 때도 self에 물어보게 합니다.

```
01  -(void)viewDidLoad {
02      [super viewDidLoad]
03      myTable.dataSource = self;
04      myTable.delegate = self;
05  }
```

▶▶ 내비게이션 기반 애플리케이션으로 새로 작성하기

데이터의 테이블 표시가 주 기능인 앱일 때는 새 프로젝트에서 「Navigation-based Application」 템플릿을 선택하면 앱 작성이 상당히 간편해집니다.

먼저 Xcode를 실행하고 「Create a new Xcode project」를 선택한 후, 「Navigation-based Application」을 선택합니다.

이것만으로 벌써 기본 설정은 완료한 셈입니다. 이외에 추가해야 할 프로그램도 템플릿이 작성되어 있어서 조금만 수정해주면 그대로 사용할 수 있을 정도로 쉽게 만들 수 있습니다.

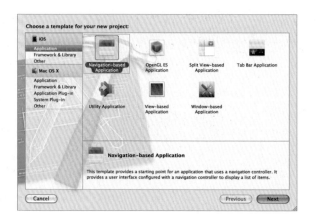

▶▶ 2 테이블 표시하기

테이블 뷰를 작성한 다음에는 리스트에 무엇을 표시할 것인가를 설정합니다.

◉ 섹션 수 입력

테이블 뷰를 표시할 때, 테이블 뷰는 우선 「섹션은 몇 개입니까」라는 질문을 해옵니다. 따라서 사용할 섹션 수를 답해줍니다.

구체적으로는 「numberOfSectionsInTableView」라는 델리게이트 메소드가 호출되는데, 이 메소드에서 「return 섹션 수;」로 답해주면 됩니다.

```
- (NSInteger)numberOfSectionsInTableView: (UITableView *)tableView {
    return 섹션 수;
}
```

📵 섹션 수를 2로 설정합니다.

```
01  - (NSInteger)numberOfSectionsInTableView: (UITableView *)tableView {
02      return 2;
03  }
```

> **One Point!**
>
> 섹션 수의 기본값은 1입니다. 따라서 섹션이 1개인 단순한 테이블이면 이 델리게이트 메소드 자체를 만들지 않아도 Xcode가 알아서 1개의 섹션을 만들어줍니다.
> 이 경우 행 수와 행에 표시할 데이터를 답해주기만 하면 테이블을 만들 수 있습니다.

행 수 입력

다음으로, 테이블 뷰는 각 섹션별로 「이 섹션에는 몇 행을 표시할까요?」라고 질문해옵니다. 해당 섹션에 표시할 행 수를 답해줍니다.

구체적으로는 「numberOfRowsInSection: section」이라는 델리게이트 메소드가 호출됩니다. 어느 섹션인지는 section 값을 보면 알 수 있으므로, 해당 섹션에 몇 행을 표시할지를 「return 행 수;」로 답해주면 됩니다.

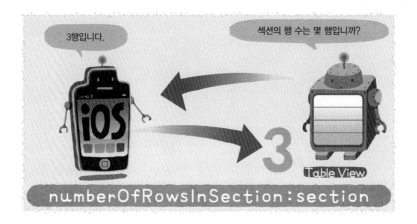

```
- (NSInteger)tableView: (UITableView *)tableView numberOfRowsInSection:
(NSInteger)section {
    return 행 수;
}
```

㉠ 전부 3행으로 설정합니다.

```
01  - (NSInteger)tableView: (UITableView *)tableView numberOfRowsInSection:
(NSInteger)section {
02      return 3;
03  }
```

㉠ 섹션 0은 3행, 그 외에는 2행으로 설정합니다.

```
01  - (NSInteger)tableView : (UITableView *)tableView numberOfRowsInSection:
(NSInteger)section {
02      if ( section == 0 ) {
04          return 3;
05      }
06      else {
07          return 2;
08      }
05  }
```

행에 표시할 데이터 입력

다음으로, 테이블 뷰는 「이 섹션의 이 행에는 무엇을 표시할까요?」라고 질문해옵니다. 표시할 내용을 답해줍니다.

구체적으로는 「cellForRowAtIndexPath: indexPath」라는 델리게이트 메소드가 호출됩니다. 어느 섹션인지는 indexPath.section 값, 어느 행인지는 indexPath.Row 값으로 판단합니다. 해당 섹션의 행에 표시할 내용을 「cell」에 설정하고, 「return cell」로 답해주면 됩니다.

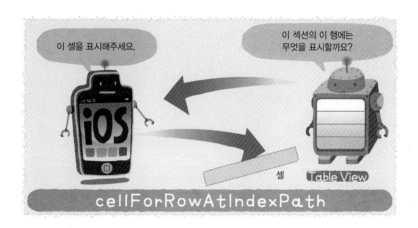

```
- (UITableViewCell *)tableView: (UITableView *)tableView
cellForRowAtIndexPath: (NSIndexPath *)indexPath {
    // cell에 표시할 내용 설정
    return cell;
}
```

표시할 문자열은 cell.textLabel.text에 지정합니다.

```
cell.textLabel.text = 문자열;
```

표시할 아이콘은 cell.imageView.image에 지정합니다.

```
cell.imageView.image = 이미지 데이터;
```

예 각 행에 섹션 번호와 행 번호를 표시합니다.

```
01 - (UITableViewCell *)tableView:(UITableView *)tableView cellForRowAtIndexPath:
   (NSIndexPath *)indexPath {
02    static NSString *CellIdentifier = @"Cell";
03
04    UITableViewCell *cell = [tableView dequeueReusableCellWithIdentifier:
      CellIdentifier];
05    if (cell == nil) {
06       cell = [[[UITableViewCell alloc] initWithFrame:
         CGRectZero reuseIdentifier:CellIdentifier] autorelease];
07    }
08
09    cell.textLabel.text = [NSString stringWithFormat:@"Sec=%d, Row=%d",
       indexPath.section, indexPath.row];
10    return cell;
11 }
```

▶▶ 3 섹션에 설명 붙이기

섹션이 하나뿐일 때는 그다지 필요없지만, 두 개 이상이 되면 각각 어떤 섹션인지 설명해두지 않으면 현재 표시된 섹션이 어느 것인지 구분하기 어려울 수 있습니다. 섹션 간의 구별을 쉽게 하기 위해 설명문을 표시할 수 있습니다. 특히 테이블의 표시 형식이 일반 형식(Plain)일 경우는 섹션의 구별자로 사용할 수 있습니다.

● 섹션에 헤더 붙이기

섹션 상단에 문자열을 표시하고 싶을 때는 헤더를 답해줍니다.

테이블 뷰가 「이 섹션의 헤더는 무엇인가요?」 하고 질문해오면, 헤더의 문자열을 답해줍니다(return). 구체적으로는 「titleForHeaderInSection: section」이라는 델리게이트 메소드가 호출됩니다. 어느 섹션인지는 section 값을 보면 알 수 있으므로, 「return 헤더 문자열;」로 답해주면 됩니다.

```
- (NSInteger)tableView: (UITableView *)tableView titleForHeaderInSection:
(NSInteger)section {
    return 헤더 문자열;
}
```

예 헤더에 섹션 번호를 표시합니다.

```
01  - (NSInteger)tableView: (UITableView *)tableView titleForHeaderInSection:
      (NSInteger)section {
02      return [NSString stringWithFormat: @"Header Section<%d>", section];
03  }
```

섹션에 풋터 붙이기

섹션 하단에 문자열을 표시하고 싶을 때는 풋터Footer를 답해줍니다. 헤더와 같은 방법으로 지정합니다.

테이블 뷰가 「이 섹션의 풋터는 무엇인가요?」 하고 질문해오면, 풋터의 문자열을 답해줍니다. 구체적으로는 「titleForFooterInSection: section」이라는 델리게이트 메소드가 호출됩니다. 어느 섹션인지는 section 값을 보면 알 수 있으므로, 「return 풋터 문자열;」로 답해주면 됩니다.

```
– (NSInteger)tableView: (UITableView *)tableView titleForFooterInSection:
(NSInteger)section {
    return 풋터 문자열;
}
```

예 풋터에 섹션 번호를 표시합니다.

```
01  - (NSInteger)tableView: (UITableView *)tableView titleForFooterInSection:
      (NSInteger)section {
02      return [NSString stringWithFormat: @"Footer Section<%d>", section];
03  }
```

10장

「테이블에 같은 문자열을 20개 표시합니다」

난이도 : ★☆☆☆☆
제작 시간 : 5분

인터페이스 빌더에서 테이블 뷰를 배치하고, 소스 에디터에서 「테이블에 같은 문자열을 20행 표시하는 프로그램」을 만듭니다. 이번에는 뷰 기반 애플리케이션(View-based Application)으로 만들어보겠습니다.

【개요】

먼저, 인터페이스 빌더에서 「테이블 뷰」를 만듭니다.

그리고 나서 이 테이블 뷰를 프로그램에서 처리할 수 있게 준비합니다. 「테이블 뷰명(변수)」을 헤더 파일(.h)에 만들고, 테이블 뷰명과 인터페이스 빌더에서 만든 테이블 뷰를 「연결」합니다.

마지막으로, 프로그램 부분을 구현 파일(.m)에 작성합니다. 델리게이트 메소드에서 행의 수와 표시할 내용을 답해서(return) 표시합니다.

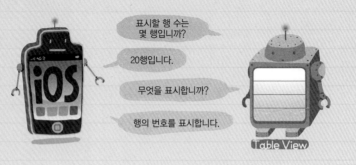

1 새 프로젝트를 만듭니다.

Xcode를 실행하고 「Create a new Xcode project」를 선택한 후, 「View-based Application」을 선택합니다. [Next] 버튼을 클릭한 후 「Project Name」과 「Company Identifier」를 설정하고 다시 [Next]를 클릭하여 저장합니다. 여기서는 프로젝트명을 「tableTest」로, 회사 식별자를 「com.myname」으로 지정했습니다.

2 인터페이스 빌더를 표시합니다.

새 프로젝트를 생성하면 여러 기본 파일이 생성되는데, 그 중에서 「tableTestViewController.xib」를 클릭하여 인터페이스 빌더를 표시한 후, 메뉴에서 [View] - [Utilities] - [Object Library]를 선택합니다.

---

3 인터페이스 빌더에서 테이블 뷰를 작성합니다.

인터페이스 빌더의 [Object Library]에서 「Table View」를 「View」로 드래그합니다.

Table View를 View로 드래그

---

4 소스 에디터에서 「테이블 뷰명」을 만듭니다.

.h 파일(tableTestViewController.h)을 선택합니다. 테이블 뷰를 사용하려면 「@interface」 행에 「〈UITableViewDelegate, UITableViewDataSource〉」를 추가합니다.

@interface … { ~ } 사이의 행에 「테이블 뷰명」을 추가합니다. 추가한 후에는 파일을 저장합니다.

```
01  @interface tableTestViewController : UIViewController
02      <UITableViewDelegate, UITableViewDataSource> {
03          IBOutlet UITableView *myTableView;
04  }
```

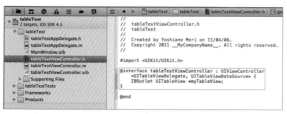

tableTestViewController.h

5 「테이블 뷰명과 인터페이스 빌더에서 만든 테이블 뷰를 연결」합니다. 「tableTestViewController.xib」를 클릭해서 인터페이스 빌더를 실행하고, Dock의 「File's Owner」를 오른쪽 버튼으로 클릭합니다. 그러면 앞에서 만든 「myTableView」라는 테이블 뷰명이 표시됩니다. 이 테이블 뷰명 오른쪽에 있는 「○」를 드래그해서 선을 잡아늘려 테이블 뷰에 연결합니다. 이렇게 하면 「테이블 뷰명과 인터페이스 빌더에서 만든 테이블 뷰가 연결」됩니다.

테이블 뷰명 오른쪽에 있는 ○를 드래그해서 Table View에 연결

---

6 소스 에디터에서 행 수와 표시할 내용을 답해줍니다.

.m 파일(tableTestViewController.m)을 선택합니다. .m 파일에는 이미 여러 가지 소스 코드가 작성되어 있습니다. @implementation 다음 행에 다음과 같이 코드를 추가합니다. 행 수를 20, 표시 문자열을 「행=xxx」라고 답하는 코드입니다.

```
01  -(void)viewDidLoad {
02      [super viewDidLoad];
03      myTableView.dataSource = self;
04      myTableView.delegate = self;
05  }
06  // 테이블의 행 수
07  - (NSInteger)tableView:(UITableView *)tableView numberOfRowsInSection:
    (NSInteger)section {
08      return 20;
09  }
10  // 행에 표시할 데이터
11  - (UITableViewCell *)tableView:(UITableView *)tableView cellForRowAtIndexPath:
    (NSIndexPath *)indexPath {
12      static NSString *CellIdentifier = @"Cell";
13      UITableViewCell *cell = [tableView dequeueReusableCellWithIdentifier:CellIdentifier];
14      if (cell == nil) {
15          cell = [[[UITableViewCell alloc] initWithFrame:
    CGRectZero reuseIdentifier:CellIdentifier] autorelease];
```

```
16    }
17    cell.textLabel.text = [NSString stringWithFormat:@"행=%d", indexPath.row];
18    return cell;
19 }
```

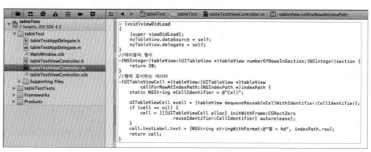

tabelTestViewController.m

---

7 시뮬레이터에서 실행합니다.

[Scheme]의 풀다운 메뉴에서 「Simulator」를 선택하고, [Run] 버튼을 눌러서 실행합니다.

iOS 시뮬레이터가 시작되고, 프로그램(앱)이 실행됩니다. 테이블을 위아래로 플릭킹하면 테이블이 스크롤됩니다.

「테이블에 설정한 문자열을 2x3행으로 표시합니다」

난이도 : ★★☆☆☆
제작 시간 : 5분

내비게이션 기반 애플리케이션(Navigation-based Application)으로 작성하고, 소스 에디터에서 「테이블에 설정한 문자열을 두 개의 섹션에 표시하는 프로그램」을 만듭니다.

이번에는 내비게이션 기반 애플리케이션(Navigation-based Application)으로 만들어봅니다.

【개요】

새 프로젝트를 「Navigation-based Application」 템플릿을 사용해서 작성합니다. 다음으로, 프로그램 부분을 작성합니다. 문자열 데이터를 배열로 만들고, 델리게이트 메소드로 섹션 수(2), 행 수, 표시할 내용을 답하여 표시합니다.

섹션 수는 몇 개입니까?

2개입니다.

행 수는 몇 행입니까?

3행과 2행입니다.

무엇을 표시합니까?

Table View

이 문자열을 표시해주세요.

1️⃣ 새 프로젝트를 만듭니다.

Xcode를 실행하고 「Create a new Xcode project」를 선택한 후, 「Navigation-based Application」을 선택합니다. [Next] 버튼을 클릭한 후 「Project Name」과 「Company Identifier」를 설정하고 다시 [Next]를 클릭하여 저장합니다. 여기서는 프로젝트명을 「naviTest」로, 회사 식별자를 「com.myname」으로 지정했습니다.

---

2 문자열 데이터가 들어갈 배열을 만듭니다.

.h 파일(RootViewController.h)을 선택합니다. @interface … { ∼ } 사이의 행에 배열을 추가합니다.

```
01  @interface RootViewController : UITableViewController
02      NSArray *myData1;
03      NSArray *myData2;
04  }
```

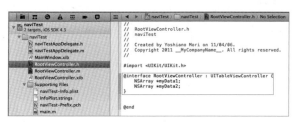

RootViewController.h

---

3 문자열 데이터를 작성합니다.

.m 파일(RootViewController.m)을 선택하고 코드를 추가합니다.

화면이 준비되면 「viewDidLoad」에 배열을 추가하고 데이터를 작성합니다. 섹션 1용 데이터를 myData1에, 섹션 2용 데이터를 myData2에 설정합니다.

```
01  - (void)viewDidLoad {
02      [super viewDidLoad];
03
04      myData1 = [NSArray arrayWithObjects:
05          @"롤 케이크", @"치즈 케이크", @"과일 케이크", nil];
06      myData2 = [NSArray arrayWithObjects:
07          @"시루떡", @"백설기", nil];
08  }
```

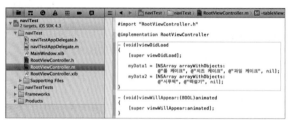

RootViewController.m

내비게이션 기반 애플리케이션(Navigation-based Application) 템플릿으로 만든 프로그램의 코드에는 「#pragma mark View lifecycle」이 표시되어 있습니다. 여기서 「#pragma mark」는 프로그램을 읽는 「제목」과 같습니다. 주석과 마찬가지로 프로그램에는 영향을 미치지 않고 「이 파일에 어떤 메소드가 있는가」를 살펴볼 때 알기 쉽게 하려는 용도로 사용합니다.
Xcode의 에디터 영역 바로 위에 있는 바를 클릭하면 「선택한 파일에 들어 있는 메소드의 목차」를 표시합니다. 이 목차에서도 방금 설명한 「제목」이 표시됩니다.

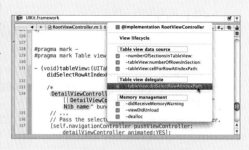

----

4 섹션 수와 행 수, 헤더를 답해줍니다.

섹션의 수를 결정하는 「numberOfSectionsInTableView」 델리게이트 메소드의 내용을 변경합니다. 섹션 수는 2라고 답해줍니다.

```
01  - (NSInteger)numberOfSectionsInTableView:(UITableView *)tableView {
02      return 2;
03  }
```

행의 수를 결정하는 「numberOfRowsInSection: section」 델리게이트 메소드의 내용을 변경합니다. section 값이 0일 때는 섹션 1의 데이터 수, 그렇지 않으면 섹션 2의 데이터 수를 답해줍니다.

```
01  - (NSInteger)tableView:(UITableView *)tableView numberOfRowsInSection: (NSInteger)section {
02      if (section == 0) {
03          return myData1.count;
04      } else {
05          return myData2.count;
06      }
07  }
```

헤더의 문자열을 결정하는 「titleForHeaderInSection: section」 델리게이트 메소드를 추가합니다. section 값이 0이면 "양과자", 그렇지 않으면 "한과자"라고 답해줍니다.

```
01  - (NSString *)tableView:(UITableView *)tableView titleForHeaderInSection:
    (NSInteger)section {
02    if (section == 0) {
03      return @"양과자";
04    } else {
05      return @"한과자";
06    }
07  }
```

RootViewController.h

- -

5 표시할 내용을 답해줍니다.

표시할 내용을 결정하는 「cellForRowAtIndexPath: indexPath」 델리게이트 메소드의 내용을 변경합니다. indexPath.section 값이 0이면 myData1의 indexPath.row번째 값을, 그렇지 않으면 myData2의 indexPath.row번째 값을 답해줍니다.

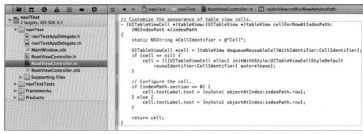

RootViewController.m

```
01  - (UITableViewCell *)tableView:(UITableView *)tableView cellForRowAtIndexPath:
    (NSIndexPath *)indexPath {
02
03      static NSString *CellIdentifier = @"Cell";
04
05      UITableViewCell *cell = [tableView dequeueReusableCellWithIdentifier:
    CellIdentifier];
06      if (cell == nil) {
07          cell = [[[UITableViewCell alloc] initWithStyle:
    UITableViewCellStyleDefault reuseIdentifier:CellIdentifier] autorelease];
08      }
09
10      // Configure the cell.
11      if (indexPath.section == 0) {
12          cell.textLabel.text = [myData1 objectAtIndex:indexPath.row];
13      } else {
14          cell.textLabel.text = [myData2 objectAtIndex:indexPath.row];
15      }
16
17      return cell;
18  }
```

---

6 시뮬레이터에서 실행합니다.

[Scheme]의 풀다운 메뉴에서 「Simulator」를 선택하고, [Run] 버튼을 눌러서 실행합니다.

iOS 시뮬레이터가 시작되고, 프로그램이 실행됩니다. 테이블 데이터가 섹션별로 나뉘어 표시됩니다.

내비게이션 기반 : 화면을 슬라이드 하면서 계층별로 화면 표시하기

Navigation-based
Application

내비게이션 기반 애플리케이션(Navigation-based Application) 템플릿에는 2가지 기능이 있습니다.

한 가지는 리스트 표시 기능(테이블 뷰), 나머지 하나는 화면을 슬라이드해서 계층별로 표시하는 기능(내비게이션 컨트롤러) 입니다. 이 내비게이션 컨트롤러 기능을 사용하면 리스트를 선택했을 때 화면이 슬라이드된 후 연관된 하위 단계 화면으로 전환되고, 「돌아가기」 버튼을 누르면 이전 화면으로 돌아가는 앱을 만들 수 있습니다.

내비게이션 컨트롤러(타이틀)

탭하면 화면이 슬라이드됩니다.

테이블 뷰

Lecture 리스트를 선택(탭)하면 화면이 슬라이드되는 앱 삭성 방법

주로 다음과 같은 순서로 작성합니다.

1 내비게이션 기반 애플리케이션(Navigation-based Application)으로 새 프로젝트 생성
2 화면이 슬라이드되었을 때 표시할 하위 계층 화면 작성
3 루트 화면에 타이틀 설정
4 루트 화면에 테이블 표시

  1) 섹션 수 답하기
  2) 행 수 답하기
  3) 행에 표시할 데이터 답하기

5 루트 화면에서 행을 선택하면 하위 계층 화면으로 전환

10장

필요하면 다음 순서도 작성합니다.

6 현재 화면이 가지고 있는 데이터를 하위 계층 화면으로 넘기기

   1) 하위 계층 화면에 속성 만들기

   2) 루트 화면에서 하위 계층 화면의 속성에 데이터 써넣기

   3) 하위 계층 화면에서 속성을 조사하고 데이터 얻기

▶▶ **1** 내비게이션 기반 애플리케이션으로 새 프로젝트 생성

Xcode를 실행하고 「Create a new Xcode project」를 선택한 후, 「Navigation-based Application」을 선택합니다.

루트 화면(RootViewController.m)이 처음에 표시되는 계층의 화면이 됩니다.

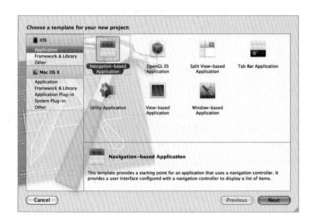 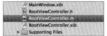

▶▶ **2** 화면이 슬라이드되었을 때 표시할 하위 계층 화면 작성

「프로젝트명의 폴더」를 오른쪽 버튼으로 클릭해서 [New File...] 을 선택합니다.

템플릿 선택용 다이얼로그(「Choose a template for your new file」)가 표시되면, 「Cocoa Touch」에서 「UIViewController subclass」를 선택하고 [Next] 버튼을 누릅니다. 다시 옵션 선택용 다이얼로그(「Choose options for your new file」)가 표시되면, 「with XIB for user interface」를 체크한 다음(체크하면 XIB 파일이 만들어지고, 연결된 상태가 됩니다) [Next] 버튼을 누릅니다.

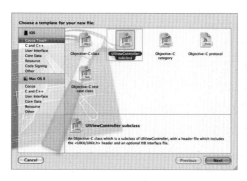 

[Save As]에서 파일명을 「뷰명 + ViewController. m」으로 입력한 후 [Save] 버튼을 눌러서 저장합니다.

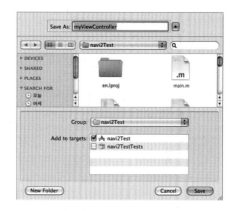

이것으로 다음 세 파일이 작성됩니다.

- 「뷰명 + ViewController.h」
- 「뷰명 + ViewController.m」
- 「뷰명 + ViewController.xib」

이들 파일이 하위 계층 화면이 됩니다.

내비게이션 컨트롤러는 계층적으로 이동하기 때문에 내비게이션 바를 표시합니다. 루트 화면 (RootViewController.m)에서 내비게이션 바에 첫 번째 계층의 이름(타이틀)을 설정합니다.

```
self.title = 타이틀 문자열;
```

🔘 타이틀에 "TOP"이라는 이름을 설정합니다.

```
01  self.title = @"TOP";
```

▶▶ **4** 루트 화면에 테이블 표시

루트 화면(RootViewController.m)에서 테이블 뷰의 리스트에 표시할 내용을 설정합니다.

● 섹션 수 답하기

「numberOfSectionsInTableView」델리게이트 메소드에서 「섹션은 몇 개입니까?」하고 질문해 오면 섹션 수를 답해줍니다.

🔘 섹션 수를 1로 설정합니다.

```
01  - (NSInteger)numberOfSectionsInTableView:(UITableView *)tableView {
02      return 1;
03  }
```

● 행 수 답하기

「numberOfRowsInSection: section」델리게이트 메소드에서 「이 섹션에는 몇 행이 있습니까?」 하고 질문해오면 행 수를 답해줍니다.

🔘 행 수를 5행으로 설정합니다.

```
01  - (NSInteger)tableView:(UITableView *)tableView numberOfRowsInSection:
    (NSInteger)section {
02      return 5;
03  }
```

● 행에 표시할 데이터 답하기

「cellForRowAtIndexPath: indexPath」 델리게이트 메소드에서 「이 섹션의 이 행에는 무엇을 표시할까요?」 하고 질문해오면 표시할 내용을 답해줍니다.

예 각 행에 행 번호를 표시합니다.

```
01  - (UITableViewCell *)tableView:(UITableView *)tableView cellForRowAtIndexPath:(NSIndexPath *)
indexPath {
02      static NSString *CellIdentifier = @"Cell";
03
04      UITableViewCell *cell = [tableView dequeueReusableCellWithIdentifier:CellIdentifier];
05      if (cell == nil) {
06          cell = [[[UITableViewCell alloc] initWithFrame:
            CGRectZero reuseIdentifier:CellIdentifier] autorelease];
07      }
08
09      cell.textLabel.text = [NSString stringWithFormat:@"Row=%d", indexPath.row];
10      return cell;
11  }
```

- -

▶▶ **5** 루트 화면에서 행을 선택하면 하위 계층 화면으로 전환

「행이 선택되었을 때」는 「didSelectRowAtIndexPath: indexPath」라는 델리게이트 메소드가 호출됩니다.

```
– (void)tableView:(UITableView *)tableView didSelectRowAtIndexPath:(NSIndexPath)indexPath {
    // 행이 선택되었을 때 실행할 처리
```

이 메소드가 호출되면 새로운 화면으로 전환됩니다.

내비게이션 기반 애플리케이션으로 만들면 「didSelectRowAtIndexPath:indexPath」 메소드에는 주석 처리된 코드가 미리 준비되어 있습니다. 주석을 제거하고 「새로운 화면으로 슬라이드해서 전환되는 처리」를 추가합니다.

```
DetailViewController *detailViewController =
    [[DetailViewController alloc] initWithNibName:
    @"Nib name" bundle:nil];
```

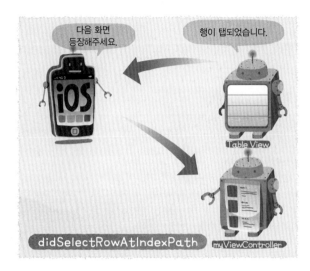

이는 새로운 화면을 만드는 부분입니다. 변경할 것은 2개의 「DetailViewController」와 「Nib name」, 이 세 부분입니다. 하지만 새로운 화면을 만들 때는 「with XIB for user interface」를 체크해서 만들었을 때와 같은 이름이 됩니다(세 파일 모두).

🄒 「myViewController.h」, 「myViewController.m」, 「myViewController.xib」로 새로운 화면을 만듭니다.

```
01  myViewController *detailViewController =
02     [[myViewController alloc] initWithNibName:
03     @"myViewController" bundle:nil];
04
05  [self.navigationController pushViewController:
06     detailViewController animated:YES];
07  [detailViewController release];
```

5~7행은 각각 새로운 화면을 슬라이드해서 표시하고, 새로운 화면의 사용을 마치면 메모리를 해제release하는 코드입니다.
이 부분은 그대로 사용할 수 있으므로 아무것도 변경하지 않아도 됩니다.

🄒 새로 만든 화면을 슬라이드해서 표시합니다.

```
01  [self.navigationController pushViewController:
    detailViewController animated:YES];
02  [detailViewController release];
```

▶▶▶ **6** 현재 화면이 가지고 있는 데이터를 하위 계층 화면으로 넘기기

여러 가지 방법이 있지만 여기서는 유틸리티 애플리케이션과 마찬가지로 「하위 계층 화면에 속성 변수를 만들어두고 넘기기」 방법에 대해 설명하겠습니다.

● 하위 계층 화면에 속성 만들기

하위 계층 화면의 속성은 3단계 설정으로 만듭니다.

1 헤더 파일(뷰명 + ViewController.h)의 @interface … { ~ } 사이의 행에 일반 변수를 작성합니다.

```
변수형 변수;
```

2 } 다음 행에 「@property」 행을 추가합니다.

```
@property (nonatomic, retain) 변수형 변수;
```

⦿ myStr이라는 속성을 만듭니다.

```
01  @interface myViewController : UIViewController {
02     NSString *myStr;
03  }
04  @property (nonatomic, retain) NSString *myStr;
```

3 구현 파일(뷰명 + ViewController.m)의 @implementation 다음 행에 「@synthesize」행을 추가합니다.

> @synthesize 변수;

예 myStr이라는 속성을 작성합니다.

```
01  @implementation myViewController
02  @ synthesize myStr;
```

● 루트 화면에서 하위 계층 화면의 속성에 데이터 써넣기

「행이 선택되었을 때」호출되는 「didSelectRowAtIndexPath : indexPath」메소드 안에서 하위 계층 화면의 속성에 값을 써넣어서 데이터를 넘겨줍니다.

```
01  - (void)tableView:(UITableView *)tableView didSelectRowAtIndexPath:(NSIndexPath *)indexPath {
02
03    myViewController *detailViewController =
04      [[myViewController alloc] initWithNibName:@"myViewController"
05      bundle:nil];
06
07    detailViewController.dispStr =
08      [myData objectAtIndex:indexPath.row];
09    // ...
10    // Pass the selected object to the new view controller.
11    [self.navigationController pushViewController:
12      detailViewController animated:YES];
13    [detailViewController release];
14  }
```

● 하위 계층 화면에서 속성을 조사하고 데이터 얻기

하위 계층 화면에서는 「하위 계층 화면이 만들어지고 표시할 준비가 되었을 때」데이터를 얻습니다. 이 시점은 뷰명 + ViewController.m의 「viewDidLoad」가 호출되었을 때입니다.

「viewDidLoad」메소드 안에서 속성을 조사하면 상위 계층 화면에서 보내온 데이터를 얻을 수 있습니다.

```
- (void)viewDidLoad {
    // 하위 계층 화면이 만들어지고, 표시할 준비가 되었을 때 실행할 처리
}
```

예 루트 화면에서 넘겨받은 데이터를 레이블에 표시합니다.

```
01  - (void)viewDidLoad {
02      [super viewDidLoad];
03      myLabel.text = dispStr;
04  }
```

Practice

「행을 선택하면 화면이 슬라이드되고
하위 계층 화면이 표시됩니다」

난이도 : ★★★☆☆
제작 시간 : 10분

내비게이션 기반 애플리케이션(Navigation-based Application)으로 새 프로젝트를 작성하고, 소스 에디터에서 「테이블의 행을 선택(탭)하면 새로운 화면으로 전환되고, 선택한 행의 문자열을 중앙에 표시하는 프로그램」을 만듭니다.

【개요】

내비게이션 기반 애플리케이션 템플릿을 이용해 새 프로젝트를 작성합니다. 다음으로, 화면이 슬라이드되고 닌 후에 표시할 하위 계층 화면을 직싱힙니다. 레이블을 배치하고 속성을 만들어서 하위 계층 화면이 준비되었을 때 속성값을 레이블에 설정합니다.

루트 화면에서는 테이블 뷰를 배치하고 행 수와 표시 내용을 답해줌으로써 데이터를 리스트 형식으로 표시합니다. 테이블 행을 선택하면 하위 계층 화면의 속성에 행의 이름을 넘겨준 후 화면을 전환합니다.

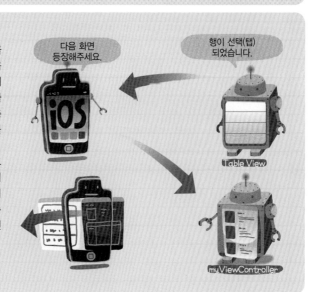

1 새 프로젝트를 만듭니다.

Xcode를 실행하고 「Create a new Xcode project」를 선택한 후, 「Navigation-based Application」을 선택합니다. [Next] 버튼을 클릭한 후 「Project Name」과 「Company Identifier」를 설정하고 다시 [Next]를 클릭하여 저장합니다. 여기서는 프로젝트명을 「navi2Test」로, 회사 식별자를 「com.myname」으로 지정했습니다.

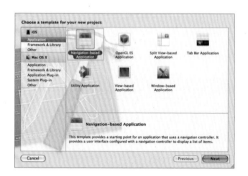 

---

2 슬라이드하면 표시할 하위 계층 화면을 작성합니다.

「프로젝트명 폴더(여기서는 navi2Test 폴더)」를 오른쪽 버튼으로 클릭한 후 메뉴에서 [New File...]을 선택합니다.

템플릿 선택용 다이얼로그(「Choose a template for your new file」)가 표시되면, 「Cocoa Touch」에서 「UIViewController subclass」를 선택하고 [Next] 버튼을 누릅니다. 다시 옵션 선택용 다이얼로그(「Choose options for your new file」)가 표시되면, 「With XIB for user interface」를 체크한 다음 (체크하면 XIB 파일이 만들어지고, 연결된 상태가 됩니다) [Next] 버튼을 누릅니다.

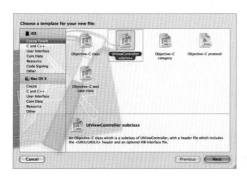

[Save As]에 파일명을 「myViewController.m」으로 입력한 후 [Save] 버튼을 누릅니다.

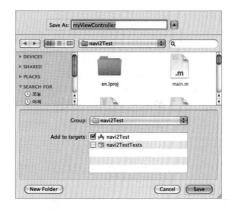

이것으로 다음 세 파일이 작성되었습니다.

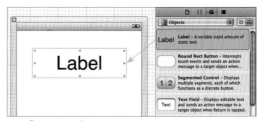

• myViewController.h

• myViewController.m

• myViewController.xib

이들 파일이 하위 계층의 화면이 됩니다.

---

3 인터페이스 빌더에서 레이블을 작성합니다.
「myViewViewController.xib」를 클릭해서 인터페이스 빌더를 표시하고, [Object Library]에서 「Label」을 「View」로 드래그합니다.

Label을 View로 드래그

4 소스 에디터에서 레이블명과 속성을 만듭니다.

.h 파일(myViewController.h)을 선택합니다. @interface…{ ~ } 사이의 행에 레이블명을 추가하고 파일을 저장합니다.

```
01  @interface myViewController : UIViewController {
02      IBOutlet UILabel *myLabel;
03      NSString *dispStr;
04  }
05  @property (nonatomic, retain) NSString *dispStr;
06  @end
```

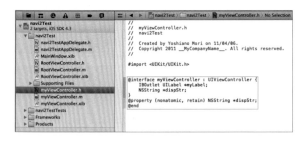

---

5 「레이블명과 인터페이스 빌더에서 만든 레이블을 연결」합니다.

「myViewController.xib」를 클릭해서 인터페이스 빌더를 표시하고, Dock의 「File's Owner」를 오른쪽 버튼으로 클릭합니다. 그러면 앞에서 만든 「myLabel」이라는 레이블명이 표시되는데, 이 레이블명 오른쪽에 있는 「○」를 드래그해서 선을 잡아늘려 레이블에 연결합니다. 이렇게 하면 「레이블명과 인터페이스 빌더에서 만든 레이블이 연결」됩니다.

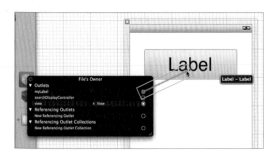

6 속성을 만들고, 레이블에 문자열을 설정하는 프로그램을 만듭니다.

.m 파일(myViewController.m)을 선택합니다. @implementation 다음 행에 다음과 같이 코드를 추가합니다.

```
01  @implementation myViewController
02  @synthesize dispStr;
```

```
01  -(void)viewDidLoad {
02      [super viewDidLoad];
03      myLabel.text = dispStr;
04  }
```

 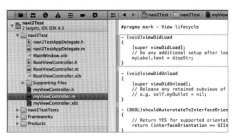

---

7 루트 화면에서 문자열 데이터를 넣어둘 배열을 작성합니다.

.h 파일(RootViewController.h)을 선택합니다. @interface … { ~ } 사이의 행에 배열을 추가하고 파일을 저장합니다.

```
01  @interface RootViewController : UITableViewController {
02      NSArray *myData;
03  }
```

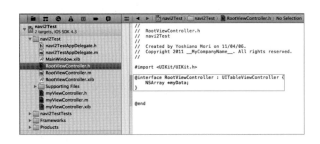

10장

8 새로운 화면의 클래스를 임포트합니다.

.m 파일(rootViewController.m)을 선택하고 @implementation 앞 행에서 임포트합니다.

```
01  #import "RootViewController.h"
02  #import "myViewController.h"
03
04  @implementation RootViewController
```

---

9 타이틀을 설정하고 문자열 데이터를 준비합니다.

.m 파일(rootViewController.m)을 선택하고 프로그램을 추가합니다.

화면이 준비되면 「viewDidLoad」에서 타이틀을 "커피"로 설정합니다(이 타이틀이 돌아가기 버튼에
표시됩니다). 그리고 배열 myData에 데이터를 작성합니다.

```
01  - (void)viewDidLoad {
02      [super viewDidLoad];
03
04      self.title = @"커피";
05      myData = [[NSArray alloc] initWithObjects:
                  @"블루마운틴", @"킬리만자로", @"브라질", @"콜롬비아", nil];
06  }
```

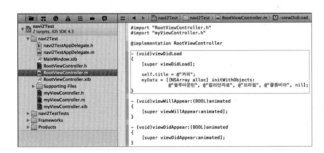

10 행 수와 표시할 내용을 답해줍니다.

행의 수를 결정하는 「numberOfRowsInSection: section」 델리게이트 메소드의 내용을 변경합니다.
myData의 데이터 수를 답해줍니다.

```
01  - (NSInteger)tableView:(UITableView *)tableView numberOfRowsInSection: (NSInteger)section {
02      return [myData count];
03  }
```

표시할 내용을 결정하는 「cellForRowAtIndexPath: indexPath」 델리게이트 메소드의 내용을 변경
합니다. Cell.textLabel.text에 myData의 값을 설정하여 답해줍니다.

```
01  - (UITableViewCell *)tableView:(UITableView *)tableView cellForRowAtIndexPath:
    (NSIndexPath *)indexPath {
02
03      static NSString *CellIdentifier = @"Cell";
04
05      UITableViewCell *cell = [tableView dequeueReusableCellWithIdentifier: CellIdentifier];
06      if (cell == nil) {
07        cell = [[[UITableViewCell alloc] initWithStyle:
            UITableViewCellStyleDefault reuseIdentifier:CellIdentifier] autorelease];
08      }
09
10      // Configure the cell.
11      cell.textLabel.text = [myData objectAtIndex:indexPath.row];
12
13      return cell;
14  }
```

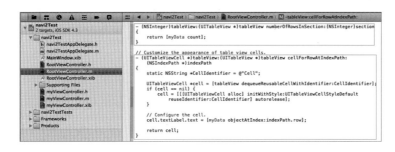

11 행이 표시되면 하위 계층 화면의 속성에 값을 써넣고 화면을 전환합니다.

먼저, didSelectRowAtIndexPath 메소드의 주석을 제거해서 활성화합니다.

두 개의 「DetailViewController」와 「Nib name」의 세 부분을 변경하고, 속성 dispStr에 행에 표시된 문자열(행의 이름)을 설정하는(데이터 넘기기) 코드를 추가합니다.

```
01  - (void)tableView:(UITableView *)tableView didSelectRowAtIndexPath:
    (NSIndexPath *)indexPath {
02
03      myViewController *detailViewController = [[myViewController alloc]
            initWithNibName:@"myViewController" bundle:nil];
04
05      detailViewController.dispStr = [myData objectAtIndex:indexPath.row];
06      // ...
07      // Pass the selected object to the new view controller.
08      [self.navigationController pushViewController:detailViewController
         animated:YES];
09      [detailViewController release];
10  }
```

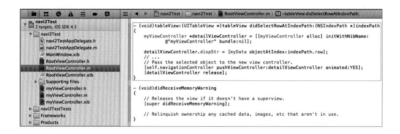

12 시뮬레이터에서 실행합니다.

[Scheme]의 풀다운 메뉴에서 「Simulator」를 선택하고, [Run] 버튼을 눌러서 실행합니다.

iOS 시뮬레이터가 시작되고, 프로그램이 실행됩니다.

행을 선택하면 화면이 슬라이드되고 해당 행의 이름이 화면 중앙에 표시됩니다. 좌측 상단에 위치한 [커피] 버튼을 누르면 루트 화면으로 돌아갑니다.

셀 사용자 지정 : 셀의 표시 사용자 지정하기

테이블 뷰TableView에 표시되는 셀(행)의 표시 방법을 사용자 지정해서 변경할 수 있습니다. 사용자 지정 방법은 크게 2가지입니다. 첫 번째는 문자열의 크기, 색, 행의 폭 등을 변경하는 방법(왼쪽 그림)이고, 다른 하나는 셀의 내용을 완전히 자유롭게 배치하는 방법입니다(오른쪽 그림).

Lecture **셀을 조금만 변경하는 방법**

▶▶ 테이블 뷰 전체의 배경색 설정

테이블 뷰의 전체 색을 설정할 때는 테이블 뷰의 backgroundColor 속성에 UIColor 형으로 색을 지정합니다.

```
테이블 뷰. backgroundColor = 색;
```

⓪ 테이블 뷰의 배경색을 검은색으로 설정합니다.

```
01 mytableView.backgroundColor = [UIColor blackColor];
```

▶▶ 셀의 높이 설정

셀의 높이를 설정할 때는 셀이 아닌 셀을 표시하고 있는 테이블 뷰의 rowHeight 속성에 높이를 픽셀 단위로 설정합니다.

```
테이블 뷰. rowHeight = 높이;
```

예 테이블 뷰의 높이를 100픽셀로 설정합니다.

```
01 mytableView.rowHeight = 100;
```

▶▶ 문자열 내용 설정

셀에 문자열을 설정할 때는 일반 텍스트 레이블(textLabel)이나 상세 텍스트 레이블(detailTextLabel)의 text 속성에 문자열을 지정합니다.

```
셀.레이블.text = 문자열;
```

예 일반 텍스트 레이블에 "레이블"이라고 표시합니다.

```
01 cell.textLabel.text = @"레이블";
```

▶▶ 문자열의 색 설정

셀의 문자열 색을 설정할 때는 일반 텍스트 레이블(textLabel)이나 상세 텍스트 레이블(detailText Label)의 textColor 속성에 UIColor 형으로 색을 지정합니다.

```
셀.레이블.textColor = 색;
```

예 상세 텍스트 레이블의 문자열 색을 파란색으로 설정합니다.

```
01 cell.detailTextLabel.textColor = [UIColor blueColor];
```

10장

레이블의 폰트나 크기를 설정할 때는 일반 텍스트 레이블(textLabel)이나 상세 텍스트 레이블
(detailTextLabel)의 font 속성에 UIFont 형으로 폰트를 설정합니다.

```
셀.레이블.font = 폰트;
```

예 시스템 폰트를 크기 48로 표시합니다.

```
01 cell.textLabel.font = [UIFont systemFontOfSize : 48];
```

▶▶ 셀의 액세서리 설정

셀의 오른쪽에 상세 버튼이나 체크 마크를 표시할 때는 accessoryType 속성에 액세서리 유형
을 설정합니다.

```
셀.accessoryType = 액세서리 유형;
```

액세서리 유형

UITableViewCellAccessoryNone	없음	None
UITableViewCellAccessoryDisclosureIndicator	오른쪽 화살표	DisclosureIndicator >
UITableViewCellAccessoryDetailDisclosureButton	상세 버튼	DetailDisclosureButton ⊙
UITableViewCellAccessoryCheckmark	체크 마크	Checkmark ✓

예 셀에 상세 버튼을 표시합니다.

```
01 cell.accessoryType = UITableViewCellAccessoryDetailDisclosureButton;
```

▶▶ 셀 스타일 설정

셀의 스타일은 셀을 만들 때 initWithStyle로 설정해야 합니다.
기본 상태로는 상세 텍스트 레이블(detailTextLabel)이 없으므로, 사용하고 싶을 때는
UITableViewCellStyleDefault를 제외한 스타일을 설정합니다.

```
cell = [[[UITableViewCell alloc] initWithStyle:
    UITableViewCellStyleDefault
    reuseIdentifier:CellIdentifier] autorelease];
```

셀 스타일

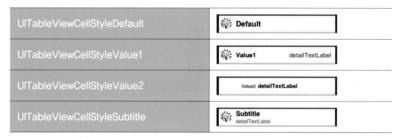

UITableViewCellStyleDefault	Default
UITableViewCellStyleValue1	Value1 detailTextLabel
UITableViewCellStyleValue2	Value2 **detailTextLabel**
UITableViewCellStyleSubtitle	Subtitle detailTextLabel

예 셀의 스타일을 UITableViewCellStyleSubtitle로 설정합니다.

```
01  cell = [[[UITableViewCell alloc] initWithStyle:
02      UITableViewCellStyleSubtitle
03      reuseIdentifier:CellIdentifier] autorelease];
```

Lecture 셀을 자유롭게 배치하는 방법

셀을 자유롭게 배치할 때는 셀을 직접 작성한 후 테이블 뷰에서 사용합니다.
셀을 직접 작성해서 사용하려면 다음과 같은 순서로 작업합니다.

1 Xcode에서 직접 작성한 셀(행)의 XIB 파일 생성
2 인터페이스 빌더에서 직접 작성한 셀의 내용(레이블 등) 배치
3 Xcode에서 직접 작성한 셀의 클래스 작성

10장

테이블 표시 **387**

4 인터페이스 빌더에서 직접 작성한 셀과 직접 작성한 셀의 클래스 연결

5 Xcode와 인터페이스 빌더에서 속성을 만들어 연결

6 Xcode에서 직접 작성한 셀을 사용하는 프로그램으로 변경

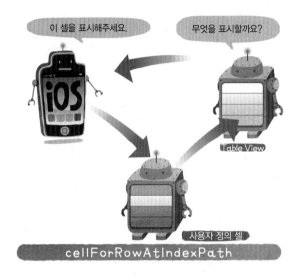

▶▶ **1** Xcode에서 직접 작성한 셀(행)의 XIB 파일 생성

「프로젝트명 폴더」를 오른쪽 버튼으로 클릭한 후 나타나는 메뉴에서 [New File...]을 선택합니다.

템플릿 선택용 다이얼로그(「Choose a template for your new file」)가 표시되면, 「User Interface」에서 「Empty XIB」를 선택하고 [Next] 버튼을 누릅니다.

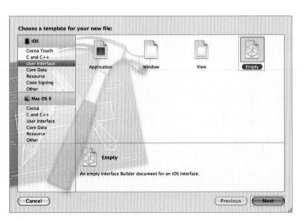

직접 작성한 셀의 이름을 붙이고(예를 들면, myCell.xib) [Save] 버튼을 누릅니다.

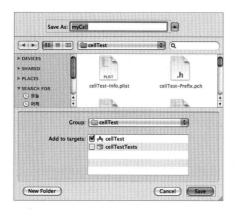

▶▶ 2 인터페이스 빌더에서 직접 작성한 셀의 내용(레이블 등) 배치

1에서 작성한 XIB(예를 들면, myCell.xib) 파일을 클릭합니다. [Object Library]에서 「Table View Cell」을 「View」로 드래그합니다. 「Table View Cell」을 더블클릭하면 한 행에 대응하는 화면이 표시되는데, 여기에 컨트롤(레이블 등)을 배치합니다.

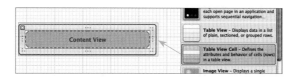

▶▶ 3 Xcode에서 직접 작성한 셀의 클래스 작성

「프로젝트명 폴더」를 오른쪽 버튼으로 클릭한 후 나타나는 메뉴에서 [New File...]을 선택합니다.
템플릿 선택용 다이얼로그(「Choose a template for your new file」)가 표시되면, 「Cocoa Touch」에서 「Objective-C class」를 선택하고 [Next] 버튼을 누릅니다. 다시 옵션 선택용 다이얼로그(「Choose options for your new file」)가 표시되면, [Subclass of]의 풀다운 메뉴에서 「UITableViewCell」을 선택하고 [Next] 버튼을 누릅니다.

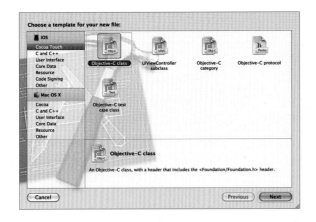

파일명을 셀을 제어하는 클래스명(예를 들면, myCellViewController.m)으로 지정하고, [Save] 버튼을 누릅니다.

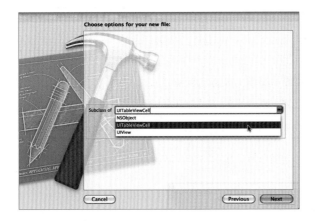

<hr />

▶▶ **4** 인터페이스 빌더에서 직접 작성한 셀(행)과 직접 작성한 셀의 클래스 연결

직접 작성한 셀에 직접 작성한 셀의 클래스를 연결하려면 3단계 설정을 해야 합니다.

1 작성한 XIB(예를 들면, myCell.xib)를 클릭해서 인터페이스 빌더를 표시하고, Dock의 「File's Owner」를 선택합니다. [View] – [Utilities] – [Identity Inspector]를 선택한 다음 「Class」의 풀다운 메뉴에서 「UIViewController」를 선택합니다.

2 「Table View Cell」을 선택합니다. [Identity Inspector]의 「Class」풀다운 메뉴에서 직접 작성한 셀(행)의 클래스명(예를 들면, myCellViewController)을 선택합니다.

3 「File's Owner」를 오른쪽 버튼으로 클릭합니다.
「view」오른쪽에 있는 「○」를 드래그해서 선을 잡아늘려 직접 작성한 셀(행; 예를 들면, 「My Cell View Controller」)에 연결합니다.

▶▶ **5** Xcode와 인터페이스 빌더에서 속성을 만들어 연결

직접 작성한 셀 클래스의 헤더 파일(예를 들면, myCellViewController.h)에서 배치한 컨트롤을 속성으로 만듭니다.

예 레이블 두 개를 속성으로 만듭니다.

```
01  @interface myCellViewController : UITableViewCell {
02      IBOutlet UILabel *myLabel1;
03      IBOutlet UILabel *myLabel2;
04  }
05  @property (nonatomic, retain) IBOutlet UILabel *myLabel1;
06  @property (nonatomic, retain) IBOutlet UILabel *myLabel2;
07  @end
```

직접 작성한 셀 클래스의 메소드 파일(예를 들면, myCellViewController.m)에서 속성을 설정합니다.

예 「@synthesize 문」두 개를 추가합니다.

```
01  @implementation myCellViewController
02  @synthesize myLabel1;
03  @synthesize myLabel2;
```

직접 작성한 셀의 XIB(myCell.xib)를 클릭해서 인터페이스 빌더를 실행하고, 직접 작성한 셀인 「My Cell View Controller」를 오른쪽 버튼으로 클릭합니다. 작성한 속성(예를 들면, myLabel1, myLabel2) 오른쪽에 있는 「○」를 드래그해서 선을 잡아늘려 앞서 배치한 셀에 연결합니다.

▶▶▶ **6** Xcode에서 직접 작성한 셀을 사용하는 프로그램으로 변경

먼저, 루트 화면(RootViewController.m)에서 직접 작성한 셀(행)을 사용할 수 있도록 직접 작성한 셀 클래스의 헤더 파일(예를 들면, myCellViewController.h)을 임포트합니다.

예 직접 작성한 셀 클래스를 임포트합니다.

```
01  #import "RootViewController.h"
02  #import "myCellViewController.h"
03
04  @implementation RootViewController
```

「cellForRowAtIndexPath: indexPath」델리게이트 메소드에서 셀을 표시하는 부분을 다음과 같이 수정합니다.

```
myCellViewController *cell =
    (myCellViewController *)[tableView
    dequeueReusableCellWithIdentifier:CellIdentifier];
if (cell == nil) {
    UIViewController *vc;
    vc = [[UIViewController alloc
        initWithNibName: @"myCell" bundle: nil];
    cell = (myCellViewController *)vc.view;
}
```

예 직접 작성한 셀 클래스(myCellViewController)로 변경합니다.

```
01  myCellViewController *cell = (myCellViewController *)[tableView
    dequeueReusableCellWithIdentifier:CellIdentifier];
02  if (cell == nil) {
03      UIViewController *vc;
04      vc = [[UIViewController alloc
05      initWithNibName: @"myCell" bundle: nil];
06          cell = (myCellViewController *)vc.view;
07  }
```

직접 작성한 셀에 속성을 설정하고 값을 표시합니다.

예 직접 작성한 셀에 속성을 설정하고 값을 표시합니다.

```
01  // Configure the cell.
02  cell.myLabel1.text = @"TEST";
03  cell.myLabel2.text = [NSString stringWithFormat:
        @"행 = <%d>", indexPath.row];
04  return cell;
```

Practice

「테이블 뷰의 셀을 직접 작성합니다」

난이도 : ★★★☆☆
제작 시간 : 15분

내비게이션 기반 애플리케이션(Navigation-based Application)에 직접 작성한 셀을 추가하고, 테이블 뷰에서 해당 셀을 사용합니다.

【개요】

내비게이션 기반 애플리케이션 템플릿으로 새 프로젝트를 작성합니다. 다음으로, 직접 작성한 셀과 직접 작성한 셀 클래스를 만들어 서로 연결합니다.
테이블 뷰를 표시할 때 직접 작성한 셀을 사용하도록 수정합니다.

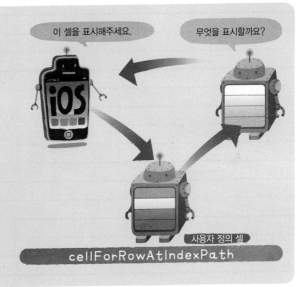

이 셀을 표시해주세요.

무엇을 표시할까요?

사용자 정의 셀

cellForRowAtIndexPath

10장

1 새 프로젝트를 만듭니다.

Xcode를 실행하고 「Create a new Xcode project」를 선택한 후, 「Navigation-based Application」을 선택합니다. [Next] 버튼을 클릭한 후 「Project Name」과 「Company Identifier」를 설정하고 다시 [Next]를 클릭하여 저장합니다. 여기서는 프로젝트명을 「cellTest」로, 회사 식별자를 「com. myname」으로 지정했습니다.

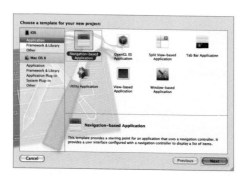 

2 직접 작성한 셀의 XIB 파일을 생성합니다.

「프로젝트명 폴더」를 오른쪽 버튼으로 클릭한 후 나타나는 메뉴에서 [New File...]을 선택합니다. 템플릿 선택용 다이얼로그(「Choose a template for your new file」)가 표시되면, 「User Interface」에서 「Empty」를 선택하고 [Next] 버튼을 누릅니다.

 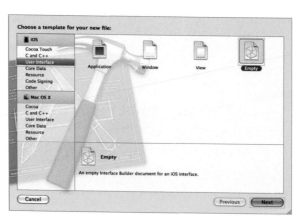

「myCell.xib」라는 이름을 붙이고 [Save] 버튼을 누릅니다.

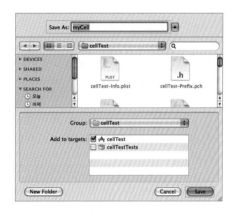

---

3 인터페이스 빌더에서 직접 작성한 셀의 내용을 작성합니다.
myCell.xib를 클릭해서 인터페이스 빌더를 표시하고 [Object Library]에서 「Table View Cell」을 「myCell.xib」 윈도우로 드래그합니다.

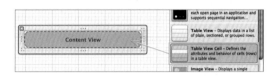

여기에 「레이블」 3개를 배치합니다(레이블이 3개 표시되는 셀을 만듭니다).

Label을 View로 드래그

---

4 직접 작성한 셀의 클래스를 작성합니다.
「프로젝트명 폴더(여기서는 cellTest)」를 오른쪽 버튼으로 클릭한 후 나타나는 메뉴에서 [New File...]을 선택합니다.
템플릿 선택용 다이얼로그(「Choose a template for your new file」)가 표시되면, 「Cocoa Touch」에서 「Objective-C class」를 선택하고 [Next] 버튼을 누릅니다.

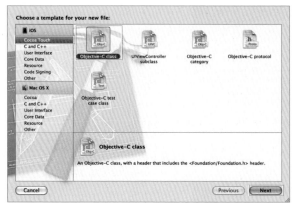

옵션 선택용 다이얼로그(「Choose options for your new file」)가 표시되면, [Subclass of]의 풀다운
메뉴에서 「UITableViewCell」을 선택하고 [Next] 버튼을 누릅니다.
myCellViewController.m이라는 파일명을 지정하고 [Save] 버튼을 누릅니다.

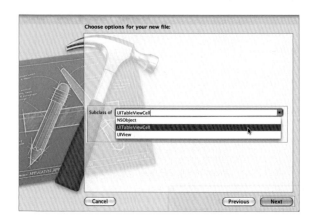

5 직접 작성한 셀과 직접 작성한 셀의 클래
스를 연결합니다.

먼저 「myCell.xib」를 클릭해서 인터페이스
빌더를 표시하고, Dock의 「File's Owner」를
클릭해서 선택합니다.

[View] − [Utilities] − [Identity Inspector]
를 선택하고 「Class」의 풀다운 메뉴에서
「UIViewController」를 선택합니다.

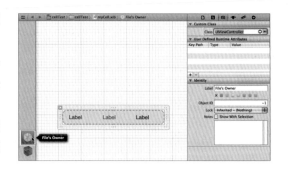

다음으로, 「Table View Cell」을 선택합니다. [Identity Inspector]의 「Class」 풀다운 메뉴에서
「myCellViewController」를 선택합니다.

그리고 나서 「File's Owner」를 오른쪽 버튼으로 클릭합니다. 「view」 오른쪽에 있는 「○」를 드래그해
서 선을 잡아늘려 「My Cell View Controller」에 연결하면 「직접 작성한 셀과 직접 작성한 셀의 클
래스가 연결」됩니다.

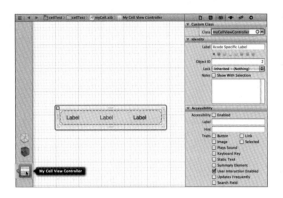

---

6 속성을 만들어 연결합니다.

헤더 파일(myCellViewController.h)에서 배치한 컨트롤을 속성으로 작성합니다.

```
01  @interface myCellViewController : UITableViewCell {
02      IBOutlet UILabel *myLabel1;
03      IBOutlet UILabel *myLabel2;
04      IBOutlet UILabel *myLabel3;
05  }
06  @property (nonatomic, retain) UILabel *myLabel1;
07  @property (nonatomic, retain) UILabel *myLabel2;
08  @property (nonatomic, retain) UILabel *myLabel3;
09  @end
```

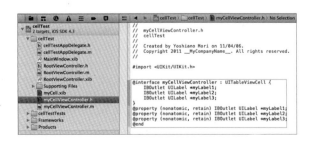

메소드 파일(myCellViewController.m)에서 속성을 설정합니다.

```
01  @implementation myCellViewController
02  @synthesize myLabel1;
03  @synthesize myLabel2;
03  @synthesize myLabel3;
```

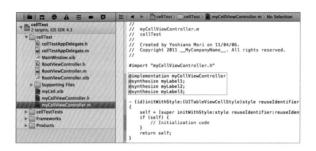

「myCell.xib」를 클릭해서 인터페이스 빌더를 표시하고, 직접 작성한 셀인 「My Cell View Controller」를 오른쪽 버튼으로 클릭합니다. myLabel1, myLabel2, myLabel3 오른쪽에 있는 「ㅇ」를 드래그해서 선을 잡아늘려 각 레이블에 연결합니다.

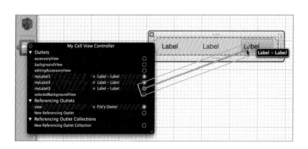

----

7 직접 작성한 셀을 표시하는 프로그램으로 수정합니다.

루트 화면(RootViewController.m)에서 「myCellViewController.h」를 임포트합니다.

```
01  #import "RootViewController.h"
02  #import "myCellViewController.h"
03
04  @implementation RootViewController
```

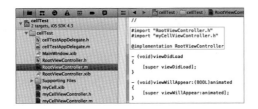

「numberOfRowsInSection」델리게이트 메소드에서 5행을 표시하도록 만들어놓고, 「cellForRowAt
IndexPath: indexPath」델리게이트 메소드에서 직접 작성한 셀을 표시하도록 다음과 같이 수정합
니다.

```
01  - (NSInteger)tableView:(UITableView *)tableView numberOfRowsInSection:
    (NSInteger)section {
02      return 5;
03  }
04  -(UITableViewCell *)tableView:(UITableView *)tableView cellForRowAtIndexPath:
    (NSIndexPath *)indexPath {
05
06      static NSString *CellIdentifier = @"Cell";
07
08      myCellViewController *cell = (myCellViewController *)[tableView
    dequeueReusableCellWithIdentifier:CellIdentifier];
09      if (cell == nil) {
10          UIViewController *vc;
11          vc = [[UIViewController alloc]
              initWithNibName: @"myCell" bundle: nil];
12          cell = (myCellViewController *)vc.view;
13      }
14
15      // Configure the cell.
16      cell.myLabel1.text = @"레이블1";
17      cell.myLabel2.text = @"레이블2";
18      cell.myLabel3.text = @"레이블3";
19      return cell;
20  }
```

- -

8 시뮬레이터에서 실행합니다.

[Scheme]의 풀다운 메뉴에서 「Simulator」를 선택하고, [Run] 버튼을 눌러서 실행합니다.

iOS 시뮬레이터가 시작되고, 프로그램(앱)이 실행됩니다. 직접 작성한 셀의 형태(레이아웃)로 각
행이 표시됩니다.

11장
앱 완성하기

목표한 프로그램을 완성하면 매력적인 앱이 될 수 있도록 최종 마무리 작업을
합니다.

이 장에서는 앱의 얼굴이 되는 아이콘과 초기 화면 작성법, 각국의 언어에 대
응하기 위한 지역화 방법 등을 설명합니다.

아이콘

지금까지 만든 앱에서는 「아이콘」을 설정하지 않아서 iOS 시뮬레이터에서 앱을 실행하면 위의 그림처럼 아무 표시도 없는 하얀색 아이콘이 표시되었습니다. 여기서는 이 아이콘을 설정하는 방법을 설명합니다.

Lecture 아이콘 설정 방법

앱에 아이콘을 설정할 때는 다음과 같이 하면 됩니다.

■1 아이콘으로 사용할 PNG 형식 그림 파일을 준비합니다(파일명은 자유롭게 붙여도 되지만, 될 수 있으면 프로젝트명과 비슷한 이름을 붙여서 알기 쉽게 합니다).

■2 프로젝트에서 [TARGETS] – [프로젝트명]을 선택하고, [Summary] 탭의 「App Icons」에 준비한 그림 파일을 추가합니다.

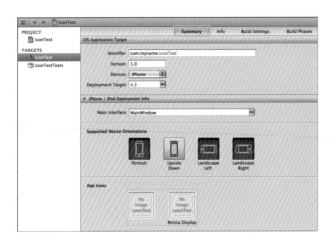

앱 아이콘은 하나도 빠짐없이 둥근 모서리와 광택 효과가 적용된 모습을 하고 있는데(라운딩 처리와 글로시 효과), 이는 아이폰에서 자동으로 설정해서 표시하기 때문입니다. 따라서 광택 효과가 적용되지 않은 정사각형 그림으로 준비해야 합니다.

아이콘용 그림의 일반적인 파일명은 「icon.png」이고, 크기는 57×57픽셀$_{pixel}$입니다.

이는 아이폰 3GS 이전 버전용 아이콘입니다. 하지만 이 버전만 만들어놓아도 아이폰 4나 아이패드와 같이 해상도가 다른 디바이스에서도 자동으로 크기를 변경해서 표시해줍니다. 그러나 크기를 변경했으므로 그림의 핀트가 맞지 않을 수 있습니다. 아이폰 4나 아이패드용을 별도로 만들어주면, 실행되는 디바이스에 맞는 아이콘을 자동으로 적용해 주므로 깨끗한 아이콘이 표시됩니다.

아이폰 3GS 이전용 아이콘	파일명 : icon.png 크기 : 57×57픽셀
아이폰 4용 아이콘	파일명 : icon@2x.png 크기 : 114×114픽셀
아이패드용 아이콘	파일명 : icon-72.png 크기 : 72×72픽셀

| One Point!

설정을 바꿔도 반영되지 않을 때가 있습니다. 이럴 때는 Xcode에서 [Product] – [Clean]을 선택하여 앱을 크리닝한 후에 다시 한 번 빌드를 실행합니다. 그래도 변경되지 않을 때는 iOS 시뮬레이터에서 앱을 삭제(아이콘 버튼을 길게 누르고 난 후 ❌ 버튼 선택)한 후에 다시 빌드해보세요.

「앱에 아이콘을 설정합니다」

난이도 : ★☆☆☆☆
제작 시간 : 5분

아이콘이 없는 빈 앱에 아이콘을 설정합니다.

---

1 「icon.png」라는 57×57픽셀 PNG 그림과 icon@2x.png라는 114×114픽셀 PNG 그림을 준비합니다.

---

2 새 프로젝트를 만듭니다.

Xcode를 실행하고 「Create a new Xcode project」를 선택한 후, 「View-based Application」을 선택합니다.

[Next] 버튼을 클릭한 후 「Project Name」과 「Company Identifier」를 설정하고 다시 [Next]를 클릭하여 저장합니다. 여기서는 프로젝트명을 「iconTest」로, 회사 식별자를 「com.myname」으로 지정했습니다.

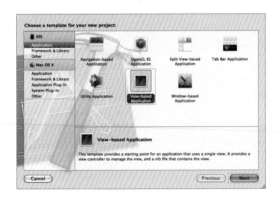

3 프로젝트에서 [TARGETS] – [프로젝트명]의 「Summary」 탭을 선택합니다. 「App Icons」로 「icon. png」를, [App Icons] – [Retina Display]로 「icon@2x.png」를 드래그합니다.

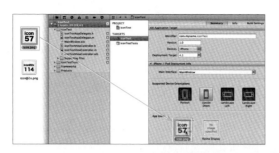

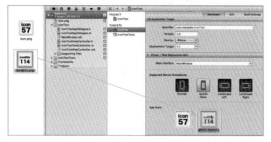

이때 나타나는 다이얼로그에서 「Copy items into destination group's folder(if needed)」를 체크하고 [Finish] 버튼을 클릭합니다.

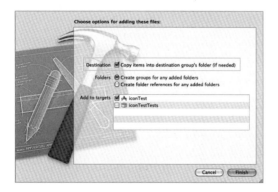

다른 폴더에 그림 파일이 있을 때 이 항목을 체크해두면, 다른 폴더에 있는 그림을 그대로 사용하지 않고 프로젝트 폴더로 복사한 후 해당 파일을 사용하게 됩니다. 이렇게 해놓으면 프로젝트 폴더 안에 필요한 파일이 전부 들어 있게 됩니다. 만약 다른 폴더에 들어 있는 그림 파일을 삭제하거나 다른 곳으로 옮기더라도 프로젝트 폴더로 복사한 파일을 사용하므로 리소스의 위치 때문에 발생하는 에러는 방지할 수 있습니다.

11장

4 시뮬레이터에서 실행합니다.

[Scheme]의 풀다운 메뉴에서 「Simulator」를 선택하고, [Run] 버튼을 눌러 실행합니다.

iOS 시뮬레이터가 시작되고, 앱이 실행됩니다.

홈 버튼을 클릭하면 앱이 종료되어 아이콘이 표시됩니다. 시뮬레이터의 Device 설정이 「iPhone」이므로, 「icon.png」가 아이콘으로 적용되어 있는 상태를 확인할 수 있습니다. 시뮬레이터의 메뉴에서 [Hardware] – [Device]를 선택하고 「iPhone」을 「iPhone 4」로 바꾼 후 다시 한 번 [Run] 버튼을 눌러서 실행하면, 이번에는 「icon@2x.png」가 아이콘으로 적용되어 표시됨을 확인할 수 있습니다.

초기 화면

앱을 실행하면 움직일 수 있게 되기까지 조금 시간이 걸립니다. 이때 미리 준비해둔 그림을 표시할 수 있습니다. 이 그림을 앱의 첫 화면과 동일하게 만들어놓으면 앱의 초기 실행 과정이 매끄럽게 진행된다는 인상을 줄 수 있습니다.

Lecture   초기 화면 작성 방법

앱의 초기 화면은 다음과 같은 순서로 설정합니다.

1 지정된 파일명을 사용하여 PNG 형식으로 초기 화면을 준비합니다.

2 프로젝트의 [TARGETS] – [프로젝트명]을 선택하고, [Summary] 탭의 「Launch Images」에 준비한 그림 파일을 추가합니다.

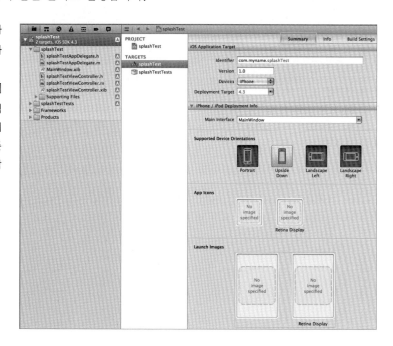

초기 화면의 파일명은 「Default.png」며, 크기는 320×480픽셀입니다.

이는 아이폰 3GS 이전 버전용 초기 화면입니다. 이 버전만 만들어놓아도 아이폰 4나 아이패드와 같이 해상도가 다른 디바이스에서도 자동으로 크기를 변경해서 표시해줍니다.

그러나 크기를 변경했으므로 그림의 핀트가 맞지 않을 수 있습니다. 아이폰 4나 아이패드용을 별도로 만들어주면, 실행되는 기기에 맞는 초기 화면이 자동으로 적용되어 깨끗한 초기 화면이 표시됩니다.

아이폰 3GS 이전	파일명 : Default.png 크기 : 320×480픽셀
아이폰 4	파일명 : Default@2x.png 크기 : 640×960픽셀
아이패드(세로 방향)	파일명 : Default-Portrait.png 크기 : 768×1004픽셀
아이패드(가로 방향)	파일명 : Default-Landscape.png 크기 : 1024×748픽셀

> **One Point!**
>
> 초기 화면 그림은 앱 실행 직후의 화면을 캡처하면 쉽게 만들 수 있습니다. 아이폰의 홈 버튼(ㅁ)를 누르면서 상단에 있는 전원 버튼을 누르면 화면을 캡처할 수 있습니다. 화면이 한 번 번쩍이고(스트로보가 터진 것처럼), 사진 앨범에 저장됩니다. 또 아이폰 시뮬레이터의 화면을 캡처할 때는 control + shift + 4 키를 누르면 범위 선택 모드가 되므로, 시뮬레이터 화면의 범위를 선택하면 캡처할 수 있습니다(캡처한 그림은 데스크톱에 저장됩니다).

「앱에 초기 화면을 설정합니다」

난이도 : ★☆☆☆☆
제작 시간 : 5분

초기 화면이 없는 빈 앱에 초기 화면을 설정합니다.

---

1 「Default.png」라는 320×480픽셀 PNG 그림과 「Default@2x.png」라는 640×960 픽셀 PNG 그림을 준비합니다.

---

2 새 프로젝트를 만듭니다.
Xcode를 실행하고 「Create a new Xcode project」를 선택한 후, 「View-based Application」을 선택합니다.
[Next] 버튼을 클릭한 후 「Project Name」과 「Company Identifier」를 설정하고 다시 [Next]를 클릭하여 저장합니다. 여기서는 프로젝트명을 「splashTest」로, 회사 식별자를 「com.myname」으로 지정했습니다.

11장

3 프로젝트에서 [TARGETS] - [프로젝트명]의 「Summary」 탭을 선택합니다. 「Launch Images」로 「Default.png」를, [Launch Images] - [Retina Display]로 「Default@2x.png」를 드래그합니다.

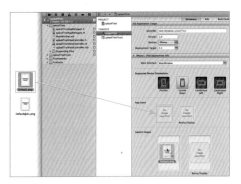

이때 나타나는 다이얼로그에서 「Copy items into destination group's folder(if needed)」를 체크하고, [Finish] 버튼을 클릭합니다.

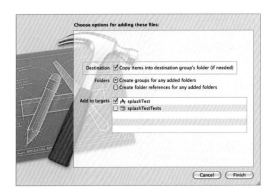

4 시뮬레이터에서 실행합니다.

[Scheme]의 풀다운 메뉴에서 「Simulator」를 선택하고, [Run] 버튼을 눌러 실행합니다.

iOS 시뮬레이터가 시작되고, 이어서 앱이 실행됩니다.

iOS 시뮬레이터의 Device 설정이 「iPhone」이므로 초기 화면으로 「Default.png」가 표시되는 것을 확인할 수 있습니다. 또, [Run] 버튼 옆에 있는 [Stop] 버튼(■)을 눌러서 종료시킨 후에 iOS 시뮬레이터 메뉴에서 [Hardware] − [Device]를 선택한 후, 「iPhone」을 「iPhone 4」로 변경하고 다시 [Run] 버튼을 눌러서 실행하면, 이번에는 「Default @2x.png」가 초기 화면으로 표시됨을 확인할 수 있습니다.

지역화

아이폰 앱은 국내뿐 아니라 전 세계로 배포할 수 있지만(앱 스토어에 등록하면), 배포에 앞서 준비해야 할 사항이 있습니다. 바로 앱 이름, 사용하는 문자열, 문자가 들어 있는 그림 등을 각 언어 환경에 대응시키는 일입니다. 이를 지역화라고 합니다.

Lecture 지역화 방법

앱은 처음에는 지역화하지 않은 상태로 만들어집니다. 여기에 지원할 언어용 리소스(문자나 그림 등)를 추가해 지역화합니다. 각 언어별로 앱을 몇 개씩이나 만들 수는 없으므로 앱을 하나만 만들어놓고, OS의 표시 언어에 맞춰 표시 내용을 자동으로 전환할 수 있도록 합니다.

▶▶ 앱 이름 전환 방법

앱의 이름을 OS의 표시 언어에 맞춰 전환하려면 다음과 같은 순서로 설정합니다.

1 「Supporting Files」의 「InfoPList.strings」를 클릭하면 소스 에디터에서 편집할 수 있게 됩니다.

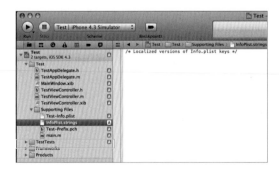

2 「CFBundleDisplayName = "앱명";」 형식으로 영어 버전 앱명을 설정합니다(기본값이 영어입니다).

CFBundleDisplayName = "앱명";

예 "TestApp"라는 앱 이름을 붙입니다.

01 CFBundleDisplayName = "Test App"

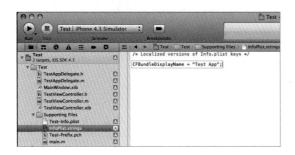

---

3 [View] − [Utilities] − [File Inspector]를 선택하면 [File Inspector] 패널이 표시됩니다.

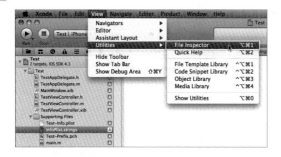

4 [File Inspector] 패널의 「Localization」에서 [+] 버튼을 누르면, 풀다운 메뉴가 표시됩니다. 이 메뉴에서 「Korean(kr)」을 선택하면 「Korean」이 추가됩니다.

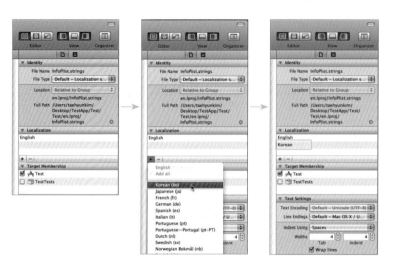

---

5 이제 「InfoPList.strings」가 기본값인 영어 버전(English)과 방금 추가한 한국어 버전(Korean)까지 총 2개로 늘어나 있으므로, 「Korean」 파일에도 「CFBundleDisplayName = "앱명";」 형식으로 한국어 버전 앱명을 작성합니다. 이것으로 지역화를 완료했습니다.

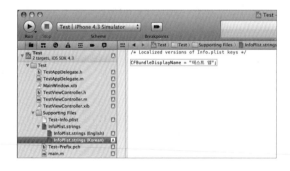

예

```
01  CFBundleDisplayName = "테스트 앱";
```

> **One Point!**
>
> iOS 시뮬레이터에서 언어 설정을 전환하려면 시뮬레이터를 실행하고 있는 중일 때는 우선, Xcode의 [Stop] 버튼을 눌러서 시뮬레이터를 종료합니다.
> 그 다음, iOS 시뮬레이터의 [설정(Settings)] – [일반(General)] – [언어 환경(International)] – [언어(Language)]에서 「English」 또는 「Korean」을 선택하여 전환합니다.

▶▶ 사용하는 문자열을 전환하는 방법

사용하는 문자열을 OS의 표시 언어에 맞춰서 전환하려면 다음과 같은 순서로 설정합니다.

1 「Supporting Files」를 오른쪽 버튼으로 클릭하고, [New File...]을 선택합니다.

「Resource」의 「Strings File」을 선택하고, [Next] 버튼을 클릭합니다.
「Localizable.strings」라는 이름을 붙이고 [Save] 버튼을 클릭합니다. 이 Localizable.strings 파일을 사용하여 전환할 문자열을 작성할 수 있습니다.

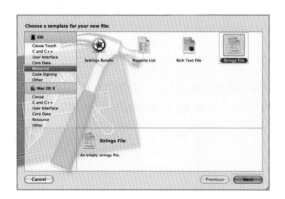
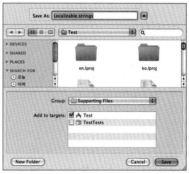

2 「Localizable.strings」를 클릭하면 에디터에서 편집할 수 있습니다. 「"키명" = "문자열";」 형식으로 영어 버전 문자열을 설정합니다(기본값이 영어이기 때문입니다).

```
"키명" = "문자열";
```

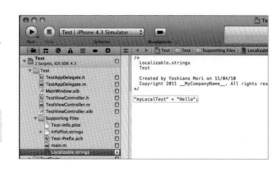

예

```
01  "myLocalText" = "Hello";
```

3 [File Inspector] 패널의 「Localization」에서 [+] 버튼을 누릅니다. 그러면, 첫 번째는 아무것도 일어나지 않는 것처럼 보이지만 사실은 이것으로 지역화를 할 준비를 하게 됩니다. 다시 한번 [+] 버튼을 누르면, 「English」라고 표시되게 됩니다.

거기서 다시 한번 [+] 버튼을 누르면 풀다운 메뉴가 표시됩니다. 이 메뉴에서 「Korean(kr)」을 선택하면 「Korean」이 추가됩니다.

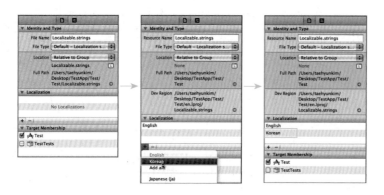

----

4 「Localizable.strings」이 기본값인 영어 버전(English)과 방금 추가한 한국어 버전(Korean)까지 총 2개로 늘어나 있으므로, 「Korean」 쪽에도 「"키명" = "문자열"」 형식으로 한국어 버전 문자열을 작성합니다. 이것으로 지역화를 완료했습니다.

예

```
01  "myLocalText" = "안녕하세요?";
```

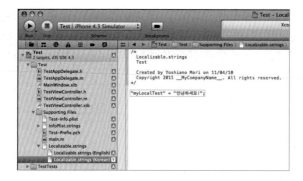

5 프로그램 안에서는 NSLocalizedString을 사용하여 전환용 문자열을 사용합니다.

> 문자열 = NSLocalizedString(@"키명", nil);

예 언어에 따라 문자열을 바꿔서 표시합니다.

```
01  NSString *str = NSLocalizedString(@"myLocalText", nil);
02  NSLog(@"<%@>", str);
```

```
-(void)viewDidLoad {
    NSString *str = NSLocalizedString(@"myLocalText",nil);
    NSLog(@"<%@>",str);
}
```

▶▶ 사용하는 그림을 전환하는 방법

사용하는 그림을 OS의 표시 언어에 맞춰서 전환하려면 다음과 같은 방법으로 설정합니다.

1 Xcode의 「Supporting Files」 그룹에 그림 파일을 추가합니다.

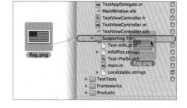

2 그림 파일을 지역화합니다.
우선 [File Inspector] 패널의 「Locali zation」에서 [+] 버튼을 누릅니다. 그러면, 첫 번째는 아무것도 일어나지 않는 것처럼 보이지만 사실은 이것으로 지역화를 할 준비를 하게 됩니다. 다시 한번 [+] 버튼을 누르면, 「English」라고 표시됩니다.

거기서 다시 한번 [+] 버튼을 누르면 풀
다운 메뉴가 표시됩니다. 이 메뉴에서
「Korean(kr)」을 선택하면 「Korean」이 추
가됩니다.

---

3 그러면 프로젝트 폴더 안에 「en.lproj」와 「kr.lproj」라는 폴더가 생성됩니다. 이들 폴더 안에 각 언어
용 그림이 들어 있습니다.
「kr.lproj」 폴더의 안에 있는 그림 파일을 한국어 버전으로 변경합니다.

이것으로 완료되었습니다. UIImageView 등에서 이 그림을 사용하면, 언어 환경에 따라 해당 언어
용으로 설정한 파일로 자동으로 바뀝니다.

「앱을 지역화합니다」

앱의 이름이 OS의 표시 언어에 맞춰(영어 버전/한국어 버전) 전환되는 앱을 만듭니다.

---

1 새 프로젝트를 만듭니다.

Xcode를 실행하고 「Create a new Xcode project」를 선택한 후, 「View-based Application」을 선택합니다. [Next] 버튼을 클릭한 후 「Project Name」과 「Company Identifier」를 설정하고 다시 [Next]를 클릭하여 저장합니다. 여기서는 프로젝트명을 「localizeTest」로, 회사 식별자를 「com.myname」으로 지정했습니다.

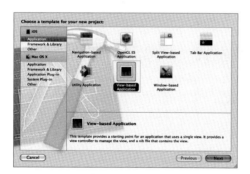 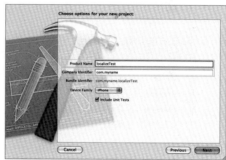

---

2 「Supporting Files」의 「InfoPList.strings」를 클릭하면 소스 에디터에서 편집할 수 있게 됩니다. 「CFBundleDisplayName = "앱명";」형식으로 영어 버전 앱명을 설정합니다.

```
01 CFBundleDisplayName = "Test App";
```

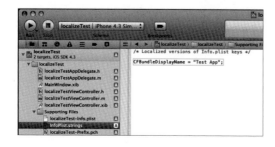

3 [View] − [Utilities] − [File Inspector]를
선택하면 [File Inspector] 패널이 표시됩
니다.

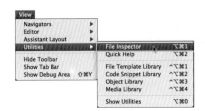

4 [File Inspector] 패널의 「Localization」에서 [+] 버튼을 누르면, 풀다운 메뉴가 표시됩니다. 이 메뉴
에서 「Korean(kr)」을 선택하면 「Korean」이 추가됩니다.

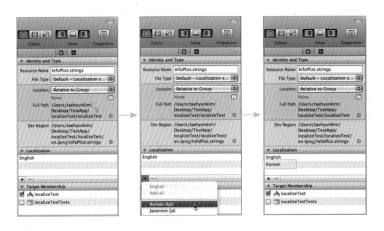

5 이제 「InfoPList.strings」가 기본값인 영어 버전(English)과 방금 추가한 한국어 버전(Korean)까지
총 2개로 늘어나 있으므로, 「Korean」 쪽에도 「CFBundleDisplayName = "앱명"」 형식으로 한국어
버전 앱명을 작성합니다.

```
01  CFBundleDisplayName = "테스트 앱";
```

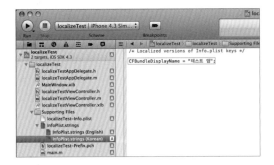

6 시뮬레이터에서 실행합니다.
[Scheme]의 풀다운 메뉴에서 「Simulator」
를 선택하고, [Run] 버튼을 눌러서 실행
합니다.

iOS 시뮬레이터가 시작되고, 프로그램
(앱)이 실행됩니다.
홈 버튼을 클릭하면 앱이 종료되
고, 아이콘 상태가 됩니다. iOS 시뮬
레이터의 기본 화면에서 [Settings]
의 [General] – [International]에서
[Language]를 [한국어]로 변경합니다.
그러면 이제 한국어용 아이콘이 표시됩
니다.

12장
실제 기기 테스트

아이폰 앱은 시뮬레이터만으로도 개발할 수 있습니다. 하지만 실제 아이폰 또는 아이패드에서 사용하거나 앱 스토어에 등록하려면 실제 기기(타깃(Target)이라고도 합니다)에서 테스트해야 합니다. 왜냐하면 실제 기기와 시뮬레이터는 하드웨어(메모리 제약 등)가 다르기 때문입니다. 이 차이 때문에 시뮬레이터에서는 문제없이 실행되던 앱을 실제 기기에서 실행하면 실행 속도가 느려지거나 자주 다운되거나 하는 결함이 발생할 수 있습니다. 그러므로 실제 기기에서 테스트를 통과한 후에야 비로소 (아이폰, 아이패드에서 사용하거나 앱 스토어에 등록하여 배포할 수 있는) 완성된 앱이라고 할 수 있습니다.

여기서는 개발한 앱을 실제 기기에 설치해서 테스트하는 방법을 설명하겠습니다.

실제 기기에서 테스트하기

완성된 앱을 실제 기기에 설치해서 테스트해보겠습니다. 하지만 그 전에 몇 가지 준비가 필요합니다.

Lecture iOS Developer Program에 유료 회원 등록하기

앱을 실제 기기에 설치해서 테스트하려면 iOS Developer Program에 유료 회원으로 등록해야 합니다. 「iOS Developer Program」 페이지(http://developer.apple.com/programs/ios/)에 접속 하여 「Enroll Now」 버튼을 클릭하고 지시 내용에 따라 등록합니다. 개인용 회원 등록비는 1년 에 99달러입니다.

One Point!

기업에서 사용하는 사내 업무용 앱을 개발할 때는 iOS Developer Enterprise Program에 가입해야 합니다. 연간 회 비는 299달러입니다. 자세한 사항은 웹사이트를 참조하시기 바랍니다.

「Organizer」에서 Provisioning Profile 만들기

완성된 앱을 실제 기기에 설치해서 테스트하려면 iOS Dev Center에 신청해서 Provisioning Profile을 받아와야 합니다. Provisioning Profile이란 애플로부터 받는 허가증과 같은 것입니다.

다시 말하면, 애플에 「이 맥에서 만든 이 앱을 이 아이폰에서 테스트하려고 하니 허가해주시기 바랍니다」라고 신청하는 것입니다.

이 허가증을 Xcode에 설치해야만 실제 기기에서 테스트할 수 있게 됩니다.

이 Provisioning Profile은 원래는 애플의 iOS Dev Center에서 받도록 되어 있지만, 테스트용 앱을 위한 Provisioning Profile에 한해서는 Xcode 4의 Organizer를 통해서 받을 수 있습니다.

> **One Point!**
>
> 지금까지는 테스트용 Provisioning Profile도 iOS Dev Center에서 복잡한 수속을 밟아야 했지만, Xcode 4부터는 이 수속이 간단해졌습니다.

발행 순서는 다음과 같습니다.

1 Organizer를 실행합니다.

2 Provisioning Profile을 작성합니다.

3 개발용 아이폰을 등록합니다.

11장

1 Organizer를 실행합니다.

Xcode의 메뉴에서 [Window] – [Organizer]를 선택하거나, 툴 바의 [Organizer] 버튼을 누르면
Organizer가 표시됩니다.

[Window 〉 Organizer] 메뉴

툴 바의 [Organizer] 버튼

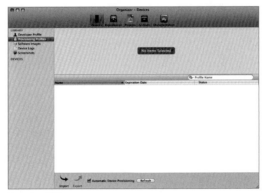

Organizer 화면

----

2 Provisioning Profile을 작성합니다.

Organizer의 [Device]를 선택하고 밑부분에 있는 「Automatic Device Provisioning」에 체크한 후
[Refresh] 버튼을 누릅니다.

그러면 [iPhones Provisioning Portal login]이라는 다이얼로그가 표시됩니다. iOS Developer
Program의 Username과 Password를 입력하고 「Log in」합니다.

처음에는 등록되어 있지 않기 때문에 「No Development Certificate Found」라는 메세지가 표시됩니다. [Submit Request] 버튼을 눌러서 등록합니다.

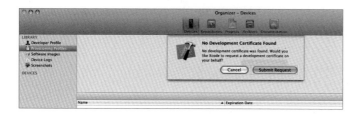

잠시 기다리면 「Team Provisioning Profile:*」 메시지가 표시되고 테스트용 Provisioning Profile의 작성이 완료됩니다.

> **One Point!**
>
> Provisioning Profile은 원래 한 앱에 하나씩 작성해야 하지만, 테스트용인 「Team Provisioning Profile」은 「*」로 어떤 명칭이나 복수의 앱에도 사용할 수 있는 Provisioning Profile입니다. 이는 테스트용 Provisioning Profile이므로, 앱을 앱 스토어에서 공개하려면 iOS Dev Center에서 공개용 Provisioning Profile을 만들어서 사용해야 합니다.
>
>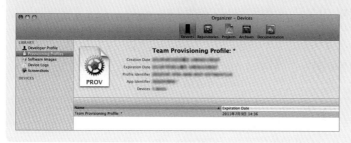

---

3 개발용 아이폰을 등록합니다.

실제 기기 테스트에 사용할 아이폰을 독 케이블을 사용하여 맥에 연결합니다.

처음에는 아직 등록되지 않았으므로, 「Unknown iOS detected」 메시지가 표시됩니다.

[Collect] 버튼을 눌러서 개발용 아이폰을 등록합니다.

이것으로 Organizer에서의 Provisioning Profile과 아이폰의 설정을 모두 완료했습니다.

앱을 실제 아이폰에 설치해서 실행하기

1 Xcode에서 프로젝트를 열고 독 케이블을 사용하여 개발용 아이폰을 맥에 연결합니다.

2 그러면 툴바에 있는 [Scheme] 항목의 풀다운 메뉴 안에 앞에서 등록한 아이폰의 명칭이 표시되는데, 이 명칭을 선택하고 [Run] 버튼을 누릅니다.
빌드가 끝나면 생성된 프로그램이 자동으로 아이폰에 설치되고 잠시 기다리면 앱이 실행됩니다.

찾아보기

찾아보기

찾아보기